汉代山水观念研究

HANDAI SHANSHUI GUANNIAN YANJIU

张靖　姚义斌◎著

安徽师范大学出版社
ANHUI NORMAL UNIVERSITY PRESS
·芜湖·

图书在版编目(CIP)数据

汉代山水观念研究 / 张靖, 姚义斌著. -- 芜湖 : 安徽师范大学出版社, 2023.5

ISBN 978-7-5676-6132-5

Ⅰ. ①汉… Ⅱ. ①张… ②姚… Ⅲ. ①古典园林—园林艺术—研究—中国—汉代 Ⅳ. ①TU986.62

中国国家版本馆CIP数据核字(2023)第071723号

汉代山水观念研究　　张　靖　姚义斌◎著

责任编辑: 孙新文　　责任校对: 翟自成

装帧设计: 王晴晴　冯君君　　责任印制: 桑国磊

出版发行: 安徽师范大学出版社

芜湖市北京中路2号安徽师范大学赭山校区　　邮政编码: 241000

网　　址: https://press.ahnu.edu.cn

发 行 部: 0553-3883578　5910327　5910310(传真)

印　　刷: 苏州市古得堡数码印刷有限公司

版　　次: 2023年5月第1版

印　　次: 2023年5月第1次印刷

规　　格: 700 mm × 1000 mm　1/16

印　　张: 16.75

字　　数: 251千字

书　　号: 978-7-5676-6132-5

定　　价: 59.90元

目　录

绪　论 ……………………………………………………………………1

第一章　汉代山水观念的滥觞——从文本看先秦山水观念 ……………9

第一节　道家典籍与山水 ………………………………………………10

一、《道德经》中的山水指喻 ……………………………………………10

二、《庄子》中的山水情怀 ………………………………………………12

第二节　儒家观念与山水 ………………………………………………16

一、孔孟的山水道德比附 ………………………………………………17

二、荀子的儒家理想与山水 ……………………………………………20

第三节　先秦文本中的山水 ……………………………………………22

一、《山海经》中的山水 …………………………………………………22

二、诸子著作中的山水 …………………………………………………31

三、《诗经》《楚辞》中的山水 ……………………………………………38

小　结 ……………………………………………………………………56

第二章　汉代山水的文本塑造 …………………………………………58

第一节　汉赋与山水 ……………………………………………………58

一、汉赋山水的形态特征 ……58
二、汉赋山水的审美情怀 ……64
三、汉赋山水与神仙信仰 ……68
第二节　汉代诗歌中的山水 ……72
一、郊祀歌与山水 ……73
二、士人诗歌与山水 ……77
第三节　散文中的山水 ……83
一、两汉散文中的山水 ……83
二、两汉史书中的山水 ……92
小　结 ……98

第三章　汉代墓葬壁画中的山水形象构建 ……99

第一节　汉代墓葬壁画的分布 ……103
第二节　以洛阳为中心的河南、山西地区彩绘壁画 ……107
一、卜千秋墓中的壁画 ……107
二、洛阳烧沟61号汉墓中的壁画 ……108
三、后士郭东汉壁画墓中的壁画 ……109
四、平陆枣园村汉墓中的壁画 ……110
五、夏县王村东汉壁画墓中的壁画 ……112
第三节　上郡、定襄和武威郡地区的彩绘壁画 ……113
一、郝滩东汉壁画墓中的壁画 ……113
二、百子村东汉壁画墓中的壁画 ……114
三、嘎鲁图汉代壁画墓中的壁画 ……115
四、鄂托克旗凤凰山1号墓中的壁画 ……116
五、鄂托克旗米兰壕1号墓中的壁画 ……117

六、和林格尔新店子1号东汉壁画墓中的壁画 ……118
七、五坝山汉墓中的壁画……120
第四节　汉墓彩绘壁画山树的形态分析 ……121
一、山的形态分析……121
二、树的形态分析……124
小　结 ……128

第四章　汉代画像砖石中的山水形象构建 ……129

第一节　画像砖石的区域形态 ……129
一、画像石的分区……129
二、画像砖的分区……135
第二节　画像石与山水形态构建 ……141
一、画像石上的山形象……141
二、画像石上的树木形象……152
第三节　画像砖中的山水形态构建 ……168
一、画像砖上的山形象……169
二、画像砖上的树木形象……172
小　结 ……178

第五章　汉代山水的社会背景和观念内涵 ……179

第一节　山水形象的社会背景 ……179
一、胡汉战争与山水形象……179
二、山水形象与田猎……184
三、山水形象与渔猎生活……189

第二节　山水形象与神仙信仰 ……196
一、山水形象与西王母信仰……196
二、山水形象与蓬莱信仰……208
小　结 ……211

第六章　山水的形塑——汉代园林山水 ……212

第一节　汉代帝王园囿 ……215
第二节　汉代贵族园林 ……227
一、梁孝王兔苑……228
二、袁广汉园……229
三、东汉梁冀园……230
第三节　汉代园林中的山水 ……232
一、体象天地:皇家园林山水 ……232
二、岩下之居:私人园林山水 ……234
小　结 ……238

结　论 ……240

主要参考文献 ……245

后　记 ……259

绪　论

一

蔡元培先生曾说："历史者，记载已往社会之现象，以垂示将来者也。""凡夫风俗之变迁，实业之发展，学术之盛衰，皆分治其条流，而又综论其统系。是谓文明史。"[①]从广义上来说，自人类诞生以来，一切由人类所创造出来的物质成果或者精神成果，都属于历史，都是历史研究的对象。

这一定义，为历史学研究提供了近乎无限的可能性。近世以来思想史研究的突飞猛进，即是史学研究这种可能性的表现之一。迄今为止，国内外史学界对于中国思想史的研究不可谓不深入，成果不可谓不丰硕，叙述方式不可谓不丰富，但白玉微瑕的是，学术前贤对于中国思想史的研究，往往将其置于与物质发展史相对立的位置，造成了在实际研究过程中物质文明史和思想史之间的脱节和游离，兼之在思想史研究过程中重视抽象的思想或哲学概念，而轻忽历史上最为常见的形而下的生动的词，这些词往往与物质材料及其形态存在着直接的关联。

实际上，传统的史学研究告诉我们，历史可以分为三个层次[②]。其一是发生学意义上的历史，即历史事件（event）。Event 源自拉丁文 ēventus，

① 高平叔编：《蔡元培史学论集》，湖南教育出版社 1987 年版，第 139 页。

② 参见查常平：《历史与逻辑的三重涵义》，载陈恒、耿相新主编：《新史学》第九辑，大象出版社 2009 年版，第 113—127 页。

本义是指“偶然的事故、成功、结局、自然产生的结果或后果等”，强调的是个人的自然行为，但是从哲学的意义上，事件（event）注重的则是其中的意向性，“在哲学上，各种意向性的行为就是事件”[①]。即使某些看起来是偶然发生的历史事件，也包含着深层的主观方面的因素，这种主观因素既包括个人心理意识的作用，也包括整个社会思想信仰的影响。其二是文献学（philology）意义上的历史，这里的“文献学”实际上是个广义词，其最初的涵义是“研究和编纂具有各种细微差别的语言（以便不让保存在文本中的微妙的意义丧失了），和系统考证性地评价种种书籍里的实际内容”[②]。但实际上，由于人类对于过往记忆的传承是全方位的，不仅诉诸文本，也同样借助声音（口头传承），还可以借助各种形象（如二维图像和三维形象等），R.G.柯林伍德据此把历史学的对象规定为“人类在过去的所做所为”[③]。历史学家的责任就在于对这些历史传承加以记录和释读，这种记录和释读实际上反映了两方面的内容，一是历史学家作为个体和社会意义上人的记录和释读；二是历史学家对于作为个体和社会意义上的人及其行为的记录和释读。无论前者还是后者，历史学家的记录和释读都具有选择性和倾向性。其三是历史学意义上的历史，这也是历史学存在的意义和终极目标。历史学存在的意义，在于人类对自身过往的好奇心和经验总结，但人类的过往，毕竟不能完整保存，借助各种媒介保存下来的仅仅只是极少的一部分，况且，未经加工整理的凌乱的人类记忆，对于人类认知历史事实助益不多，必须经过历史学家的分析整理和总结。从这个角度上说，人类今天所认知的历史，本质上是经过历史学家们构建的历史。也就是说，历史作为事实，建立在历史

① Kenneth McLeish, *Bloomsbury Guide to Human Thought*.London: Bloomsbury Publishing Limited, 1993, p.260.

② Kenneth McLeish, *Bloomsbury Guide to Human Thought*.London: Bloomsbury Publishing Limited, 1993, p.556.

③〔英〕R.G.柯林伍德著，何兆武、张文杰译：《历史的观念》，中国社会科学出版社1986年版，第10页。

学家的语言文献的基础上。“历史的（历史编纂学中的）事实，是建立在历史学家在进行科学地再现过去时对资料源与非资料源材料的运用的基础之上的。……再现所涉及的是过去的事件。”“因此，历史学家是通过构筑历史事实来再现过去的，但从某一种观点来看，他又是历史事实的‘创造者’：他通过构筑它们而将其带入社会生活中去，也就是使它们以社会可以理解的历史记叙形式而存在。如果没有历史学家的工作，那么我们对于过去，除了从一些口头传说中得到一些含糊的信息外，则将是一无所知。”①

二

实际上，任何一种文化，在其物质文明发展的过程中，都会产生一些关键性和物质性的词，以及由这些词所标识的特定观念形态和内涵，这些词和形而上的抽象哲学概念一样，也是通向这种文化的曲径。换言之，这些形而下的物质性词汇和形而上的抽象概念一样，在思想史的发展历程中占据着重要地位，两者互为基础，相互生发。

传统历史学家认为，历史存在着客观必然性，以因果关系为链条构成了一系列单线、有序、进化的历史。而通过对史料的挖掘、考据、勘探，人们终究会发现“真相”。后现代历史学家则认为，历史是一种隐藏着权力的话语叙述，而所谓的历史必然性、客观实在性只不过是话语编织起来的意识形态叙事而已。历史学家柯文指出：“有一种观点认为，历史事实（这是历史学家梦寐以求的）必定比人们想要相信的历史实情更有价值，这种观点本身也许只是一个神话。”②

究竟有没有真正客观的历史，换言之，如果说历史只是一种基于立

① 〔波〕耶日·托波尔斯基著，张家哲等译，尤天然校：《历史学方法论》，华夏出版社1990年版，第222页。

② 〔美〕柯文著，杜继东译：《历史三调：作为事件、经历和神话的义和团》，江苏人民出版社2000年版，第258页。

场的叙事的话，那么历史研究的起点在哪里？有一种观点认为，历史是存在真实性的，而真实性的基础来自“观念”。“我们在研究历史事件的记录时，必须去寻找导致该事件发生的支配参与者行动的普遍观念。研究支配历史事件的普遍动机和思想原因，实质上是研究者在自己心目中重演该事件发生的过程，这一过程很类似于受控过程作思想实验。”[①]可见，并不是历史上发生的真实事件影响着我们对于历史的理解，也不是历史当事人的情感经验左右历史的真实，而是说历史的真实来自人们当时理解事物的观念。

这就需要我们重新审视思想史的研究维度，修正以往思想史研究过程中只注重研究抽象哲学和思想概念或最终思想成果的倾向，转向关注思想史本身构建过程的研究上来。这一点，瑞士学者皮亚杰在其《发生认识论原理》中有非常明确的说明，皮亚杰认为，“传统的认识论只顾到高级水平的认识，换言之，即只顾到认识的某些最后结果。因此，发生认识论的目的就在于研究各种认识的起源，从最低级形式的认识开始，并追踪这种认识向以后各个水平的发展情况，一直追踪到科学思维并包括科学思维”[②]。皮亚杰还认为，“认知的结构既不是在客体中预先形成了的，因为这些客体总是被同化到那些超越于客体之上的逻辑数学框架中去；也不是在必须不断地进行重新组织的主体中预先形成了的。因此，认识的获得必须用一个将结构主义和建构主义紧密地连结起来的理论来说明，也就是说，每一个结构都是心理发生的结果，而心理发生就是从一个较初级的结构过渡到一个不那么初级的（或较复杂的）结构”[③]。从马克思主义历史唯物主义的角度看，皮亚杰的这一观点还可

① 金观涛、刘青峰：《观念史研究：中国现代重要政治术语的形成》，法律出版社2009年版，第439页。

② 〔瑞士〕皮亚杰著，王宪钿等译，胡世襄等校：《发生认识论原理》，商务印书馆1981年版，第17页。

③ 〔瑞士〕皮亚杰著，王宪钿等译，胡世襄等校：《发生认识论原理》，商务印书馆1981年版，第15页。

以进一步延伸，基于物质发展的心理发生，总是由最初的个体的或个别的心理，发展成为整个社会的群体心理，并由简单具象的个性心理，发展成为复杂抽象的共性心理，当一个个相对独立的概念被整合成为具有关联性的“概念群”的时候，思想产生了，思想史研究的起点也随之而起。历史的真实性就体现在通过一系列的因果关系而组成的普遍思想史事件上。

从发生学的视角来看，思想史研究的原点是观念，因此对观念史的研究就成为整个思想史研究的基础和出发点。保曼认为，观念史指的是人们的观念，思想的内在世界，但观念也可以指从少数精英的思想到普通人的思想。在这一意义上，观念史介于哲学史和文化史之间，它比哲学史更宽，但没有大众文化宽泛。观念史并不仅仅研究少数精英的思想，这些内容通常是哲学史研究的内容，而文化史通常要研究大众的行为、习惯、信仰和观念。至于思想史，它是观念史中重要的内容。观念史关注于思想史的内容，因为思想史体现了对在社会中广为传播的某些观念和信仰进行的加工、提炼以及表达。历史研究的路径之一就是试图重建或者再现早已消失的现象或者事件，但是毋庸讳言，绝对的或者完全客观的“重建”或者“再现”是不可能的，历史学的叙事所能达到的，只能是在大致准确的历史重建或者再现基础上的对于历史规律的趋近于客观的了解和把握。

观念史的研究不像以往那样只是简单地追踪思想体系的哲学史的研究，而是聚焦于“观念单元”。[①]在美国哲学家兼历史学家阿瑟·洛维乔易的学术逻辑中，“概念单元”是构成各种学说的基本单位，也是构成其哲学研究的逻辑起点。

---

① Arthur O.Lovejoy, *Arthur O. Lovejoy and the Quest for Intelligibility*, Chapel Hill: The University of Ntorth Carolina Press, 1980, p.230.

三

本书中，我们将所要研究的“观念单元”聚焦于“山水”。

世界上几乎每个文明都曾经有过山川崇拜的历史，都曾经依赖山水生发出文明的底色。但从没有哪一支文明创造出如同华夏文明一样的独特山水文化。从孔子“智者乐水，仁者乐山”的比德山水观，到老庄的山水之游和涤除玄览，从魏晋名士寄情山水、澄怀观道，“天下名山僧占多”，到道教的四十六洞天、七十二福地。无论出尘入世，也无论达士村夫，人们在山水之间生活，依赖山水、审视山水也欣赏山水，不仅从山水之间获得生存资料，也从山水之间获取美的感受，启发哲学之思。从魏晋之际开始，文人们就竞相吟咏山川之美：宗炳《画山水序》提出“至于山水，质有而趣灵”；李白以山水为登仙之梯，与天人相语；柳宗元以山水为舟，在逆境的喧嚣之中寻得片刻宁静。从展子虔《游春图》展现的初春山水之间的萧疏，到“荆关董巨”山水的层层皴染、巍峨浩然，到北宋郭熙寒林山水的岩岫巉绝、云烟变幻；从上古时期“天子祭天下名山大川”，到中古时期的封禅之仪，到民间对于山水神灵的信仰和崇拜。可以说，山水不仅是“人的无机的身体”[①]联系着华夏民族的物质供给，也深入到华夏文明的每一个方面，并形成了华夏文明中所独有的“山水文化”。

所谓山水文化，就是“人们以大自然的山水为基本‘素材’而创造出来的精神财富”[②]。中国特有的多山自然地理环境，决定了华夏先民的生存必然离不开山水。他们赖以生存的物质资料大多来源于自然界中的山水，这就决定了人对自然永恒的依赖性，人独立于自然的同时又依附从属于自然。在人与自然相互作用的漫长历史中，华夏先民不仅创造了丰富的物质财富，也积累了种种与自然山水息息相关的精神财富。山水

① 〔德〕马克思：《1844年经济学哲学手稿》，人民出版社1985年版，第52页。

② 李文初等：《中国山水文化》，广东人民出版社1996年版，第2页。

既是先民探索宇宙、理解人生和认识自我的媒介，也是先民种种精神文明成果的载体。从历史学的角度来说，山水不仅是物质文化史研究的重要对象，也是思想观念史研究的一个重要指征。

“山水”作为一种独特的观念形态融入华夏文化的肌体，甚至成为文明的核心要素之一，其中必然蕴含极其丰富的内涵和意义。美国学者克利福德·格尔茨曾说过：“马克斯·韦伯提出，人是悬在由他自己所编织的意义之网中的动物……我以为所谓文化就是这样一些由人自己编织的意义之网。”[①]如果说文化是网，那么，各种观念就是这张大网上的一个个网眼，文化是观念化的产物。

但是，“山水”作为一种观念形态，显然并非一开始就已经具备了完全的意义，这一观念是在漫长的历史长河中逐渐形成、发展和丰富的。实际上，“山水”作为一个固定的名词，其出现的时间要晚到魏晋时期，《三国志》中说：“吴、蜀虽蕞尔小国，依阻山水，刘备有雄才，诸葛亮善治国，孙权识虚实，陆逊见兵势，据险守要，泛舟江湖，皆难卒谋也。”[②]在此前的文献中，山、水均是单独使用，或山川、山泽等连用。后者虽然和后世的“山水”概念类似，但从审美观念的角度来看，则与后世山水之间有着天壤之别。

两汉时期是山水观念发生变化的重要阶段，随着文本和图像手段的日渐丰富，山水的形象之美开始逐渐清晰起来。更为重要的是，以前那种以“神灵崇拜”和“生殖崇拜”为特征的功利性崇拜固然还有余烬，但人们已经开始与自然山水之间产生了情感上的交流和融合，审美意识逐渐萌生，并形成独特的审美体验。山水逐渐成为一种观念符号，“这些符号……与纯粹的现实脱离并用来将意义赋予经验。从任何特殊的个人

① 〔美〕克利福德·格尔茨著，韩莉译：《文化的解释》，译林出版社2008年版，第5页。

② 〔晋〕陈寿撰，〔宋〕裴松之注：《三国志》，中华书局1959年版，第331页。

观点的角度，此类符号大部分是后天赋予的”[①]。作为符号的山水，指称对象得到了极大的丰富。在这一时期的文本和图像材料中，我们可以看到，山水不仅是各地风物的经典符号、百姓渔猎谋生的场所、贵族地主张扬富贵的布景、将士拼杀的疆场，也是帝王畋猎宣扬天子之威的舞台、神灵居住的神秘空间，以及文人抒发情怀的对象。也是在这一时期，原先笼罩在山水之上的神的气氛正在逐渐消减，作为审美对象在主体观照下的美感则愈发得以呈现，并越来越清晰。

正因如此，本书将以两汉时期的文本和图像材料为依据，讨论山水观念在这一时期发生的变化及其具体形态。从观念变迁的视角来考察两汉山水观念在中国古代山水观念发展史中的独特意义，确立两汉山水观念在中国文化史和观念史中的重要意义。

① 〔美〕克利福德·格尔茨著，韩莉译：《文化的解释》，译林出版社2008年版，第50页。

第一章　汉代山水观念的滥觞

——从文本看先秦山水观念

人类自诞生以来，就与自然山水发生着密切的联系。人们在山林水泽中渔猎和采集以获得食物，在山林中穴居洞处，自然山水中发生的种种现象，激发起先民对于世界以及自身的最初想象和思考。尤其是进入到新石器时代之后，定居和农耕生活方式，使得他们对于宇宙自然开始有了初步的认识，而这种认识也是以自然山水为最基本的介质。

考古资料表明，至迟到新石器时代晚期，各地先民已经有了对于宇宙模式的认知，如河南濮阳西水坡新石器时代墓葬（M45）“北直南弧”的墓圹轮廓，就被认为是“天圆地方”观念的反映[①]。陶寺文化遗址中发现的“观象台”[②]、良渚文化汇观山和瑶山祭坛遗址等[③]，表明当地先民在确定时间、空间、方位等宇宙观基本元素的过程中，都是以山川作为标识和参考。可以说，山水在各种原始观念的生成过程中发挥着极其重要的作用，是原始观念生成的基础。

降至春秋战国，在这个被称作“轴心时代”的历史阶段，中国和其他文明一样，在经历长时间的积累和酝酿之后，文化实现了质的提升和跨越，产生了独特的思想体系。纵观先秦诸子典籍，可以发现他们的观

① 濮阳市文物管理委员会、濮阳市博物馆、濮阳市文物工作队：《河南濮阳西水坡遗址发掘简报》，《文物》1988年第3期；冯时：《河南濮阳西水坡45号墓的天文学研究》，《文物》1990年第3期。

② 中国社会科学院考古研究所山西队、山西省考古研究所、临汾市文物局：《山西襄汾县陶寺中期城址大型建筑II FJ T 1基址2004～2005年发掘简报》，《考古》2007年第4期；何驽：《陶寺中期观象台实地模拟观测资料初步分析》，《古代文明》第6卷。

③ 刘斌：《神巫的世界》，杭州出版社2013年版，第57页。

念深受山水的启发。

第一节　道家典籍与山水

在中国传统哲学体系中，道家哲学与山水之间蕴藏着一种深层的内在关联。道家哲学的形成离不开对自然山水的观照。纵观中国道家和玄学发展的历史，从老子提出“道法自然”“上善若水”，山水成为道家观念的一个基本指称开始，到战国时代庄子在《逍遥游》中将山水作为实现“逍遥游”的媒介，乃至魏晋道家“性好山水”，以及“庄老告退，山水方滋”的哲学和艺术自觉，可以说道家摒弃“言语”之后，对山水的描述成为对“道”的最诗意的表达，“山水”由自然的物象上升到哲学观念中的“自然”，再把“自然”这一超越现实的哲学范畴落到现实中的“山水”。

一、《道德经》中的山水指喻

亚里士多德说，在那些最初从事哲学思考的人中间，多数人都是只把物质性的始基当作万物的始基。因为，一个东西，如果存在物都由它构成，最初都从其中产生，最后又都复归为它，在他们看来，那就是存在物的原素和始基[①]。作为道家的奠基人物，老子确立了道家思想的基本概念和范畴。尽管老子思想中的“自然”是一个抽象的哲学范畴，和自然山水之间并非对等。但实际上，道家与自然山水之间的密切关系，却是从老子开始建立起来的。

老子认为的道，来源于自然，而客观可感知的自然，其实就是以自然界中的山水为代表的客观存在，正如老子就是把物质性的山水自然看成了万物的根本，因而得出“道法自然”的结论。从这个意义上说，老

① 北京大学哲学系、外国哲学史教研室编译：《西方古典哲学原著选辑　古希腊罗马哲学》，生活·读书·新知三联书店1957年版，第4页。

子的“道”的观念，本质上是在对客观世界观察的基础上得来的①。

老子在观照自然山水的过程中，并不止步于感官的认知。而是由感性直观的认知上升到抽象系统的哲学思考，也就是由“观照”山水上升到“体悟”山水进而提升至“悟道”的层次。从观照山水出发，扩展至观天文、察地理以及鸟兽虫鱼、花草植物，还有人自己，推衍至万物，最终达到了领悟，并有了对道的整体把握，所以才有了“道法自然”的哲学体验。从这个意义上说，山水已经超越了经验物质，具有了形而上的意义。《老子・四十二章》中所说的“道生一，一生二，二生三，三生万物。万物负阴而抱阳，冲气以为和。”道生成了万物，万物都内含阴阳，阴阳协调即为和。

老子认为，“人法地、地法天、天法道”，最终推演出“道法自然”的思想。从这个递进关系来看，人和自然在其两端，天地是联系人和自然的桥梁，作为天地这一对抽象范畴中的具体物象，“山水”也最能体现道之“自然”特征。换言之，山水是体现“道”的最佳媒介②。

老子“几于道”的山水精神，使山水具有了作为阐明“道”的哲学内涵的中介物的意义。因为老子所谓的“道”作为哲学范畴，具有形而上的哲学思辨色彩，只有通过自然山水，才能使其显现和具体化：既然水“几于道”，体验水的特性也就等于体悟“道”的本质，理解了水也就等于理解了“道”③。

老子说：“上善若水，水善利万物而不争，处众人之所恶，故几于道。”④“天下柔弱莫过于水，而攻坚强者莫之能胜。其无以易之，弱之

① 蒋伟：《道家哲学与山水性灵》，《河南师范大学学报（哲学社会科学版）》2016年第3期。

② 蒋伟：《道家哲学与山水性灵》，《河南师范大学学报（哲学社会科学版）》2016年第3期。

③ 张白露：《中国古代山水文化对早期山水画的影响》，《文艺评论》2010年第5期。

④ 朱谦之校释：《老子校释》，龙门联合书局1958年版，第19—20页。

胜强，柔之胜刚，天下莫能知，莫能行。”[①]

老子关于水的说法，有两层意思：

第一，是拿水性喻道。老子认为“水”的性质与“道”的德性相近，几乎与道一致。道生养万物而与物无争，道接纳万物的回归（“复归于道”）。水与道一样滋润万物而不与万物相争，水的特性又总是处于低下的地方。道与水是一样处于最谦虚最低下的地方的。水是世界上最柔弱的，然而它通过柔的劲力能容纳、战胜一切。

第二，通过赞美水德来喻示做人处世的道理。水具有柔弱、濡下之德，“水善能柔弱，像道。去高就下，避实归虚，常润利万物，终不争，故欲令人法则之也。”水能以柔和谦逊的姿态从高处流向低处，避开坚硬之地流向空虚之处，润泽万物却不争任何东西，所以人应该学习水的这种品格。不与人争，才能保持自身的生命长久，“与天地始终”。

二、《庄子》中的山水情怀

庄子哲学“其要本归于老子之言”[②]。他延续了老子“自然之道”的哲学思辨，但是与老子的冥思玄想不同，庄子在体玄悟道的过程中，更加注重“游心大道”，他不仅通过内心修养的功夫去体认道的根本，而且游目骋怀，从自然山水中参悟天地大美。纵观《庄子》全书，共出现与山水相关的地名二十余处，包括“北海”“东海”“濠水”“清江”“西江”“赤水”“寥水”“玄水”“白水”“首阳山”“太山”“恒山”“藐姑射山”“崆峒山”“昆仑山”“畏磊山”“冥山”等。这些山水，有的为现实中的存在，有的则是自古以来的传说，也有的是庄子杜撰的山水名称。在描述山水的过程中也是虚实结合，将神话传说和历史地理加以融会贯通，使得山水成了“道”的象征和道家哲学观念的载体。

① 朱谦之校释：《老子校释》，龙门联合书局1958年版，第193—194页。

② ［汉］司马迁撰，［宋］裴骃集解，［唐］司马贞索隐，［唐］张守节正义：《史记》，中华书局1959年版，第2143页。

庄子经常出没于山水之间。在《庄子》一书中，他常常“钓于淮水”“游于濠梁之上”[①]“游乎雕陵之樊”“行于山中”[②]。可见庄子对于自然山水的热爱之情。徐复观曾说：“自然的山水，才是庄学精神所不期然而然的归结之地。”[③]在庄子眼中，山川景物不是僵死的、静止的，而是充满灵性和哲理的、活生生的事物。他说：“天地虽大，其化均也；万物虽多，其治一也；人卒虽众，其主君也。君原于德而成于天。故曰：玄古之君天下，无为也，天德而已矣。”[④]

首先，在庄子看来，天地万物都蕴含着哲理。所以他笔下的山川景物都巧妙地融注进了高深的哲理，而又以生动形象的形式表现出来，自然山水是庄子哲学思想中“道”的一个重要载体。“道”是老庄哲学的核心命题之一，道主宰着天地万物，操纵着世间一切运行，人生比之于道，不仅渺小而且短暂。在《秋水》一文中，他以山水譬道：

> 天下之水，莫大于海，万川归之，不知何时止而不盈；尾闾泄之，不知何时已而不虚；春秋不变，水旱不知。此其过江河之流，不可为量数。而吾未尝以此自多者，自以比形于天地，而受气于阴阳，吾在于天地之间，犹小石小木之在大山也。方存乎见小，又奚以自多！计四海之在天地之间也，不似礨空之在大泽乎？计中国之在海内不似稊米之在太仓乎？号物之数谓之万，人处一焉；人卒九州，谷食之所生，舟车之所通，人处一焉；此其比万物也，不似豪末之在于马体乎？五帝之所连，三王之所争，仁人之所忧，任士之所劳，尽此矣！伯夷辞之以为名，仲尼语之以为博。此其自多也，不似尔向之自多于水乎？[⑤]

① ［清］王先谦集解：《庄子集解》，上海书店1986年版，第107—108页。
② ［清］王先谦集解：《庄子集解》，上海书店1986年版，第127、121页。
③ 徐复观：《中国艺术精神》，华东师范大学出版社2001年版，第136页。
④ ［清］王先谦集解：《庄子集解》，上海书店1986年版，第69页。
⑤ ［清］王先谦集解：《庄子集解》，上海书店1986年版，第100—101页。

这种手法将描写山水与阐发哲理紧密相联，生动地表达了庄子的宇宙观。庄子认为，无论多么大的物体，比之茫茫宇宙，都是微不足道的，就是“不见水端”的北海，在天地之间也不过是“小石小木之在大山也”，四海在天地之间也只是“礨空之在大泽”罢了。正因为庄子有着强烈的山水意识，他才能在自然山水中感悟到天地的广阔和宇宙的无穷，也正是这山山水水启迪了庄子的智慧，使他的哲学认识与同时代其他人相比，显得更加旷阔和幽深。

为此，庄子指出了一条在有限的生命中获得永恒的道路。他认为，自然山水才是体悟“道”的最佳载体，他从山水之间真切感受到了自然的永恒及生生不息的力量。因而在庄子的笔下，名山胜水就成了因为得道而生命永驻的神仙居所，在《逍遥游》中，庄子列举了很多这样的山，如“藐姑射之山，有神人居焉”[①]。山上的神人，肌肤如同冰雪一样洁白，风姿绰约如同青春少女，神人不食人间烟火，而是餐风饮露。这些神人可以乘云气、御飞龙，在天地之间自由翱翔。对于庄子来说，自然山水是远离尘世和人群的理想之境，也是追求自然之道的最佳现实空间。在自然山水中，有着与“元古”之世相似的近乎于道的内涵。

在庄子的理想中，人一旦得道，就可以“自本自根，未有天地”，传说中的那些“神仙”都是因为得道而可以悠游山水自然之间，例如庄子在《大宗师》中提道：

> 夫道……先天地生而不为久，长于上古而不为老。豨韦氏得之，以挈天地；伏戏氏得之，以袭气母；维斗得之，终古不忒；日月得之，终古不息；堪坏得之，以袭昆仑；冯夷得之，以游大川；肩吾得之，以处大山；黄帝得之，以登云天；颛顼得之，以处玄宫；禺强得之，立乎北极；西王母得之，坐乎少广，莫知其始，莫知其终；彭祖得之，上及有虞，下及五伯；傅说得之，以相武丁，奄有天下，

① ［清］王先谦集解：《庄子集解》，上海书店1986年版，第4页。

乘东维、骑箕尾而比于列星。[①]

众多得道的神仙都能和昆仑等名山大川一样不朽于世。

庄子的这种观点对后世产生了巨大的影响，他将自然山水与道相联系，成为以后道教徒热衷入山修行的重要理论依据。自然山水也成为古代文人感悟生命真谛、追求天地之道的独特场所。

其次，自然山水是庄子“齐物”思想的凭借。所谓“齐物”，是指“天地一指也，万物一马也”。天地万物生而同一，仅仅在于外在的区别，“以道观之，物无贵贱”，意思是从“道”的立场上来看世间万物，彼此之间并没有高低贵贱之分，一律平等。

为了使抽象辩证的“齐物观”变得形象易懂，庄子常常在文章中以自然山水景物为喻，来说明抽象的哲学思辨，例如他在《齐物论》中说：“天下莫大于秋毫之末，而太山为小。”[②]庄子反用秋毫与太山这两个自然形态的大小之别，以超越尘世的审视角度，消融了主体与客体的对立关系，从而臻于主客一体的境界。这个境界也是逍遥游的精神气象之所在。庄子在《天下》一文中以山水为例，说明事物没有高下之分，“天与地卑、山与泽平”[③]，成玄英疏曰：“夫物情见者，则天高而地卑、山崇而泽下。今以道观之，则山泽均平、天地一致矣。《齐物》云：‘莫大于秋毫，而太山为小’，即其义也。”[④]以平常的眼光来看，天地山川有高下之分，但是从道的角度来看，它们都是平等的。老子说：“有无相生，难易相成，长短相形，高下相倾，音声相和，前后相随。”[⑤]世界上任何事物

① ［清］王先谦集解：《庄子集解》，上海书店1986年版，第40—41页。

② ［晋］郭象注，［唐］成玄英疏，曹础基、黄兰发点校：《庄子注疏》，中华书局2011年版，第44页。

③ ［晋］郭象注，［唐］成玄英疏，曹础基、黄兰发点校：《庄子注疏》，中华书局2011年版，第571页。

④ ［晋］郭象注，［唐］成玄英疏，曹础基、黄兰发点校：《庄子注疏》，中华书局2011年版，第571页。

⑤ 饶尚宽译注：《老子》，中华书局2015年版，第5页。

都是矛盾体，都包含着对立统一的两个方面。矛盾的两个方面相辅相成、相互依存、互成因果，天地山泽都属这种情况。天与地没有天高地卑之分，高山与流水也没有高下之别。如果从这个角度上来看，不仅天地万物是平等的，人世间也根本不存在所谓彼此之分，没有高低贵贱的区别。

再次，自然山水是庄子实现“逍遥游”的一个重要媒介。庄子哲学的两个基本概念，一是“忘”，一是“游”，“忘”是得道的根本途径，而“游”则是“忘”的重要手段。自然山水则是实现“忘”和“游”的唯一选择。对此，徐复观曾有很深刻的论述：“多苦多难的人间世界，在道家求自由解放的精神中，毕竟安放不稳，所以《齐物论》说到‘忘年忘义’时，总带有苍凉感喟的气息，而《人间世》也只能归结之于‘不材避世’。因此，涵融在道家精神中的客观世界，实在只合是自然世界。所以在中国艺术活动中，人与自然的融合，常有意无意地，实以庄子的思想作其媒介。”①庄子认为“以天下为沉浊，不可与庄语”，无人能够理解他的哲学之思，因而向自然山水中去探索万物之道、自然之道，就成为他的不二选择。托身自然山水，真正实现了他“相濡以沫，不如相忘于江湖”的理想追求。从《庄子》诸篇中，我们能看到庄子在日常生活中也乐于游行在山水之间，并以此作为感悟天地之道的途径。“尤其重要的是，由他虚静之心而来的主客一体的‘物化’意境，常常是以自然作象征（例如他曾以蝴蝶作他自己的象征），这正说明自然进入到庄子纯艺术性格的虚静之心里面，实远较人间世的进入更怡然而理顺。”②

第二节　儒家观念与山水

《汉书·艺文志》中提到，“儒家者流，盖出于司徒之官，助人君顺阴阳明教化者也。游文于六经之中，留意于仁义之际，祖述尧舜，宪章文武，宗师仲尼，以重其言，于道最为高。孔子曰：‘如有所誉，其有所

① 徐复观：《中国艺术精神》，华东师范大学出版社2001年版，第80页。

② 徐复观：《中国艺术精神》，华东师范大学出版社2001年版，第135页。

试。’唐虞之隆，殷周之盛，仲尼之业，已试之效者也。然惑者既失精微，而辟者又随时抑扬，违离道本，苟以哗众取宠。后进循之，是以《五经》乖析，儒学浸衰，此辟儒之患。”①

一、孔孟的山水道德比附

儒家既然是“助人君顺阴阳明教化”，讲究德政、仁政就必然成为儒家思想的核心。孔子作为儒家的开创者，“仁”“德”成为他的一生追求，他追求仁德的首要路径当然是“克己复礼”，另一条路径就是从自然山水之中去寻找和发现，正因如此，所以孔子的哲学中也处处体现出与山水的密切联系。

《论语》将山水与德行联系起来，认为“为政以德，譬如北辰，居其所而众星共之”。朱熹曾说：“政之为言正也，所以正人之不正也。德之为言得也，得于心而不失也。”②因为孔子注重德，所以在对自然山水的观照中，常常将自然之象德化为君子之品，例如《论语·雍也》说：“子曰：‘知者乐水，仁者乐山。知者动，仁者静。知者乐，仁者寿。’”孔子分别将山和水、动和静作为相互对立且依存的概念，将“静动”这对反映山水自然属性的范畴加以扩大，使之成为“君子”品德这一抽象概念的物化形态，不仅使听者更直观地了解到君子品德的性质，也使得抽象的品德有了形象的物质载体，因而更容易为听者所接受。

类似的例子还有很多，《论语·子罕》中还记载了孔子观水与观松柏后的感叹：“子在川上曰：‘逝者如斯夫！不舍昼夜。’”这是孔子面对流水的感喟。“子曰：‘岁寒，然后知松柏之后凋也。’”这是孔子看到松柏之后的赞叹。无论是由流水生发出来的对于时光流逝、人生短暂的联想，还是以冬天里最后凋零的松柏设喻，强调人生意志应如松柏一样坚强，其本质都与“仁山智水”一样，将自然山水和儒家道德伦理所倡导的

① ［汉］班固撰，［唐］颜师古注：《汉书》，中华书局1962年版，第1728页。

② ［宋］朱熹：《四书章句集注》，中华书局2012年版，第53页。

“君子之德”联系起来思考，是从具象的自然物中抽象出来的一种深刻的哲学结论。

孔子这种由自然“物性”而升华出的自然“品行”，最后“德化”自然的思考方式及表达技巧，对后世中国人以情观物、情以物迁的观照自然的审美态度有着非常深远的影响，并在孟子和荀子那里得到了进一步的发展。

孟子以孔子的继承人自命，他同样由水联想到儒家的相关理念。不过，孟子对于水的观照视点与孔子有所不同，由水而生成的哲学内涵也就有所差异。

孟子强调观察自然之“术”，即观察方法，不同的自然对象要用不同的方法观察，以洞察其精神内涵，这是一种赋予自然以人文价值的观看之“术”。《孟子・尽心上》中记载：

> 孟子曰：“孔子登东山而小鲁，登泰山而小天下。故观于海者难为水，游于圣人之门者难为言。”

在孟子看来，观看者站立的高度决定了其视野的广度，高度和广度决定了观看者胸襟的开阔程度。登山越高，视野越广，胸怀也就越大。以登山的高度来譬喻人的品德和境界的高度，不仅契合人们的生活经验，使复杂抽象的道理通俗化、形象化，也借由“登山”“流水”这些现实生活中的有效经验，强化其论点的说服力。

孟子不仅以山水设喻，而且在孔子的“山水之喻”的基础上更进一步，对孔子所提倡的“仁智之乐”加以发挥，认为对于流水来说，最重要的是源头之水要充沛。《孟子・离娄下》记载了这样一段对话：

> 徐子曰：“仲尼亟称于水，曰：‘水哉，水哉！’何取于水也？”孟子曰：“源泉混混，不舍昼夜。盈科而后进，放乎四海，有本者如是，是取之尔。”

“盈科”者，指的是源头之水充盈，故能填平流经之处的坑洼。朱熹注称：“言水有原本，不已而渐进以至于海；如人有实行，则亦不已而渐进以至于极也。”[①]朱熹的解释道出了孟子的想法。这段话虽然是由徐子提到孔子对于水的赞叹引出，但孟子并没有循着孔子的思路展开联想，对孔子“逝者如斯”的感喟加以说明或者论证，而是笔锋一转开始追索水能够源源不断流淌的原因，最终将水的“不舍昼夜”和水的“盈科”联系起来，由水流而联系到水的源头。这既是对孔子“乐水”之思的继承，也是对其思想的推进。

这种思想在孟子著作中所见者多。《孟子·尽心上》同样把水和“盈科”联系在一起：

观水有术，必观其澜。日月有明，容光必照焉。流水之为物也，不盈科不行；君子之志于道也，不成章不达。

在这段话中，孟子提出“观水”的要点在于观察波浪的高低来判断水流的大小，并由此提出，水流的大小是由源头之水的丰盈与否决定的。然而孟子的思想并没有止步于此，他进一步联想到，君子立志于道，不到一定的程度不能通达道理。他用三段式的联系想象，由水而至于君子，步步递进。朱熹注：“此章言圣人之道大而有本，学之者必以其渐，乃能至也。”[②]在孟子看来，太阳和月亮本身就是发光体，是光源，正因如此，它们的光辉普照大地。同样，水因为有源泉，所以才会出现波澜，才具有填满沟坎继续前进的力量。

孔子把水看成是智的象征，突出的是水的灵动无滞、左右圆通的特性。孟子所创造的水意象，既是动态的，同时又充满活力，气势磅礴。《孟子·尽心上》写道：

---

① ［宋］朱熹：《四书章句集注》，中华书局2012年版，第298页。

② ［宋］朱熹：《四书章句集注》，中华书局2012年版，第363—364页。

舜之居深山之中，与木石居，与鹿豕游。其所以异于深山之野人者几希。及其闻一善言，见一善行，若决江河，沛然莫之能御也。

朱熹注称："盖圣人之心，至虚至明，浑然之中，万理毕具。一有感触，则其应甚速，而无所不通。"[①]孟子用水比善，把善看作是一种力量，它的释放就像源泉混混的流水，具有不可抵抗之势。孟子所创造的水意象充满生机和活力，他把对善言善行的崇拜和对力量的崇拜结合在一起，展现的是潜在的能量所焕发出的巨大力量，令人激动震撼。

二、荀子的儒家理想与山水

早期儒家的山水意识，已从理论和实践两方面开创了人本主义的山水观，从而完全摆脱了人对神秘山水的畏惧，开拓了人与山水融合的新境界，儒学的人本主义山水观念对后世产生深刻的影响。荀子就是其中最具代表性的人物之一。

荀子的文章在先秦诸子中颇具特点，朴实浑厚、详尽严谨，句式比较整齐，擅长用多样化的比喻阐明深刻道理，其中多次参照孔子以山水自然来解释哲学思辨的结论。例如在《荀子·宥坐》中，荀子假托孔子之口，以"东流之水"来喻设君子的品德：

夫水，遍与诸生而无为也，似德。其流也埤下，裾拘必循其理，似义。其洸洸乎不淈尽，似道。若有决行之，其应佚若声响，其赴百仞之谷不惧，似勇。主量必平，似法。盈不求概，似正。淖约微达，似察。以出以入以就鲜絜，似善化。其万折也必东，似志。是故见大水必观焉。[②]

① ［宋］朱熹：《四书章句集注》，中华书局2012年版，第360页。

② ［清］王先谦：《荀子集解》，上海书店1986年版，第344—345页。

这段文字虽然假托孔子，实则是对孔子以水比德思想的进一步发挥，传达的是荀子自己对于君子道德品德的种种要求。在荀子看来，君子不仅要具备“德、义、勇、法、正、察、善化、志”等品德，而且要时时观照“大水”，通过观照来反思自身的不足。荀子认为水有似德、似义、似道、似勇、似法、似正、似察、似善化、似志之处，这既是对孔子山水思想的扩充，也是一种深化。荀子抓住了水的不同形态特点，将其与抽象的人格特性相联系，其笔下的水是一种拟人化的水。不过，荀子笔下人格化的水，基本上是一个完美无缺的形象，有一种崇高感，传递出使命感，已远远超出孔子的以水喻智的意义，这是一个近乎囊括诸家学说的综合理念型的水意象。荀子是整合诸家学说的一位集大成者，他所创造的综合理念型水意象，体现了荀子思想的驳杂性。“洸洸乎不淈尽，似道”带有道家的印记。而“量必平，似法”则明显带有法家的色彩。荀子通过水所传达的众多理念，在后来许多儒家著作中都可以见到，对后世产生了重要影响。

实际上，在荀子的著作中，用山水作譬处还有很多，有的着眼于山水的实用，例如：

> 上以法取焉，而下以礼节用之，余若丘山，不时焚烧，无所臧之。夫君子奚患乎无余？故知节用裕民，则必有仁义贤良之名，而且有富厚丘山之积矣。此无他故焉，生于节用裕民也。①

但更多的是以山水或者山水中的事物来譬喻治国道理，例如在《致士》中用“川渊”之深比喻统治者为政的公平，用“山林”之茂比喻统治者在礼义制度上的完备。

> 川渊深而鱼鳖归之，山林茂而禽兽归之，刑政平而百姓归之，礼义备而君子归之……川渊者，龙鱼之居也；山林者，鸟兽之居也；

① ［清］王先谦：《荀子集解》，上海书店1986年版，第114页。

国家者，士民之居也。川渊枯则鱼龙去之，山林险则鸟兽去之，国家失政则士民去之。[①]

或者将人心比作盘中之水，只有在平静清澈的状态下才能照见物体。一旦盘中之水被风吹动，沉泥浊滓浮起，便不再清澈，也就难于清晰地照出人的形象。

故人心譬如盘水，正错而勿动，则湛浊在下而清明在上，则足以见鬒眉而察理矣。微风过之，湛浊动乎下，清明乱于上，则不可以得大形之正也。[②]

概言之，作为先秦儒家思想的集大成者和“谈说之术”的大师，荀子以其擅长的“统类”“同理”修辞方法来说明道理。在荀子的笔下，山水不仅拥有更加完善的“君子”人格特质，附丽于其上的政治伦理色彩也愈发浓厚。儒家思想发展到荀子阶段，对待山水的态度已经发生了根本改变，真正实现了从神秘主义向现实主义和实用主义的过渡。

第三节　先秦文本中的山水

一、《山海经》中的山水

《山海经》是一部具有独特风格的作品，由于其内容丰富，记述山川地理、奇禽异兽、珍奇草木等，历代研究者对该书的性质看法种种，莫衷一是。司马迁在《史记》中说：“《禹本纪》言……故言九州山川，

① ［清］王先谦：《荀子集解》，上海书店1986年版，第172页。

② ［清］王先谦：《荀子集解》，上海书店1986年版，第267页。

《尚书》近之矣，至《禹本纪》《山海经》所有怪物，余不敢言之也。”[①]他认为《山海经》讲的多是怪力乱神，因而不作收录和评论。《汉书·艺文志》把它列入数术中的形法家之首，《隋书·经籍志》将它列于地理类，而纪昀等却认为：“（《山海经》）道里山川，率难考据，按以耳目所及，百不一真。诸家并以为地理书之冠，亦为未允。核实定名，实则小说之最古者尔。”[②]其认为《山海经》中对地理方位的记载及对山川涉及范围的考据不实，不可因循守旧说把它当作正规的地理书籍看待，而应该把它看作小说家言。近人鲁迅认为《山海经》“记海内外山川神祇异物及祭祀所宜，以为禹益作者固非，而谓因《楚辞》而造者亦未是；所载祠神之物多用糈（精米），与巫术合，盖古之巫书也。然秦汉人亦有增益”[③]。袁珂认为《山海经》“匪特史地之权舆，乃亦神话之渊府”[④]，并进一步指出：“此书虽写集于从战国初年到汉代初年，难免不有后世渗入的杂质，而其绝大部分内容，仍当由原始社会末期的巫师传嬗下来”[⑤]。曹雨群认为《山海经》是方士所撰，“山经是先秦祭祀山川的礼书汇编，海经正如前人所说，是附于这一礼书的图片说明”[⑥]。罗永麟则认为：“整部《山海经》，实际不过是古代巫师、方士以其所具有的地理和历史知识，附会民间神话、仙话、传说和奇闻怪事而编成的一部巫书，也就是一部古志（神）怪故事书……实际就是巫师（方士）之流，施行巫术

① ［汉］司马迁撰，［宋］裴骃集解，［唐］司马贞索隐，［唐］张守节正义：《史记》，中华书局1959年版，第3179页。

② ［清］纪昀、陆锡熊、孙士毅等：《钦定四库全书总目》，中华书局1997年版，第1871页。

③ 鲁迅：《鲁迅全集》第9卷，人民文学出版社1981年版，第18—19页。

④ 袁珂校注：《山海经校注》，上海古籍出版社1980年版，序第1页。

⑤ 袁珂：《论〈山海经〉的神话性质——兼与罗永麟教授商榷》，《思想战线》1989年第5期，第30页。

⑥ 曹雨群：《读〈山海经〉》，《上海师范大学学报（哲学社会科学版）》1960年第2期，第89页。

仪式时，所讲的神怪故事的结集而已。”[1]徐显之则认为《山海经》是一部最古的氏族社会方志[2]。

《释名》曰：“山，产也。产生物也。”[3]“山，宣也。谓能宣散气，生万物也。”[4]“夫山者，万民之所瞻仰也。草木生焉，万物植焉，飞鸟集焉，走兽休焉，四方益取与焉。”[5]《艺文类聚》引《春秋说题辞》称：“山之为言宣也，含泽布气，调五神也。”上古时代，山就被认为是孕育万物的载体，山是人类赖以生存的基础，也是人们生产生活的重要组成部分。作为早期先民各种观念集合的《山海经》，自然会对山川加以格外关注。据统计，《山海经》共记载了26条山脉、447座大山，水系则有258处，湖泊、沼泽、湿地、渊池等50余处[6]，众多山川林泽遍布四面八方。

《山海经》中的山水，大致可以分为自然山水、神灵山水和通天地之山水几种。以下分别论之。

《山海经》中所记之山水绝大部分是物产丰富的自然山水，这主要是因为山水自古以来就为人类提供了衣食住行各方面的生活材料，与人们的生活息息相关，人与山水之间的关系，是最直接也是最重要的关系。正因如此，《山海经》中以大量篇幅记录了山水中所蕴藏的各种动植物和矿产等，如“又东三百里，曰青丘之山。其阳多玉，其阴多青雘。有兽焉，其状如狐而九尾，其音如婴儿，能食人；食者不蛊。有鸟焉，其状如鸠，其音若呵，名曰灌灌，佩之不惑。英水出焉，南流注于即翼之泽。其中多赤鱬，其状如鱼而人面，其音如鸳鸯，食之不疥”[7]。尤其是对各

---

① 罗永麟：《中国仙话研究》，上海文艺出版社1993年版，第60—61页。

② 徐显之：《〈山海经〉探原》，武汉出版社1991年版，第1页。

③ ［汉］刘熙：《释名》，中华书局1985年版，第11页。

④ ［汉］许慎撰，［清］段玉裁注：《说文解字注》，上海古籍出版社1988年版，第437页。

⑤ ［汉］韩婴撰，许维遹集释：《韩诗外传集释》，中华书局1980年版，第111页。

⑥ 王红旗编：《山海经十日谈》，上海辞书出版社2012年版，第29—30页。

⑦ 袁珂校注：《山海经校注》，上海古籍出版社1980年版，第6页。

种矿产和药物的记载，这些物产中有的能够医治“肿”“瘿”“疥”“痔”“腂（皲皮）”“疠（麻风）”“疣”“疟”“风”等各种疾病，有的能够避孕或者促进生育，这说明上古先民已经对各类疾病有了初步认识，并学会利用山川中的自然物产加以治疗。《山海经》中也记录了一些动植物能给人类带来危害，有的则能够促使人的心理发生改变，或者产生水灾、旱灾、蝗灾、风灾、火灾等，给人类赖以生存的周围环境带来灾难。如蛮蛮“见则天下大水”①、祓祓“见则其国多狡客”②、狌狌“食之善走”③、鹿蜀“佩之宜子孙”④、类“食者不妒”⑤等。

需要说明的是，《山海经》中除了少数几座无水之山外，大部分都是山水相依。中国地理位置优越，气候适宜，绝大多数山中都有水源，甚至发育成河流，所以山水共生十分普遍。这两者之间迥然不同的形态和性质特征，互生互补的现象，为中国古代哲学提供了丰厚的物质依据。《周易·咸卦》的卦象为“艮下兑上”⑥，艮为山，兑为泽，山能容纳泽，而泽亦能吸纳山中之气，互相感应，必然会带来雨露泽生、万物有成的物象。《彖传》说：“柔上而刚下，二气感应以相与……天地感而万物化生……观其所感，而天地万物之情可见矣。”⑦山和水阴阳和合，万物化生。《山海经》里河流经流大山，呈现一片生机勃勃之景。

山川也是各种神灵的居所。从发生论的观点来看，所谓神祇，无非是古代先民在各种不可驾驭自然的状态下，对其进行想象和臆造而成的具有超越自然力的意志或生命现象。最古老的神祇基本上都源于自然崇拜，而自然崇拜又以动物崇拜为大宗。动物与山水之间存在着密切的关联。无论是出自山中的鸟兽还是源自水中的鱼蛙，都被先民从不同的侧

① 袁珂校注：《山海经校注》，上海古籍出版社1980年版，第39页。
② 袁珂校注：《山海经校注》，上海古籍出版社1980年版，第110页。
③ 袁珂校注：《山海经校注》，上海古籍出版社1980年版，第1页。
④ 袁珂校注：《山海经校注》，上海古籍出版社1980年版，第3页。
⑤ 袁珂校注：《山海经校注》，上海古籍出版社1980年版，第5页。
⑥ ［唐］孔颖达：《周易正义》，中国书店1987年版，第321页。
⑦ ［唐］孔颖达：《周易正义》，中国书店1987年版，第322—324页。

面加以崇拜甚至加以祭祀。而隐居于山水中的各种怪禽猛兽、鼋鼍鳣鲔，会给人类带来巨大的恐惧，甚至危及他们的生命。正因如此，山水在先民的心目中具有两面性，山水一方面为人类提供丰富的物产，另一方面又能带来恐惧，这种心态使得山水在人们心中更加具有神秘性和神圣性，认为只有拥有超自然力量的神灵才可以居住。《山海经》记载了众多居住在山上的神灵，按照其住所性质的不同，可以分为以下几类：

其一是作为神仙的居所，有的山为神仙之“都”，如“昆仑之丘，是实惟帝之下都，神陆吾司之”[①]“（青要山）实惟帝之密都……魌武罗司之”[②]“（槐江山）实惟帝之平圃，神英招司之”[③]；有的山为神仙之“居”“处”，如“长留之山，其神白帝少昊居之”[④]“洞庭之山……帝之二女居之”[⑤]“玉山，是西王母所居也”[⑥]“系昆之山者，有共工之台，射者不敢北乡。有人衣青衣，名曰黄帝女魃”[⑦]“西王母……在昆仑虚北”[⑧]“昆仑之丘，有神……处之……名曰西王母”[⑨]“夫夫之山……神于儿居之”[⑩]“（丰山）神耕父处之，常游清泠之渊”[⑪]；有的山则是神仙的出生之地，如“不庭之山，荥水穷焉。有人三身。帝俊妻娥皇，生此三身之国”[⑫]“重阴之山。有人食兽，曰季釐。帝俊生季釐”[⑬]“榣山。其上有人，号曰太子长琴。颛顼生老童，老童生祝融，祝融生太子长

① 袁珂校注：《山海经校注》，上海古籍出版社1980年版，第47页。
② 袁珂校注：《山海经校注》，上海古籍出版社1980年版，第125页。
③ 袁珂校注：《山海经校注》，上海古籍出版社1980年版，第45页。
④ 袁珂校注：《山海经校注》，上海古籍出版社1980年版，第51页。
⑤ 袁珂校注：《山海经校注》，上海古籍出版社1980年版，第216页。
⑥ 袁珂校注：《山海经校注》，上海古籍出版社1980年版，第50页。
⑦ 袁珂校注：《山海经校注》，上海古籍出版社1980年版，第430页。
⑧ 袁珂校注：《山海经校注》，上海古籍出版社1980年版，第306页。
⑨ 袁珂校注：《山海经校注》，上海古籍出版社1980年版，第407页。
⑩ 袁珂校注：《山海经校注》，上海古籍出版社1980年版，第176页。
⑪ 袁珂校注：《山海经校注》，上海古籍出版社1980年版，第165页。
⑫ 袁珂校注：《山海经校注》，上海古籍出版社1980年版，第367页。
⑬ 袁珂校注：《山海经校注》，上海古籍出版社1980年版，第371页。

琴”[①]“（成山）有季禺之国，颛顼之子”[②]“山名曰成都载天。有人珥两黄蛇，把两黄蛇，名曰夸父。后土生信，信生夸父”[③]；一些山有专门的神祇负责管理，“和山……吉神泰逢司之”[④]“羸母之山，神长乘司之”[⑤]“洞庭之山……是多怪神，状如人而载蛇，左右手操蛇”[⑥]；甚至死去的神圣之君也被埋葬在高山之上，如“狄山，帝尧葬于阳，帝喾葬于阴”[⑦]“务隅之山，帝颛顼葬于阳，九嫔葬于阴”[⑧]“帝尧、帝喾、帝舜葬于岳山”[⑨]“附禺之山，帝颛项与九殡葬焉”[⑩]。对此，马昌仪解释为：“山冢具有神圣性，不仅因为它位于高山之巅，是山神居住的地方，又是祭神的圣地；同时又是祖先的家园，是灵魂回归的处所，是先民向往的地方。”[⑪]除此之外，犯了罪过的神祇，也被关押在高山之上，加以惩处，“贰负之臣曰危，危与贰负杀窫窳。帝乃梏之疏属之山，桎其右足，反缚两手与发，系之山上木”[⑫]。危因为滥杀，被天帝关押在疏属山，将其双手和头发反绑在疏属山的大树上。

高山大川不仅是日月的出生地，也是日月出入之所。《楚帛书·甲篇》中记载：

千有（又）百岁……九州不涌，山陵备侐……四神□□，至于覆天旁动，孜蔽之……青木、赤木、黄木、白木、墨木之精。炎帝

① 袁珂校注：《山海经校注》，上海古籍出版社1980年版，第395页。
② 袁珂校注：《山海经校注》，上海古籍出版社1980年版，第368页。
③ 袁珂校注：《山海经校注》，上海古籍出版社1980年版，第427页。
④ 袁珂校注：《山海经校注》，上海古籍出版社1980年版，第128页。
⑤ 袁珂校注：《山海经校注》，上海古籍出版社1980年版，第50页。
⑥ 袁珂校注：《山海经校注》，上海古籍出版社1980年版，第176页。
⑦ 袁珂校注：《山海经校注》，上海古籍出版社1980年版，第202页。
⑧ 袁珂校注：《山海经校注》，上海古籍出版社1980年版，第244页。
⑨ 袁珂校注：《山海经校注》，上海古籍出版社1980年版，第380页。
⑩ 袁珂校注：《山海经校注》，上海古籍出版社1980年版，第419页。
⑪ 刘锡成、游琪编：《山岳与象征》，商务印书馆2004年版，第445页。
⑫ 袁珂校注：《山海经校注》，上海古籍出版社1980年版，第285页。

乃命祝融……以四神降，奠三天，□思保，奠四极……曰‘非九天则大侐，则毋敢蔑天灵。’帝夋乃为日月之行。①

天地之初，一片混沌，九州不平、山陵倾侧造成了四季混乱，于是天帝命人设立“三天”“四极”以分开天地，让日月在天上正常运行。

日月为帝俊之子，出生地均在水中。《山海经》载：“东南海之外，甘水之间，有羲和之国。有女子名曰羲和，方日浴于甘渊。羲和者，帝俊之妻，生十日。”②又载：“大荒之中，有山名日月山，天枢也。……有女子方浴月。帝俊妻常羲，生月十有二，此始浴之。”③

日月在天空中穿行，其出发地和落脚地也都与山水有关，《山海经》对日、月出入之处有很详细的记载，如《大荒东经》记日月所出之山有大言、合虚、明星、鞠陵于天、东极、离瞀、猗天苏门、壑明俊疾等八处，《大荒西经》中记载的日月所入之山有丰沮玉门山、龙山、日月山、常阳山、大荒山、鏖鏊巨山、方山等七处，《西山经》中记载的日落之山有“泑山”一处，《南山经》中记载的日出日落之山一处，为望丘山。《海外西经》和《大荒东经》提及日月沐浴之处，《海外东经》则明确记载：“下有汤谷。汤谷上有扶桑，十日所浴，在黑齿北。居水中，有大木，九日居下枝，一日居上枝。”④《大荒东经》记载：“汤谷上有扶木，一日方至，一日方出，皆载于乌。”⑤《大荒东经》还记载神人鹓“处东极隅以止日月，使无相间出没，司其短长。”⑥《大荒西经》中记载的神人石夷，“处西北隅以司日月之长短”⑦。管理日月出入有序，使其出入

① 饶宗颐、曾宪通：《楚地出土文献三种研究》，中华书局1993年版，第242—245页。

② 袁珂校注：《山海经校注》，上海古籍出版社1980年版，第381页。

③ 袁珂校注：《山海经校注》，上海古籍出版社1980年版，第402—404页。

④ 袁珂校注：《山海经校注》，上海古籍出版社1980年版，第260页。

⑤ 袁珂校注：《山海经校注》，上海古籍出版社1980年版，第354页。

⑥ 袁珂校注：《山海经校注》，上海古籍出版社1980年版，第358页。

⑦ 袁珂校注：《山海经校注》，上海古籍出版社1980年版，第391页。

的时间短长合适。

上古先民之所以将日月的升降与山川联系起来，这是与山川在他们宇宙观形成过程中的重要作用有关。四方的确立、节气的区别、时间的划分都是和日月起落及其方向位置有关，在经验的基础上，大山成为人们观测宇宙的基本参照物。吕子方认为："远古时代的人，只知道日出而作，日入而息，把太阳的出入当作生活作息的标准。多山地带的人，自然就以山为日月出入的表尺。"①刘宗迪也认为《大荒经》记载的日月出入之山乃是对上古历法的反映。他说："《大荒经》古图描绘一系列山峰，目的并不在于'俯察地理'，而在于'仰观天象'，并非为了画山模水，描绘地理景观，而是为了建立一个天文观测体系和一个历法岁时图式。"②这些看法无疑是具有逻辑上的合理性的。

正因为山川在上古先民心目中的地位如此重要，他们对山川的祭祀也日渐常态化、等级化和规范化。《礼记·王制》说："天子祭天下名山大川。五岳视三公，四渎视诸侯。"③从天子到三公、诸侯，不同等级各有特定的祭祀对象，不可逾越，否则就得不到神灵的庇佑。《礼记·曲礼下》说："天子祭天地，祭四方，祭山川，祭五祀，岁遍。诸侯方祀，祭山川，祭五祀，岁遍。大夫祭五祀，岁遍。士祭其先。……非其所祭而祭之，名曰淫祀。淫祀无福。"④

山川祭祀有多种不同的祭祀形式，按地点分有就祭和望祭，按时间分有时祭（四时之祭）、年终之祭（蜡祭）以及数年之祭（祫），按祭祀的方式分有禜祭和雩祭，按祭品区分则有牲祭和币祭等。处理祭品的方式有很多，包括"燎""投""糈""祠"和"瘗"等。《山海经》中最常

① 吕子方编：《中国科学技术史论文集》下，四川人民出版社1984年版，第28页。

② 刘宗迪：《失落的天书：〈山海经〉与古代华夏世界观》，商务印书馆2010年版，第7页。

③ 陈戍国校注：《礼记校注》，岳麓书社2004年版，第95页。

④［汉］郑玄注，［唐］孔颖达等正义：《礼记正义》，上海古籍出版社1990年版，第96页。

见的是“祠”，如：“自柜山至于漆吴之山……其祠：毛用一璧瘗，糈用稌。”[①]“自阴山以下，至于崦嵫之山……其神祠礼，皆用一白鸡祈，糈以稻米。”[②]“凡鹊山之首，自招摇之山，以至箕尾之山……其祠之礼：毛用一璋玉瘗，糈用稌米。”[③]“凡济山之首，自辉诸之山至于蔓渠之山……祠用毛，用一吉玉，投而不糈。”[④]“凡缟羝山之首，自平逢之山至于阳华之山……以六月祭之，如诸岳之祠法，则天下安宁。”[⑤]“凡苟山之首，自敖岸之山至于和山……其祠：泰逢、熏池、武罗皆一牡羊副，婴用吉玉。其二神用一雄鸡瘗之。糈用稌。”[⑥]“苦山之首，自休与之山至于大騩之山……其祠：毛牷用一羊羞，婴用一藻玉瘗。”[⑦]“凡荆山之首，自景山至琴鼓之山……其祠：用一雄鸡祈瘗，用一藻圭，糈用稌。”[⑧]“凡鳌山之首，自鹿蹄之山至于玄扈之山……其祠之：毛用一白鸡，祈而不糈，以采衣之。”[⑨]从上述记载来看，上古对于山川祭祀的主要祭品为经过精细加工的“稌”，或者符合颜色要求的禽畜“毛”，少数用玉礼器瘗埋或投入山川之中。此时人们对于山川的祭祀规格明显低于天帝或者祖先之祭，贡献的祭品也相对简单，远不能和太牢、少牢等相比，这似乎说明祖先及各类神祇在当时的先民观念中的地位已经悄然发生了变化，不再像史前时代及文明之初那样未加区分，而是有了不同的分类或者等级上的区分，并在祭祀规格上有所体现。

① 袁珂：《山海经校注》，上海古籍出版社1980年版，第15页。
② 袁珂：《山海经校注》，上海古籍出版社1980年版，第66页。
③ 袁珂：《山海经校注》，上海古籍出版社1980年版，第8页。
④ 袁珂：《山海经校注》，上海古籍出版社1980年版，第124页。
⑤ 袁珂：《山海经校注》，上海古籍出版社1980年版，第141页。
⑥ 袁珂：《山海经校注》，上海古籍出版社1980年版，第128页。
⑦ 袁珂：《山海经校注》，上海古籍出版社1980年版，第150页。
⑧ 袁珂：《山海经校注》，上海古籍出版社1980年版，第156页。
⑨ 袁珂：《山海经校注》，上海古籍出版社1980年版，第132页。

二、诸子著作中的山水

春秋战国时代，王权衰落，诸侯争霸，为了壮大自己的实力，各国延揽人才，打破了本来的贵族政治体制，使得原本几乎没有资格参与政治的庶民可以发表自己的政见并参与政治决策。与此同时，人口增加，土地分配困难，社会发生剧变。这一时期有思想的知识分子，面对现实的社会问题、人生问题等，提出了解决的办法，从而打破了“庶人不议”的观念，取而代之的是“处士横议”的活跃风气。个人利害与国家之间的利害交互运用，相互影响，标新立异。各种学说、思想纷纷出现。在对人、事及社会的广泛探讨中，在如何统一天下、治理国家、教化民众等方面形成了各种不同的学派。

需要说明的是，诸子百家之说大多数都是立足现实、分析形势、阐说因应之策。因而逐渐摆脱了商周以来的神灵观念，提出了一系列哲学性的命题和逻辑分析方法，其中就包括人与自然山川之间的关系以及人对于自然山川的态度问题。由于前文已经系统介绍了儒家和道家的山水观念。因此在这一部分，我们将以《管子》和《韩非子》为例，探讨先秦诸子的山水观念。

《管子》是一部百科全书式的著作，涉及自然山川方面的内容甚多。其中既有《水地》《地员》这类专论性文章，也有从哲学视野讨论自然生态的文章。《管子》认为：

> 地者万物之本原，诸生之根菀也，美恶贤不肖、愚俊之所生也。水者地之血气，如筋脉之通流者也。[①]

管子所称的“地”，实际上包含了陆地上的一切自然地形，他认为无论山水，都是自然万物的本原，生命的源头。以这一思想为基础，管子

① ［春秋］管仲著，颜昌峣校释：《管子校释》，岳麓书社1996年版，第347页。

提出了自己的哲学观念：

凡人之生也，天出其精，地出其形，合此以为人。和乃生，不和不生。①

天主正，地主平，人主安静。春秋冬夏，天之时也；山陵川谷，地之枝也；喜怒取予，人之谋也。是故圣人与时变而不化，从物而不移。②

道者，诚人之姓也，非在人也。……道也者，万物之要也。……夫道者虚设，其人在则通，其人亡则塞者也。③

他认为人类是天地的产物，是天地和谐（和）的结果，也是宇宙自然体系中不可或缺的一部分，与“天”“地”共同构成这一哲学体系的基本内容，共同受到“道”的影响和支配，“道”是非物质性的，却是“万物之要”，天地万物都要遵循“道”而运行，其外在表现形式就是“正”“平”和“安静”。

管子认为，水无处不在，普遍存在于万事万物。不仅金石、草木、鸟兽等物都是水存在的具体形式，而且人体也由水组成，并由水维系着人体的运行和发展。

是以水者，万物之准也，诸生之淡也，违非得失之质也。是以无不满，无不居也。集于天地而藏于万物，产于金石，集于诸生，故曰水神。集于草木，根得其度，华得其数，实得其量。鸟兽得之，形体肥大，羽毛丰茂，文理明著。万物莫不尽其几，反其常者，水之内度适也。夫玉之所贵者，九德出焉。……是以水集于玉而九德

① ［春秋］管仲著，颜昌峣校释：《管子校释》，岳麓书社1996年版，第406页。

② ［春秋］管仲著，颜昌峣校释：《管子校释》，岳麓书社1996年版，第400页。

③ ［春秋］管仲著，颜昌峣校释：《管子校释》，岳麓书社1996年版，第256页。

出焉，凝蹇而为人，而九窍五虑出焉。此乃其精也。[①]

管子把水说成是万物的本原，也是生命之源，并从这个层面将人的生命和万物相沟通，一切都源于水，是水赋予动植物以生命，也赋九德于玉，这就从理论上解释了孔子提出的“君子比德于玉”的逻辑基础。

管子提出，“根天地之气，寒暑之和，水土之性，人民鸟兽草木之生，物虽（不）甚多，皆均有焉，而未尝变也，谓之则”[②]。万物虽然形态、特性各异，却都遵循一个普遍性和稳定性的规律（则），之所以如此，就在于万物的生长运行都必须依赖于充斥天地之间的“气”，以及由于“气”的运行所产生的“和”，也就是万物都按照自身的规律生长运行，彼此之间和谐共生。“则”是“道”的具体化，“无德无怨，无好无恶，万物崇一，阴阳同度，曰道”[③]。在管子的观念中，山川大地虽然形态不一、属性有别，但并无好坏之分，他提出，“天不一时，地不一利，人不一事……山陵岑岩，渊泉闳流，泉逾瀷而不尽，薄承瀷而不满，高下肥硗，物有所宜”[④]。不同山川之中的物产不尽相同，那是由不同的环境属性造成的。他还进一步提出，“地之不可食者，山之无木者，百而当一。涸泽，百而当一……蔓山，其木可以为材，可以为轴，斤斧得入焉，九而当一。泛山，其木可以为棺，可以为车，斤斧得入焉，十而当一。流水，网罟得入焉，五而当一。林，其木可以为棺，可以为车，斤斧得入焉，五而当一。泽，网罟得入焉，五而当一。命之曰地均，以实数”[⑤]。这要求人们根据不同山川的物产特性，分别加以利用，以达到对自然万物的充分利用，又不会因为违反了自然规律而造成灾害。

① ［春秋］管仲著，颜昌峣校释：《管子校释》，岳麓书社1996年版，第347—350页。

② ［春秋］管仲著，颜昌峣校释：《管子校释》，岳麓书社1996年版，第60页。

③ ［春秋］管仲著，颜昌峣校释：《管子校释》，岳麓书社1996年版，第375页。

④ ［春秋］管仲著，颜昌峣校释：《管子校释》，岳麓书社1996年版，第110页。

⑤ ［春秋］管仲著，颜昌峣校释：《管子校释》，岳麓书社1996年版，第45—46页。

在管子的哲学体系中，人是最为关键的因素，人类必须遵守自然规律，不能违反自然规律，从而对自然运行之“则”造成破坏，“天因人，圣人因天。天时不作，勿为客；人事不起，勿为始。慕和其众，以修天地之从。人先生之，天地刑之，圣人成之，则与天同极。正静不争，动作不贰，素质不留，与地同极”[①]。他认为，人与自然是相互依存的，天地自然固然要赖于人的生存而显示其存在，人是自然价值的最高体现，没有了人类，天地自然也就失去了意义所在。正因如此，统治者必须要“因天”，即人必须与自然和谐一体，依据自然规律行事，与自然形成一体共生、“内在统一”的关系。“圣人”能够觉悟天道，并以“道”为自己实践的依据。天地生态系统为人规定的“时机”未成熟的时候，或者事物的发展变化尚未到开始的机缘的时候，不轻举妄动。

管子的思想观念最终都是要落实到统治者的统治政策上，在上述哲学思想的指导下，他从政治、经济、军事、法制等各个方面对统治者的政策提出建议。这其中就包括了对于山川的规划、治理和保护。首先，管子提出要对山川保持敬畏之心，按时进行祭祀，认为这是治理国家的头等大事之一，他指出，“顺民之经，在明鬼神，祇山川……不明鬼神，则陋民不悟；不祇山川，则威令不闻……四维不张，国乃灭亡”[②]。管子把“明鬼神”“祇山川”和“敬宗庙”“恭祖旧”看作同等重要。因此必须“修春秋冬夏之常祭，食天壤山川之故祀，必以时”[③]。祭祀山川，取悦山川之神灵，才能使“山泽各以其时至，则民不苟”[④]。这固然是商周以来的传统，但更重要的是，通过强调按时祭祀，来保证人们始终心怀对山川的敬畏，从而达到保护山川自然资源的目的。其次，管子提出要根据自然运行规律合理利用自然，并且要对自然资源进行保护，在《管子》的多篇文章中，都提到对山川林泽的“禁”，也就是禁止采伐和捕

① ［春秋］管仲著，颜昌峣校释：《管子校释》，岳麓书社1996年版，第372页。

② ［春秋］管仲著，颜昌峣校释：《管子校释》，岳麓书社1996年版，第1—3页。

③ ［春秋］管仲著，颜昌峣校释：《管子校释》，岳麓书社1996年版，第82页。

④ ［春秋］管仲著，颜昌峣校释：《管子校释》，岳麓书社1996年版，第191页。

猎，如“山林梁泽，以时禁发而不正也”[1]。要按照一定的时间，对山林梁泽加以封禁。这样做的原因，是由于“山林虽广，草木虽美，禁发必有时；国虽充盈，金玉虽多，宫室必有度；江海虽广，池泽虽博，鱼鳖虽多，罔罟必有正，船网不可一财而成也。非私草木爱鱼鳖也，恶废民于生谷也。故曰先王之禁山泽之作者，博民于生谷也”[2]。管子认为无论山川林泽中的物产多么丰富，采伐捕猎也必须有节制，国君在必要时应该“禁山泽之作”，以促使环境的自我修复，从而使得百姓的生产活动能够得以持续。

管子还主张国君在治国理政的过程中，尤其要注意山林防火，防止河渠决堤，“君之所务者五：一曰山泽不救于火，草木不得成，国之贫也；二曰沟渎不遂于隘，鄣水不安其藏，国之贫也……山泽救于火，草木殖成，国之富也；沟渎遂于隘，鄣水安其藏，国之富也”[3]。为此要专门设立虞衡之类的官吏，负责管理山川林泽，尤其负责防火，“修火宪，敬（警）山泽林薮积草，夫财之所出，以时禁发焉，使民于宫室之用，薪蒸之所积，虞师之事也”[4]。

在《管子》中还有一篇《封禅》，但原篇亡佚，后世所见，是《史记·封禅书》中对齐桓公欲封禅泰山，而管子加以阻止的行为做了记载。“桓公曰：‘寡人北伐山戎，过孤竹；西伐大夏，涉流沙，束马悬车，上卑耳之山；南伐至召陵，登熊耳山以望江汉。兵车之会三，而乘车之会六，九合诸侯，一匡天下，诸侯莫违我。昔三代受命，亦何以异乎？’于是管仲睹桓公不可穷以辞，因设之以事，曰：‘古之封禅，鄗上之黍，北里之禾，所以为盛；江淮之间，一茅三脊，所以为藉也。东海致比目之鱼，西海致比翼之鸟，然后物有不召而自至者十有五焉。今凤皇麒麟不来，嘉谷不生，而蓬蒿藜莠茂，鸱枭数至，而欲封禅，毋乃不可乎？’于

① ［春秋］管仲著，颜昌峣校释：《管子校释》，岳麓书社1996年版，第237页。
② ［春秋］管仲著，颜昌峣校释：《管子校释》，岳麓书社1996年版，第125页。
③ ［春秋］管仲著，颜昌峣校释：《管子校释》，岳麓书社1996年版，第30页。
④ ［春秋］管仲著，颜昌峣校释：《管子校释》，岳麓书社1996年版，第35页。

是桓公乃止。”[①]在这段文字之前，还有一大段文字，叙述从伏羲至周成王的历代君主“受命然后得封禅”，虽然未必可信，但是从商周文献中，却可以找到当时封禅的影子。从字源上看，甲骨文中“封”作“”，像土堆上植树之形，表示封疆、疆界。周代铭文则作“”，在树旁加“又”即“手”，仍表示起土成堆并在土堆上植树作为标识之意，并进一步引申出起土为坛，祭祀神灵的字义。“禅”字较晚出，但春秋时期也已经见于文献中，“禅”初作“墠”，本义是指专门清理出来用于举行祭祀活动的平地，如《诗经》中的《郑风·东门之墠》：“东门之墠，茹藘在阪。”《谷梁传·襄公十九年》：“晋士匄帅师侵齐，至穀，闻齐侯卒，乃还。……士匄外专君命，故非之也。然则，为士匄者宜奈何？宜墠帷而归命乎介。”[②]此处的“墠帷”是指在野外清理出一块平地，并在平地上支起帐帷以举行仪式。《尚书·金縢》记载：“周公曰：‘未可以戚我先王。’公乃自以为功，为三坛同墠。”[③]则是指在同一块“墠”上设立三个坛，用于分别祭祀不同的祖先。

值得注意的是，出土青铜器“天亡簋”的铭文中有：“（乙）亥，王又大丰（“丰”即“礼”之省笔），王凡四方。王祀于天室，降。”林沄考证“天室”即山巅之室，铭文中的“大礼”是最早的封禅记录。他认为周武王在克商之役结束返回西土的途中，曾在嵩山举行封禅和望祭山川的重大典礼[④]。由此可以推测，管子劝说齐桓公取消封禅仪式一事未必准确，但春秋时期甚至更早就有了类似后世封禅的利用标志性山峰祭祀天帝的仪式。

不仅《管子》，先秦百家也多为解决现实的社会问题而发声，具有很

① ［汉］司马迁撰，［宋］裴骃集解，［唐］司马贞索隐，［唐］张守节正义：《史记》，中华书局1959年版，第1361页。

② ［清］阮元校刻：《十三经注疏》，中华书局1980年版，第2429页。

③ ［清］孙星衍撰，陈抗、盛冬铃点校：《尚书今古文注疏》，中华书局1986年版，第324页。

④ 林沄：《天亡簋“王祀于天室”新解》，《史学集刊》1993年第3期。

强的现实针对性。在诸子百家著作中，山水不惟作为自然现实存在，是人类可以利用的物质基础，同时也是人类的精神寄托和观念来源。诸子的著作个性鲜明，或汪洋恣肆，或气势奔腾，或严正冷峻，用他们各具特色的叙事逻辑，向社会推销自己的人文目标。作为法家集大成者的韩非子，就在其著作中多次以山泽、山川为譬，解释自己的观念和思想。如“人事、天功，二物者皆入多，非山林泽谷之利也。夫无山林泽谷之利入多，因谓之窕货者，无术之言也”[①]。他以山川林泽的物产为例，认为自然物产的丰富不能取代君主在社会治理上的努力，只有通过法治（“术”），使人事、天功和山林之利都发挥最大作用，才能最终促使国家的强盛。而在《十过》中，他又以泰山作譬，着力渲染作为古代圣贤象征的“黄帝”的雄伟气势，“昔者黄帝合鬼神于泰山之上，驾象车而六蛟龙，毕方并辖，蚩尤居前，风伯进扫，雨师洒道，虎狼在前，鬼神在后，腾蛇伏地，凤皇覆上，大合鬼神，作为清角”[②]。以黄帝出行泰山时，天地万物无不臣服趋进，构拟出明君圣主应有的目标。在其名篇《五蠹》中，他以山川作比喻，指出：“夫山居而谷汲者，媵腊而相遗以水；泽居苦水者，买庸而决窦。”[③]以此说明不同的环境下，人们所珍视的对象的不同。

概言之，诸子百家所处的时代与夏商周时期相比，社会环境已经发生了巨大的改变。随着对社会及自然认识的进一步深入，他们在前人的基础上结合社会现实提出了一系列命题、范畴和观点，构建起自己的理论体系和逻辑结构。在他们的著作中，山水观念固然还保留了早期的哲学意涵和原始宗教信仰的孑遗，但体现更多的是其现实价值和实践意义。

① 陈奇猷校注：《韩非子集释》，上海人民出版社1974年版，第835—836页。

② 陈奇猷校注：《韩非子集释》，上海人民出版社1974年版，第172页。

③ 陈奇猷校注：《韩非子集释》，上海人民出版社1974年版，第1041页。

三、《诗经》《楚辞》中的山水

《诗经》和《楚辞》是春秋战国时期分别代表北方和南方诗歌成就的诗集。前者是在西周至春秋数百年间，无数创作者创作、修改和加工的成果，最后由孔子删定，后者则是在战国后期短短数十年间由屈原一人创作而成。无论从哪一方面看，两者之间都有着巨大的差别，但是有一点是共通的，那就是这些诗歌描写的对象都与山水存在着密切的联系。

清人王士祯曾称："诗三百五篇，于兴观群怨之旨，下逮鸟兽草木之名，无弗备矣，独无刻画山水者；间亦有之，亦不过数篇，篇不过数语，如汉之广矣，终南何有之类而止。"①王士祯这段评论是失之偏颇的，实际上，《诗经》中虽然没有专门描写山水的诗篇，也没有专门描写自然物的作品，但有大量描写山水和自然物的诗句。《诗经》涉及山的诗有60多首，仅"山"字便出现过66次，加上与"山"有关的丘、陵、谷、冈等，共有139次之多，有近120首涉及水，约占全部篇章的百分之四十，其中直接描写或涉及的有具体名称的河流共有28条，其他无名之水则有55首。这些诗歌中，不仅有先民对山水状貌的描绘，还在字里行间流露出对自然山水的种种情感，更有从审美角度对山水的观照。

《诗经》对于山水的描写，固然有诗歌比兴要求的因素，但是在此之外，还有现实生活的写照、审美观照的原因。

首先，《诗经》中的山水是人们重要生活资料的来源。

西周至春秋时期，中国的农业生产已经获得了长足进步，所谓的"六谷"在这一时期都已经广泛种植，据统计，黍、稻、麻、麦、粟、菽、稷等谷物在《诗经》中共出现95次。尽管如此，传统的采集活动依旧是谷物生产的重要补充。这一时期除了采摘的蘋、荇菜、芰、莫、茆等水生植物之外，大量的采集活动是在山林间进行。

① ［清］王士祯著，张宗楠纂集，戴鸿森点校：《带经堂诗话》（上册），人民文学出版社1963年版，第115页。

这一时期的山地采集品种丰富，数量众多，有的是作为日常蔬菜，有的则是作为粮食补充。从《诗经》的证据来看，采集的食物大致可以分为三类：野菜、浆果和坚果。

野菜类的包括蕨、薇、莱、竹笋、蓫、瓠叶等。其中以蕨和薇最为常见。

《召南·草虫》："陟彼南山，言采其蕨。"《小雅·四月》："山有蕨薇，隰有杞桋。"《说文通训定声》："蕨，初生如蒜苗，无叶，专似鳖脚，故名，亦似小儿拳，故曰拳菜。"[①]初生时像蒜，无叶时可食。薇，许慎《说文解字》云："菜也，似藿，从艸，微声，无非切。"[②]又名野豌豆、大巢菜，"似蕨而差大，有芒而味苦，山间人食之，谓之迷蕨"[③]。

《小雅·南山有台》："北山有莱"，陆玑《毛诗草木鸟兽虫鱼疏》曰："莱，草名，其叶可食，今兖州人蒸以为茹，谓之莱蒸。"莱即黎，嫩叶可煮食。《小雅·瓠叶》："蟠蟠瓠叶，采之烹之。"瓠，冬瓜、葫芦的总称，果实鲜嫩者可为蔬菜。《大雅·韩奕》："其蔌维何？维笥及蒲。"笥，即笋，竹根所生的嫩芽，味道鲜美，营养丰富。《唐风·采苓》："采苦采苦，首阳之下。"苦，苦菜，又名苦芭菜，自古供做菜蔬，且具有很高的药用价值。《小雅·我行其野》："我行其野，言采其蓫。"陆玑《毛诗草木鸟兽虫鱼疏》称："蓫，牛蘈，扬州人谓之羊蹄，似芦菔而茎赤，可瀹为茹，滑而美也，多啖令人下气。幽州人谓之蓫。"[④]今名羊蹄草，仲春时发新芽，古人采嫩叶为菜，但味苦，"滑而不美"。

有些野菜不能食用，但是可以作为药物以祛病强身。

《卫风·芄兰》中有"芄兰之支，童子佩觿"句，芄兰，一名萝摩，蔓生，叶青绿色而厚，断之有白汁，煮为茹，滑美，其子长数寸似瓠子。

① ［清］朱骏声编著：《说文通训定声》，中华书局1984年影印版，第693页。

② ［汉］许慎：《说文解字》，中华书局1963年影印版，第16页。

③ ［宋］朱熹集注：《诗集传》，上海古籍出版社1980年版，第9页。

④ ［晋］陆玑撰，［明］毛晋参：《毛诗草木鸟兽虫鱼疏广要》，中华书局1985年版，第22页。

主治虚劳。可以作为香料随身佩戴。《鄘风·载驰》:“陟彼阿丘，言采其蝱。”蝱，“今药草贝母也，其叶如栝楼而细小，其子在根下如芋，子正白，四方，连累相著有分解也”[①]。《王风·中谷有蓷》:“中谷有蓷，暵其干矣。”蓷，《毛诗草木鸟兽虫鱼疏》称其“似萑，方茎，白华，华生节间……韩诗及《三苍》说悉云蓷，益母也，故曾子见益母感恩”[②]。

第二类是浆果。由于浆果多汁易腐烂，在当时的条件下不易贮存，只能即采即食。当时采集的浆果种类很多，主要包括：

棠棣，许慎曰：“白棣树也，如李而小，如樱桃，正白，今官园种之，又有赤棣树，亦似白棣，叶如刺榆叶而微圆，子正赤如郁李而小，五月始熟，自关西天水陇西多有之。”[③]

梅子，野生梅在北方地区较为常见，因而在《诗经》中也常常出现，如《秦风·终南》中有“终南何有？有条有梅”、《陈风·墓门》中有“墓门有梅，有鸮萃止”、《小雅·四月》中有“山有嘉卉，侯栗侯梅”等句子。安阳殷墟曾发掘出梅核，有专家认为，梅不仅可以食用，还有可能已经被作为药用食材。

郁李和蘡薁，《豳风·七月》:“六月食郁及薁。”郁即郁李，“郁李生高山川谷及丘陵上。五月、六月采根……树高五六尺，叶、花及树并似大李；惟子小若樱桃，甘酸而香，有少涩味也”[④]。薁又名蘡薁，《本草纲目》称：“野生林墅间，亦可插植。蔓、叶、花、实，与葡萄无异。其实小而圆，色不甚紫也。诗云‘六月食薁’即此。”[⑤]在藁城商城遗址中还曾经发现过桃仁和郁李仁。这都说明这些果实早就已经成为人们常用

---

① ［晋］陆玑撰，［明］毛晋参：《毛诗草木鸟兽虫鱼疏广要》，中华书局1985年版，第2页。

② ［晋］陆玑撰，［明］毛晋参：《毛诗草木鸟兽虫鱼疏广要》，中华书局1985年版，第2—3页。

③ ［晋］陆玑撰，［明］毛晋参：《毛诗草木鸟兽虫鱼疏广要》，中华书局1985年版，第24页。

④ ［清］阮元校刻：《十三经注疏》，中华书局1980年版，第391页。

⑤ ［明］李时珍：《本草纲目》，人民卫生出版社2005年版，第1762页。

的食品之一。

桑椹，《诗经》中写作“葚”，因成熟的桑葚有颜色深浅之分，故而《鲁颂》中又写作“黮”。桑葚是当时先民的一种重要的季节性食物来源，又因其味美易受鸟虫啄食，所以《诗经·卫风·氓》在提到桑葚时有“于嗟鸠兮，无食桑葚”的句子。桑树易于种植，野生和人工栽培的都有，《诗经》中有“南山有桑”“阪有桑”等句子，说明山林、坡地等处都有桑树。

枣，也是《诗经》中常见的果类，《魏风·园有桃》说：“园有棘，其实之食。”“棘”在园中，应是人工种植的，《豳风·七月》也有“八月剥枣”之说，这说明《诗经》时代的枣大概已经开始人工栽培，但是仍然以野生枣树为主，《诗经》中多有“棘”，即是野生的小酸枣。枣类由于可以晒干贮存，作为粮食的补充，与人们的生活密切相关，因此在《诗经》中多次提及，粗略统计共有十一篇之多。

《诗经》中有些果类虽未明确言其果实被采用，但这些果实香甜可口，大概也在采食范围内，如《小雅·南山有台》：“南山有枸，北山有楰。”朱熹认为“枸”即枳枸，高大似白杨，有子著枝端，大如指，长数寸，食之甘美如饴。

第三类是坚果，最常见的为栗和榛。坚果易于贮藏，因此可以作为备用粮食。在《诗经》中，在山中采集栗、榛是一项重要的活动。

栗，又称板栗，在中国各地均有分布。《诗经·鄘风》中的《定之方中》有“树之榛栗”、《郑风·东门之墠》中有“东门之栗”等诗句，说明《诗经》时代已经有人工栽培的栗树，但采集野生栗仍然是一项重要活动，《小雅·四月》：“山有嘉卉，侯栗侯梅。”《毛诗》卷十三郑玄笺，“山有美善之草，生于梅栗之下，人取其实，蹂践而害之”。说明当时的采栗活动非常频繁。

榛，即橡果，生长于山间，《邶风·简兮》有“山有榛，隰有苓”的句子，《毛诗》称“生各得其所”①，可见当时的先民对榛的生长习性非常熟悉。陆玑《毛诗草木鸟兽虫鱼疏》云，“栗，其子小，似杼子，味亦如栗”②，榛树耐旱易成活，即便在大旱之年仍能生长茂盛，所以《大雅·旱麓》中说，“瞻彼旱麓，榛楛济济”，可以作为非常可靠的食物来源，这一点在灾荒之年尤其重要。正因如此，“榛”在《诗经》中多次出现。

《诗经》中反映的狩猎活动也十分频繁，《诗经》305篇中，直言狩猎之事的就有9篇。从狩猎工具上来说，当时不仅已出现了训练有素的猎犬、较为先进的狩猎器具，而且还出现了像《郑风·大叔于田》中所描述的打猎英雄。当时狩猎对象既包括兽类也包括鸟类，常见猎物有狐、兔、貉、鹿、野猪等，有时也猎杀狼、虎等凶兽。常见的狩猎形式之一是使用马车进行大规模的围猎，狩猎过程中，弓矢是一种使用比较广泛的杀伤型武器，它在狩猎中也占有非常重要的地位。《诗经》中曾多次提到了弓矢射猎，除了常见的弓箭射猎外，还使用弋射，此外，还有设置网罝、猎犬和火烧等方式进行捕猎。

各种水生植物也是人们重要的食物来源。水中不仅有各种鱼类，如鳟、鲂、鲔、鲦、鲦、鲿、鲤，还有众多不同种类的水禽如鹈、鹭、鹥、雎鸠、鸿雁等，还有莪、蒲、荷、苕、荇、藻、苹、蘩、茆、芹、蒹葭、葛藟、菡萏等水生植物。其中较为常见的有荇、蘋、藻、芹等。《周南·关雎》中说：“参差荇菜，左右流之”，荇为水生植物，与莼菜类似。《诗集传》中说：“荇，接余也。根生水底，茎如钗股，上青下白，叶紫赤，圆径寸余，浮在水面。”③荇菜的茎和叶都很柔嫩，可以食用，也可以入药。《召南·采蘋》中：“于以采蘋？南涧之滨。”《尔雅》解释称，“苹，蓱。其大者蘋”，是一年生草本植物，浮生水面，叶子扁平，表面绿色，

① ［清］阮元校刻：《十三经注疏》，中华书局1980年版，第309页。

② ［晋］陆玑撰，［明］毛晋参：《毛诗草木鸟兽虫鱼疏广要》，中华书局1985年版，第33页。

③ ［宋］朱熹集解：《诗集传》，上海古籍出版社1980年版，第2页。

背面紫红色，叶下生须根，开白花，称“浮萍”“青萍”或“紫萍”，茎和叶可以食用。《鲁颂·泮水》有“思乐泮水，薄采其茆”之句，陆玑疏云：“茆与荇菜相似，叶大如手，赤圆有肥者，著手中滑，不得停。茎大如匕柄，叶可以生食，又可鬻，滑美。南人谓之莼菜，或谓之水葵，诸陂泽水中皆有。”[①]《小雅·采菽》中有“觱沸槛泉，言采其芹”。《鲁颂·泮水》中有“思乐泮水，薄采其芹”。郑玄笺曰，“芹，水菜也”。[②]芹的用法是将其腌制后切成细末，与雁肉酱一起作为宴会上的调味品，所以《周礼》中“芹菹雁醢”并用，是一种高级食材。

捕鱼的方法基本上都是用网，《卫风·硕人》中描写先民捕鱼的场景，“施罛濊濊，鳣鲔发发，葭菼揭揭”。人们在河边张网捕鱼，芦苇在风中摇曳，呈现出一幅平静而和谐的生活场景。水生植物的采集则基本上用徒手捞取或采摘的办法。《说文》解释“采”字称，“捋取也”，段玉裁注曰，“诗又多言采采。卷耳传曰：采采，事采之也。此谓上采训事，下采训取”[③]。有时候也会将水生植物连根拔起，这种方法称为“芼”。《周南·关雎》中有“参差荇菜，左右芼之”，郑玄疏曰：“《释言》云：‘芼，搴也。’……搴犹拔也。郭璞曰：‘拔取菜也。’”[④]可见同样一种水生植物，摘取其一部分或连根拔起均有。

其次，山水是人神交流的渠道。

正如前文所述，上古时代的先民对山有着复杂的情感，但最重要的还是将其作为神祇的居所和人神沟通的场所。与《山海经》这种“神话之渊府”之书不同，《诗经》作为诗歌总集，无疑更贴近先民的日常生活和“人之为人”的情感表达。但是这并不意味着山水作为人神沟通的路

① ［晋］陆玑撰，［明］毛晋参：《毛诗草木鸟兽虫鱼疏广要》，中华书局1985年版，第7页。

② ［清］阮元校刻：《十三经注疏》，中华书局1980年版，第610页。

③ ［汉］许慎撰，［清］段玉裁注：《说文解字注》，上海古籍出版社1988年版，第268页。

④ ［清］阮元校刻：《十三经注疏》，中华书局1980年版，第274页。

径被忽视了，相反，在相当多作品中，我们都能窥见人们对于山水作为人神沟通的桥梁的敬畏和崇拜。

例如《周颂·时迈》中有：

> 时迈其邦，昊天其子之，实右序有周。薄言震之，莫不震叠。怀柔百神，及河乔岳，允王维后。明昭有周，式序在位。载戢干戈，载櫜弓矢。我求懿德，肆于时夏，允王保之。

《诗序》云："时迈，巡守告祭柴望也。"郑玄注称，"巡守告祭者，天子巡行邦国，至于方岳之下而封禅也。《书》曰：'岁二月，东巡守，至于岱宗，柴。望秩于山川，遍于群神。'"[①]正如前文所述，《诗经》时代祭祀山川已经成了周天子和各国诸侯的特权，变成他们有别于普通百姓的身份象征之一，但这种变化并没有改变祭祀山川还是为了"娱神"、与天地山川之间的诸神进行沟通这一根本目的。"西周时代对天地、对祖先的崇敬和礼拜，表现在他们的祭祀礼仪之中，似乎与殷商并没有太大的不同。"[②]这种对山川之神的敬畏和崇拜，不仅体现在天子诸侯的祭祀行为上，也体现在上流贵族对于山川的歌颂上，如《大雅·崧高》称："崧高维岳，骏极于天。维岳降神，生甫及申。"因为甫和申的功劳，所以崧岳降下神灵，和气以生，护佑周王室。可见周王室的正统地位的取得和维持，都需要有山川之神的允准和赏赐。"向所有的鬼神——包括自然的和祖先的鬼神——正确履行仪式仍然是至关重要的。小心翼翼而又虔诚地履行献祭与礼仪，仍然是衡量统治者品德的标准之一。"[③]

类似的诗篇在《诗经》中为数不少，尤其是《雅》《颂》中有相当篇幅都与山川祭祀和山岳崇拜有关。例如《周颂·般》记载的是周人登山

① ［清］阮元校刻：《十三经注疏》，中华书局1980年版，第588页。

② 葛兆光：《中国思想史》，复旦大学出版社1998年版，第125页。

③ 〔美〕史华兹著，程钢译：《古代中国的思想世界》，江苏人民出版社2008年版，第63页。

祭祀山川的情景，《周颂·天作》则言祭祀周民族兴盛之地岐山，抒发了对“高山”“天作”之美的赞颂与祈求，《小雅·信南山》虽然为“刺幽王”之诗，但是开篇就称“信彼南山，维禹甸之”。不仅是对大禹及周王室祖先筚路蓝缕开垦土地的回顾和歌颂，也分明表达了对南山的崇拜之意。

再次，山水是各种情感的载体。

面对山的高大、神圣、不可动摇，周人首先联想到的是自己部族、家国的兴亡盛衰。如《天作》中写道：“天作高山，大王荒之。彼作矣，文王康之。彼徂矣，岐有夷之行。子孙保之。”又如《般》中写道：“於皇时周，陟其高山。堕山乔岳，允犹翕河。敷天之下，裒时之对，时周之命。”

对于《天作》一诗，《毛诗序》《诗集传》都认为是祭先公先王或大王之诗，而姚际恒《诗经通论》则认为此诗是“岐山之祭”，即《天作》的祭祀对象是岐山。我们不妨合二为一地去理解：《天作》既是祭岐山，又是祭开创经营岐山的贤明君主。对于周人来说，岐山是圣地，是他们的部族走向昌盛的开始，“周之兴也，鸑鷟鸣于岐山”[①]。诗歌以“天作高山”开篇，强调上天赐予岐山这块圣地（对于“敬天”的周人而言，天赐厚土是最为吉祥之事），而后继以大王、文王等历代周主开创经营这块圣地之伟绩，整首诗把对圣地、圣人的歌颂融为一体，着力描写积蓄力量的进程，气势张扬。《般》也是同样简单的四言一句，在非常简练的语言中，缀以“高”“乔”“敷”“裒”等表示空间之大的字眼来修饰山峰河流，进而象征、隐喻周王朝的伟大。此诗气魄雄浑，体现出周王一统天下的恢宏壮阔图景。从其气势与颂赞愿望之强烈看，《般》堪称《诗经》中所有“用山来表达对国家部族赞誉之情”诗篇的翘楚之作。

此外，《大雅·崧高》以“崧高维岳，骏极于天”二句起首，把对嵩岳高峻的赞叹与诗的主题——对申伯辅佐周室的歌颂，在一开篇就做到完美结合。正如方玉润在《诗经原始》中所说：“发端严重庄凝，有泰山

① ［春秋］左丘明撰，鲍思陶点校：《国语》，齐鲁书社2005年版，14—15页。

岩岩气象。中兴贤佐，天子懿亲，非此手笔不足以称题……起笔峥嵘，与岳势竞隆。”[1]方玉润在这里所用的“泰山岩岩”一词，其实正出自《鲁颂·闷宫》。这首诗以鲁僖公作闷宫为题材，歌颂鲁僖公的文治武功，表达诗人希望鲁国恢复其在周初时尊长地位的强烈愿望，在诗篇中诗人多次以鲁国境内的高山来赞美鲁国君侯的文治武功：“泰山岩岩，鲁邦所詹。奄有龟蒙，遂荒大东；至于海邦，淮夷来同；莫不率从，鲁侯之功。”

《小雅·信南山》是直接歌颂君王功业的诗歌。全诗以“信彼南山”开端，引发过去君王“维禹甸之；畇畇原隰，曾孙田之”的功绩。先王之丰功伟绩，后人无法磨灭，在称颂之时也只有选择高峻坚磐的南山才足以表达内心深深的敬仰。

值得注意的是，《诗经》中还有一些诗篇以对高山险峻不平及山崩地裂的畏惧来抒发对家国命运的担忧，也同样表达出强烈的热爱家国的情感。个中原因应是基于社会实践而产生的审美体验：人们在征服险山的过程中，因山路的坎坷和山谷吹来的冷风的折磨，险山成为人们行进的障碍，使人产生痛感，给人造成危害，于是人们很容易将高山的陡峭、险峻和人生的困顿、生命的痛苦联系在一起。比如《小雅·节南山之什》：“节彼南山，维石岩岩。赫赫师尹，民具尔瞻。忧心如惔，不敢戏谈。国既卒斩，何用不监。”诗歌以南山起兴，以象征二权臣；以山之险要象征其权之枢要，又以山之不平联系到二臣秉政不平。“昊天不平，我王不宁”，天怒人怨，皆由不平使然：南山不平，其实就是师尹秉政不平。

《小雅·十月之交》是周幽王时的一个朝廷小官因为不满当政者在其位不谋其政，不管社稷安危，只顾中饱私囊而作的一首政治怨刺诗。全诗犹如一首悲愤的乐曲，把诗人对山崩地裂的恐惧与对家国命运岌岌可危的担忧表现得淋漓尽致：“日月告凶，不用其行。四国无政，不用其良……百川沸腾，山冢崒崩。高岸为谷，深谷为陵。哀今之人，胡憯莫

① ［清］方玉润撰，李先耕点校：《诗经原始》，中华书局1986年版，第553页。

惩？”而《小雅·正月》：“正月繁霜，我心忧伤。民之讹言，亦孔之将。……谓山盖卑，为冈为陵。民之讹言，宁莫之惩。”更显示出诗人对国事民生的深深的忧虑。《小雅·沔水》也是如此：“鴥彼飞隼，率彼中陵。民之讹言，宁莫之惩。我友敬矣，谗言其兴。”诗歌末章以飞鸟沿山陵高下飞翔写诗人不如飞鸟自由，同时把对谣言四起、国事动荡现状的担忧表露无遗。

法国汉学家保尔·戴密微在《中国文学艺术中的山岳》一文中说：“在上古诗集《诗经》里，山常常是皇家贵族祭祀的圣地，是神明的祖先出入的地方。”[①]但细细品读《诗经》中的山，我们或许可以说，不唯如此，《诗经》中的山也是先民表达家国情感的重要载体。

最后，山水也是审美的对象。

在《诗经》所负载的丰富的情感世界里，原本应该由山水组成的原始自然图景分解成为零散单一的物色，“涉笔所及，止乎一草、一木、一水、一石”[②]。被打碎后又和具体的具有类似特征的情感、观念相结合，形成物与情之间的类似性关联。而寻求自然物象与情感之间的相似性对应关系，必然在叙述方式上形成由自然物象引起相似特征的情感的固定表达。由此，比、兴成为《诗经》中更加引人关注之所在，自然山川世界止步于比兴所引发的联系性世界之前，成为《诗经》纷繁庞杂的比象和兴象的组成部分。在人们的意识中，山水也逐渐被认为与某些固定的情感类型相连，如认为《诗经》中流水是两性相互追慕爱恋的美好感情的固定表达，以及认为山是君子崇高道德的象征等。山水经由比兴手法成为道德、情感的外在激发物。

《诗经》中山水的比兴倾向主要集中在《国风》和《小雅》中，与前文所说《大雅》《颂》中的原始神灵崇拜意识不同，山水比兴更多的是在“诗言志”“诗缘情”以及自然物象之间建立易于表达和理解的相似性对

① 钱林森：《牧女与蚕娘——法国汉学家论中国古诗》，上海古籍出版社1990年版，第81页。

② 钱钟书：《管锥编》（第2册），中华书局1979年版，第613页。

应关系。与山水相贴近的是诗歌所要传达的“志”和“情”，而非山水的自然审美特征本身。

以高山比坚韧挺拔的君子人格，进而又可象征贤能志士和国家根基。《小雅·南山有台》可以典型地说明这一趋向，诗中连续使用5组比兴，“南山有台，北山有莱。乐只君子，邦家之基。……南山有桑，北山有杨。乐只君子，邦家之光！……南山有杞，北山有李。乐只君子，民之父母……南山有栲，北山有杻。乐只君子，遐不眉寿！……南山有枸，北山有楰。乐只君子，遐不黄耇”。全诗以南、北山的10种草木起兴，赞美贤能君子的美德，以及其对于巩固国家根基的深远意义。南、北山在这里无比密集地重复出现，固定成为贤能之士德行才能的象征。

类似的诗篇还有《小雅·车辖》中的“高山仰止，景行行止”，人德之盛像高山大路一样令人敬仰和向往；《大雅·卷阿》中的“凤凰鸣矣，于彼高冈”，以凤凰展翅高飞，百鸟紧紧相随，比喻贤臣对周王的拥戴，歌颂周王室政治的清明；《卫风·淇奥》以淇水边茂盛的植物譬喻品德高尚的君子，《大雅·旱麓》中的“瞻彼旱麓，榛楛济济。岂弟君子，干禄岂弟”等句子，则是以旱山脚下茂密的榛树和楛树，比喻君主“以有乐易之德施于民，故其求禄亦得乐易”[①]。

对两性之间美好感情的抒写也是《诗经》山水比兴的重要内容之一，如《召南·殷其雷》：“殷其雷，在南山之阳。何斯违斯，莫敢或遑。振振君子，归哉归哉。”以南山南侧的隆隆雷声，兴起对思念之人的强烈感情，以山的悠远表达内心思念的悠长不绝，也逐渐固化为“南山”的又一内涵。又如《曹风·候人》：“荟兮蔚兮，南山朝隮。婉兮娈兮，季女斯饥。”以南山晨虹初升、云蒸霞蔚的景色引发对“季女”的美好情感，自然之山的神秘得以与情感的美丽朦胧相对应。更为大家熟知的则是甚为经典的《周南·关雎》和《陈风·泽陂》中以流水起兴，抒发对美丽善良姑娘的爱慕；《王风·扬之水》则以流水缓缓而漂不动束薪，寄托诗人思念妻子而不得相见的深切情思。而在《齐风·载驱》《邶风·新台》

① ［清］阮元校刻：《十三经注疏》，中华书局1980年版，第515页。

《卫风·硕人》《大雅·大明》等诗篇中，流水也都起到了兴起对美好婚姻向往和祝愿之情的作用。

刘勰在《文心雕龙》中称《楚辞》“乃《雅》《颂》之博徒，而词赋之英杰也”[①]。又说：“若乃山林皋壤，实文思之奥府，略语则阙，详说则繁。然屈原所以能洞鉴《风》《骚》之情者，抑亦江山之助乎？”[②]刘勰认为，自然山川林泽是艺术灵感的源泉，山水使人遐想，生出许多灵感，促成美妙的作品产生。今人也认为：“地理环境是通过文学家的生命意识来影响文学的。”[③]屈原作为土生土长的楚国人，《楚辞》“皆书楚语，作楚声，纪楚地，名楚物”[④]，是特定环境的产物。楚文化中心区的江汉平原，西有巫山、武陵山、荆山等山脉对峙屏障，北有秦岭、桐柏、大别诸山与中原地区分野，东面有幕阜山、武功山等与皖赣等地遥相呼应，南边有五岭山脉竦峙，与两广地区为邻。万里长江自巴蜀而来，穿越三峡天险，横贯荆湘大地，汉江蜿蜒逶迤自秦岭流出，千余条大小河流奔流汇入长江，这些河流携带泥沙冲积成肥沃的汉江——洞庭湖平原。王夫之曾将楚地地理风景与《楚辞》诗句对照，提出：“登黄鹤之矶而西北望，时方秋冬，风自西北来，临风回眺故国，杳在天西矣……沅西之地，与黔、粤相接，山高林深，四时多雨，云岚垂地，檐宇若出其上。江北之人，习居旷敞之野，初至于此，风景幽惨，不能无感。被谗失志之迁客，其何堪此乎？”[⑤]

据统计，《楚辞》中提到的山有39座，提到的河流大约40条，较之《诗经》要少得多。但《楚辞》描写山水自然的成分更为丰富、背景更为

① ［南朝梁］刘勰著，詹锳义证：《文心雕龙义证》，上海古籍出版社1989年版，第152页。

② ［南朝梁］刘勰著，詹锳义证：《文心雕龙义证》，上海古籍出版社1989年版，第1759页。

③ 曾大兴：《地理环境影响文学的表现、途径与机制》，《兰州学刊》2017年第4期，第22页。

④ ［宋］陈振孙：《直斋书录解题》卷15，上海古籍出版社1987年版，第436页。

⑤ ［清］王夫之：《船山遗书》第7卷，北京出版社1999年版，第4154页。

广阔、手法更为灵活、刻画更为细致、表现力也更强。纵观《楚辞》中的山水，大致可以分为以下几种。

1.写山状水与强烈的抒情相结合。这种抒情方式既是对《诗经》比兴手法的继承，也是在《诗经》基础上的进一步发展。王逸曾说："《离骚》之文，依《诗》取兴，引类譬喻：故善鸟香草以配忠贞，恶禽臭物以比谗佞，灵修美人以媲于君，宓妃佚女以譬贤臣，虬龙鸾凤以托君子，飘风云霓以为小人。"[①]在屈原作品中，有大量描写山水景物并以此来抒情言志的，尤其是《九歌》中的诸多诗篇，是屈原根据楚国民间祭神歌曲的形式而写成的一组清新而优美的抒情诗，其内容大多是写神与神、神与人的恋爱，而人神恋爱的背景则是广阔的山水自然。其中《湘君》《湘夫人》是写楚国境内最大的河流——湘水之神的。据《礼记·檀弓》载："舜崩于苍梧之野，盖二妃未之从也。"后来二妃追至洞庭湖滨，听到舜的死讯，于是南望痛哭，自投湘水而死，分别成为湘水中的配偶神——湘君和湘夫人。屈原通过洞庭烟波浩渺、烟水微茫的自然景物，把男女神之间忧伤的情怀和哀怨的意绪淋漓尽致地表达了出来。如《湘夫人》开篇就借洞庭特异的秋景营造了一幅充满感伤色彩的画面：

帝子降兮北渚，目眇眇兮愁予。嫋嫋兮秋风，洞庭波兮木叶下。登白薠兮骋望，与佳期兮夕张。鸟何萃兮蘋中？罾何为兮木上？沅有芷兮澧有兰，思公子兮未敢言。荒忽兮远望，观流水兮潺湲。

"嫋嫋兮秋风，洞庭波兮木叶下"二句，将主人公落寞惆怅的思绪，融于八百里洞庭的波风落叶中，既是写景又是抒情，情景交融，浑然一体。"沅有芷兮澧有兰"二句用比兴的手法，表明主人公对"公子"的一往情深，矢志不渝。"荒忽兮远望"二句，则通过远望"帝子"和近观"流水"两个动作，描写主人公盼望"帝子"不得而又不忍离去的痴迷情

① ［东汉］王逸撰，黄灵庚点校：《楚辞章句》，上海古籍出版社2017年版，第2页。

状，妙笔传神。此时此刻，主人公忧伤之情怀已通过洞庭秋景的描写得到了充分地展示。无论是“秋风”“木叶”，还是“洞庭波”“流水兮潺湲”，这一切景物都已染上了主人公浓郁难化的感伤情绪。

类似表现手法的还有《山鬼》，这首诗将山鬼的所有外在行动、内在心理都置于广阔的山林之中。她的衣饰是山中的“薜荔”“女萝”，驾车的是山中猛兽“赤豹”“文狸”，“辛夷”为车、“结桂”为旗，车上装饰着“石兰”“杜蘅”。当她心怀期待的时候，“既含睇兮又宜笑”，但当她因为“路险难兮独后来”，见不到恋人而伤心幽怨的时候，山川也为之变色，“雷填填兮雨冥冥，猿啾啾兮狖夜鸣。风飒飒兮木萧萧，思公子兮徒离忧”。充满着凄风苦雨、猿啸狖鸣，这阴森恐怖的气氛，十分有效地渲染出山鬼深婉幽独的情怀和满腔哀怨的意绪，以景衬情，情因景现，别具艺术感染力。

在《九章》的许多作品中，其对山水自然景物的描写，也都深深浸染着诗人哀怨悲怆的感伤色彩。如《涉江》云：

入溆浦余儃佪兮，迷不知吾之所如。深林杳以冥冥兮，乃猿狖之所居。山峻高以蔽日兮，下幽晦以多雨。霰雪纷其无垠兮，云霏霏而承宇。哀吾生之无乐兮，幽独处乎山中。

又如《哀郢》：

过夏首而西浮兮，顾龙门而不见。心婵媛而伤怀兮，眇不知其所蹠。顺风波以从流兮，焉洋洋而为客。凌阳侯之氾滥兮，忽翱翔之焉薄？心絓结而不解兮，思蹇产而不释。

即使我们缺乏对屈原身世背景、政治遭遇的了解，只要读一读上列这些充满萧瑟凄凉之情的山水自然景物的描写，也就自然会感受到屈原那无限哀怨和忧伤的愤懑之情。这正是屈原摹写感伤色彩之山水自然景物的妙谛所在。

关于运用感伤色彩之山水景物来表现凄惨愁苦之情怀这方面，传说为“屈原弟子”的宋玉在屈原的基础上更进一步，如《九辩》开篇即写：

悲哉！秋之为气也。萧瑟兮，草木摇落而变衰。憭慄兮，若在远行。登山临水兮，送将归。泬寥兮，天高而气清；寂寥兮，收潦而水清。憯悽增欷兮，薄寒之中人；怆怳懭悢兮，去故而就新；坎廪兮，贫士失职而志不平；廓落兮，羁旅而无友生；惆怅兮，而私自怜。燕翩翩其辞归兮，蝉寂漠而无声。雁廱廱而南游兮，鹍鸡啁哳而悲鸣。独申旦而不寐兮，哀蟋蟀之宵征。时亹亹而过中兮，蹇淹留而无成。悲忧穷戚兮独处廓，有美一人兮心不绎；去乡离家兮徕远客，超逍遥兮今焉薄！

诗人因秋令而兴感，一连用了“萧瑟”“摇落”等大量充满感伤色彩的景语和情语，尽情抒发遭际之不平和身世之悲痛的情怀，感情细腻缠绵，情景妙合无垠，故极易引起后世失意文人的感情共鸣，为历代所称赏不已。

对于屈原、宋玉二人这些感伤性色彩的山水景物的描写，明代胡应麟评价说：“‘嫋嫋兮秋风，洞庭波兮木叶下’形容秋景入画；‘悲哉秋之为气也’，僚慄兮若在远行；登山临水兮送将归。’模写秋意入神。皆千古言秋之祖。六代、唐人诗赋，靡不自此出者。”[①]可见《楚辞》这种充满感伤性色彩的山水自然景物描写，对表达诗人忧伤的情怀，的确是很成功的。正因如此，才赢得了后人的普遍喜爱。

虽然如王逸所说，屈诗中的比兴源于《诗经》，但相较于《诗经》，屈诗的比兴有其自身特色，那就是屈原从山川自然物的形、色、味等感官感受中寻找与心灵道德之标准的呼应与交融，通过突出自然物的形态差别，强化其外在的美丑体验，进而传递出强烈而鲜明的爱憎情感。

① ［明］胡应麟：《诗薮》内编卷一，上海古籍出版社1958年版，第5页。

2. 山水自然的神格特征。楚人信鬼神，好巫术，《汉书·地理志》说：“楚人信巫鬼，重淫祀。”《楚辞·九歌》就是荆楚地区最早的巫歌。王逸《楚辞章句》称：“昔楚南郢之邑，沅湘之间，其俗信鬼而好祀，其祠必作乐鼓舞以乐诸神。屈原放逐……出见俗人祭祀之礼，歌舞之乐，其词鄙陋，因为作九歌之曲。”[①]一方面，《楚辞》中的部分诗篇本身就是祭祀山水之神时所用的“歌乐”；另一方面，荆楚地区的满目山川也为《楚辞》的“比兴”提供了无尽的灵感和题材。因此，无论是在《离骚》，还是在《九章》《九歌》中，屈原都不吝笔墨描写各种神山圣水。

如《离骚》中有：

朝发轫于苍梧兮，夕余至乎县圃。

朝吾将济于白水兮，登阆风而绁马。

朝发轫于天津兮，夕余至乎西极。凤皇翼其承旂兮，高翱翔之翼翼。忽吾行此流沙兮，遵赤水而容与。麾蛟龙使梁津兮，诏西皇使涉予。

《天问》中有：

昆仑县圃，其尻安在？

《远游》中有：

仍羽人于丹丘兮，留不死之旧乡。

《少司命》中有：

① ［东汉］王逸撰，黄灵庚点校：《楚辞章句》，上海古籍出版社2017年版，第42页。

与女沐兮咸池，晞女发兮阳之阿。

这些山水，或者是神祇的居所，或者是他们足迹所至。

《大司命》：

君回翔兮以下，逾空桑兮从女。

《河伯》：

与女游兮九河，冲风起兮横波。乘水车兮荷盖，驾两龙兮骖螭。登昆仑兮四望，心飞扬兮浩荡。

《湘君》：

美要眇兮宜修，沛吾乘兮桂舟。令沅湘兮无波，使江水兮安流。望夫君兮未来，吹参差兮谁思？驾飞龙兮北征，邅吾道兮洞庭。薜荔柏兮蕙绸，荪桡兮兰旌。望涔阳兮极浦，横大江兮扬灵。

《山鬼》不但将故事场景放在了山中，周围环境随着山鬼心情的变化而变换出各种不同的形态和声色，而且为了刻画山鬼的惆怅情绪，屈原不惜笔墨对山中景色进行了大段的描写：

采三秀兮于山间，石磊磊兮葛蔓蔓。怨公子兮怅忘归，君思我兮不得闲。山中人兮芳杜若，饮石泉兮荫松柏。

山间怪石磊磊，山石之间流淌着甘洌的清泉，乔松苍柏荫蔽着山峰，灵芝星星点点散布其间，葛蔓在松石间攀缘牵连。浓荫沉郁的山景，正如同山鬼的心情，思君又未见君，惆怅之至，彷徨无助，却仍然洁身自好，“虽在山中无人之处，犹取杜若以为芬芳，饮石泉之水，荫松柏之木，饮食居处，动以香洁自修饰也”①。虽然是写山神，但其动静之际，山川草木之间，又何尝不是对周围景物的实写以及对作者自况的描摹呢？正如郭沫若先生所说：“他爱南方的山川风物，而仿佛沉潜到它们的神髓里去了。他利用着民间的信仰，每每把山水风物人格化了，而且化得非常优婉。”②

此外，《楚辞》中的部分山水仅仅只是在诗歌中一笔带过，并没有作进一步描写和刻画，但这些神山圣水也无不富于神格力量。

如上文中提到的“昆仑山”“悬（县）圃”“白水”“阆风”“丹丘”“九河”“咸池”“旸谷”“苍梧”等。值得注意的是，这些山水绝大多数与《山海经》中的记载相同或者相似。例如昆仑山，在《楚辞》中共出现11次，在《山海经》中出现多达23次。在《山海经》中，昆仑山不仅是“帝之下都”，也是“百神所在”，还是分开天地的天柱和沟通天地的阶梯。

这座古代最具神秘色彩的高山，既是远离尘世的众神的居所、生命永恒的圣地，自然也就成为屈原的精神寄托。在《离骚》中，屈原多次利用手中的笔神游昆仑：

> 驷玉虬以乘鹥兮，溘埃风余上征。朝发轫于苍梧兮，夕余至乎县圃。欲少留此灵琐兮，日忽忽其将暮。吾令羲和弭节兮，望崦嵫而勿迫。
>
> 邅吾道夫昆仑兮，路修远以周流。扬云霓之晻蔼兮，鸣玉鸾之啾啾。朝发轫于天津兮，夕余至乎西极。

① ［宋］洪兴祖撰，黄灵庚点校：《楚辞补注》，上海古籍出版社2015年版，第122页。

② 郭沫若：《伟大的爱国诗人——屈原》，载《楚辞研究论文集》，作家出版社1957年版，第12页。

王逸注曰："县圃，神山，在昆仑之上。《淮南子》曰：'昆仑县圃，维绝，乃通天。'言己朝发帝舜之居，夕至县圃之上，受道圣王，而登神明之山。"[①]洪兴祖注称："言己设去楚国远行，乃转至昆仑神明之山，其路遥远，周流天下，以求同志也。"[②]

再以水而论，作者在《大司命》《少司命》《湘君》《湘夫人》等篇章中多有涉及，一般认为，大司命主管人类的生死，是一位男性神；少司命主管人类的生儿育女之事，是一位女性神，湘君和湘夫人则是湘水之上的一对配偶神。与湘君、湘夫人的活动范围仅限于湘水一带不同，二司命神则可以周游各地，在"九河"游玩，在"咸池"沐浴。水不仅可以清洁身体，更可以涤荡心灵，经过神河之水的洗涤之后，即便是性情难以捉摸的神祇，也会变得如同情窦初开的少女一般纯洁、温婉而美好。于是在屈原的诗中，水神变得具有人格和人性之美。以至于连屈原最后也是"从彭咸之所居""托彭咸之所居"，投水而死，不能不说这正是由于他赋予水无尽的审美内涵，以及赋予水神洁净的人格象征。

小　结

先秦文献对于山水的描写和论述，是我们理解两汉山水观念的关键。从源头看，两汉的山水观念实源自文明肇始时期先民依赖山水生成的世界观，以及对于山水的原始崇拜，即所谓"山无大小，皆有神灵"，并由此生发出各种祭祀，以及由祭祀仪式衍生出的诸多社会制度。

作为两汉政治伦理与社会文化基础的先秦道家和儒家思想，虽然并不以山水为直接崇拜对象，但是其理论阐释、人格理想等方面，都与山水有着千丝万缕的联系。道家的以水喻道，儒家的以山水比德、松柏比

① [宋] 洪兴祖，黄灵庚点校：《楚辞补注》，上海古籍出版社2015年版，第40页。

② [宋] 洪兴祖，黄灵庚点校：《楚辞补注》，上海古籍出版社2015年版，第65页。

人格等，一方面以形象的山水解释“道”“德”等抽象的哲学命题，另一方面，又将神圣的山水人格化和世俗化，使之具有了人性的特点。嗣后的诸子著作中，山水的世俗性特征被屡屡强调，从而为两汉山水观念提供了广泛的社会和文化基础。

以《诗经》和《楚辞》为代表的先秦诗歌，则将山水的人性特征进一步发扬光大，在这两部诗集中，无论是北方中原的民间歌谣，还是南方楚地的士人吟唱，山水都被赋予了极强的情绪底色，以及与人共情的特性。

由此可见，先秦时期业已形成的复杂多元的山水文化属性，为两汉时期丰富多彩的山水观念及其呈现形态提供了必要的准备，是两汉山水观念的前提和基础。

第二章　汉代山水的文本塑造

第一节　汉赋与山水

“山川之美，古来共谈”。正如前文所述，“山水”题材亘古有之，而且成为上古文学、哲学和巫术信仰中的重要组成部分。汉赋作为汉代文学的主流，是汉代文人创作的主要样式，以“铺采摛文，体物写志”为特征的汉赋，多数是歌颂夸耀之作，彰大汉帝国的声威，其中的一部分内容也充分摹写自然山川，壮写山川之美，不仅是对汉代思想文化的重要表现，也为后世山水审美提供了范式和借鉴。

一、汉赋山水的形态特征

与《诗经》《楚辞》时代对于山川的描绘以片段为主不同，两汉时代的赋中，已经出现了专门描写自然山川风物的篇章，而且数量不少，据统计有30多篇①。这其中，既有以山为主题的如班固的《终南山赋》、杜笃的《首阳山赋》等，也有专门以水为主题的如班彪的《览海赋》、张衡的《温泉赋》等，更多的则是在赋作中穿插长短不一的山水描写，这些成为我们了解两汉赋作中的山水形态和山水观念的重要材料。

汉赋作为一种特殊的文学形式，以“敷陈其事而直言之”是其最主

① 章沧授：《汉赋与山水文学》，《安庆师范学院学报（社会科学版）》1987年第3期。

要特征，体物、状形、叙事是其基本手段，“所以假象尽辞……以事形为本”[①]，正如刘勰在《文心雕龙·诠赋》中所指出的：“原夫登高之旨，盖睹物兴情，情以物兴，故义必明雅，物以情观，故词必巧丽，丽词雅义，符采相胜，如组织之品朱紫，画绘之著玄黄，文虽杂而有质，色虽糅而有本，此立赋之大体也。”[②]为了达到“睹物兴情”的目的，赋体文章必须利用“丽词”对自然物象进行反复描摹铺陈，达到从外在形色到内在精神全面展现的效果，山水壮丽华美的形态和富赡宏博的物产，在汉赋中被反复描摹，得到了充分地展现。

如司马相如的《子虚赋》，是这样状写云梦泽山川的：

> 云梦者，方九百里，其中有山焉。其山则盘纡茀郁，隆崇嵂崒；岑崟参差，日月蔽亏；交错纠纷，上于青云。……其南则有平原广泽，登降陁靡，案衍坛曼。缘以大江，限以巫山。其高燥则生葴菥苞荔，薛莎青薠。其卑湿则生藏莨蒹葭，东蔷雕胡，莲藕觚卢、菴闾轩于，众物居之，不可胜图。其西则有涌泉清池，激水推移，外发芙蓉菱华，内隐巨石白沙。其中则有神龟蛟鼍，玳瑁鳖鼋。其北则有阴林：其树楩楠豫章，桂椒木兰，檗离朱杨，樝梨梬栗，橘柚芬芳；其上则有鹓雏孔鸾，腾远射干；其下则有白虎玄豹，蟃蜒貙豻。

云梦泽中的山，山势盘旋，迂回曲折，高耸险要，山峰峭拔，参差不齐；高耸入云直至遮蔽日月；群山参差错落，重叠无序；山坡倾斜连绵，下连江河。云梦泽中还有奔涌的泉水、清澈的水池，水波激荡，后浪冲击前浪，滚滚向前；水面上开放着荷花与菱花，水面下隐伏着巨石

① ［晋］挚虞：《文章流别论（辑佚）》，载郑奠、谭全基编：《古汉语修辞学资料汇编》，商务印书馆1980年版，第65页。

② ［南朝梁］刘勰著，詹锳义证：《文心雕龙义证》，上海古籍出版社1989年版，第304页。

和白沙。水中有神龟、蛟蛇、猪婆龙、玳瑁、鳖和鼋。短短数语，极尽繁辞丽藻，将云梦泽中的山水景致描写得细致入微。

扬雄作为西汉时期的辞赋大家，曾作《蜀都赋》描绘自己故乡蜀中的山水，他这样描写故乡的岷山：

苍山隐天，汾鉴回丛，增崭重峷，岬石巇崔，岌迸嵋嵬，霜雪终夏。叩岩岭嶙，崇隆临柴，诸徼崼岷，五矶参差。湔山岩岩，观上岑岩，龙阳累峗，漼粲交倚；崔峷崛崎，集崄胁施；形精出偈，堪嵻隐倚；彭门岛岘，㟧嵺嵑岢，方彼碑池，岬岈羁嶰，砾乎岳岳。[①]

在他的笔下，岷山山势高大险峻，山谷幽深，山顶白雪皑皑，诸峰林立，相互倚靠并举，争高竞峻，仿佛要与遥远的昆仑山一较高低。

他描写蜀中的水，又别有风貌：

漆水浡其匈，都江漂其泾，乃溢乎通沟，洪涛溶洗。千溪万谷，合流逆折，泌㳍乎争降，湖潧排碣，反波逆濞，磷石洌巇，纷莅周溥，旋溺冤，绥颓惭，博岸敌呷，䃔濑磴岩。㮌汾汾，忽溶㵨沛，逾窘出限，连混陁隧，铚钉钟，涌声讙，薄泙龙，历丰隆，潜延延，雷抶电击，鸿康滥，远远乎长喻。驰山下卒，湍降疾流；分川并注，合乎江州。[②]

作者以炽热的乡土之情，描绘了蜀都水流之富，其川谷之多、势态之奇、威力之猛、声势之大，令人赏心悦目，叹为观止。

班固在《终南山赋》中写出了终南山别样的清秀幽美风光：

伊彼终南，岿巀嶙囷，概青宫，触紫辰，嵌崟郁律，萃于霞氛，

① 郑竞主编：《全汉赋》，之江出版社1994年版，第68—69页。

② 龚克昌等评注：《两汉赋评注》，山东大学出版社2011年版，第200页。

> 暖曃晻蔼，若鬼若神。傍吐飞濑，上挺修竹。玄泉落落，密荫沉沉，荣期绮季，此焉恬心。三春之季，孟夏之初，天气肃清，周览八隅。皇鸾鸑鷟，警乃前驱。尔其珍怪，碧玉挺其阿，蜜房溜其巅，翔凤哀鸣集其上，清水泌流注其前。①

这里描绘的极有层次，上有入天之高峰，中有缭绕之霞雾，傍有飞瀑长竹，下有鸟语水声，俯仰所见，美不胜收。

杜笃的《首阳山赋》则从形、势、色等不同侧面描写首阳山之景：

> 嗟首阳之孤岭，形势窟其槃曲。面河源而抗岩，陇塠隈而相属。长松落落，卉木蒙蒙。青罗落漠而上覆，穴溜滴沥而下通。高岫带乎岩侧，洞房隐于云中。②

辞赋描绘了首阳山的迷人风景，全方位地展现青山绿水之间的风光。曲折绵延的山路，高大笔直的松树，茂密的草丛，绿油油的女萝，清泠的滴水。眼前的花草树木，远处云雾缭绕的山顶，首阳山高低远近的各个方面都被生动地刻画在辞赋中。

枚乘在《七发》中写“广陵观涛”，则叠用四个比喻，写出江涛在不同阶段“奇观满目，音声盈耳”的形态：

> 其始起也，洪淋淋焉，若白鹭之下翔，其少进也，浩浩溰溰，如素车白马帷盖之张。其波涌而云乱，扰扰焉如三军之腾装。其旁作而奔起也，飘飘焉如轻车之勒兵。③

---

①［清］严可均纂，陈延嘉等校点：《全上古三代秦汉三国六朝文》第2册，河北教育出版社1997年版，第237页。

② 龚克昌等评注：《两汉赋评注》，山东大学出版社2011年版，第394页。

③ 龚克昌等评注：《两汉赋评注》，山东大学出版社2011年版，第25页。

江涛由刚出现时断断续续，如山洪下泄、白鹭向下飞翔；稍后则连成白茫茫一片，像白马素车的军队整齐列队前行；江涛再向前推进的时候，则如同冲锋的战阵，前赴后继，连绵不断。潮头高大，浪头相随，互相激荡，像军营壁垒重叠而又坚固；其杂乱纷纭，又像人多马众的军行。寥寥数语，层层递进，将广陵江涛由远及近的不同形态表现得栩栩如生，跃然纸上。

然后再用拟人的手法从声、势、形、气等不同方面，反复铺陈江涛滚滚向前的汹涌之势：

> 凌赤岸，篲扶桑，横奔似雷行，诚奋厥武，如振如怒，沌沌浑浑，状如奔马。混混庉庉，声如雷鼓。发怒庢沓，清升逾跇，侯波奋振，合战于藉藉之口。鸟不及飞，鱼不及回，兽不及走。纷纷翼翼，波涌云乱，荡取南山，背击北岸。覆亏丘陵，平夷西畔。险险戏戏，崩坏陂池，决胜乃罢。㶁汩潺湲，披扬流洒。横暴之极，鱼鳖失势，颠倒偃侧，沋沋湲湲，蒲伏连延。神物怪疑，不可胜言。直使人踣焉，洄暗凄怆焉。①

江涛奔腾澎湃，如同奋勇突进的士卒而无所畏惧，江潮时而分流、时而漩涡、时而呼啸嘶鸣，如万马奔腾，时而无声疾进，冲击一切，势不可当。水势浩渺劲健，波涌似飞云乱翻。摧毁丘陵，冲垮堤岸。水中的鱼鳖神怪在江涛的冲击之下也只能随波逐流，失魂落魄。枚乘铺张、夸饰的手法，绘声绘色地描写了江涛汹涌的情状。

而司马相如则是以更加深阔广远的视角，描写“上林”中的河流：

> 左苍梧，右西极，丹水更其南，紫渊径其北。终始霸产，出入泾渭。酆、镐、潦、潏，纡余委蛇，经营乎其内。荡荡兮八川分流，相背而异态。东西南北，驰骛往来，出乎椒丘之阙，行乎洲淤之浦，

① 龚克昌等评注：《两汉赋评注》，山东大学出版社2011年版，第26页。

径乎桂林之中，过乎泱漭之野。汩乎混流，顺阿而下，赴隘陕之口，触穹石，激堆埼，沸乎暴怒，汹涌澎湃。滭弗宓汩，逼侧泌㴸，横流逆折，转腾潎洌。滂濞沆溉。穹隆云桡，宛潬胶盭。逾波趋浥，莅莅下濑。批岩冲拥，奔扬滞沛。临坻注壑，瀺灂霣坠。沉沉隐隐，砰磅訇礚，潏潏淈淈，湁潗鼎沸。驰波跳沫，汩急漂疾。悠远长怀，寂漻无声，肆乎永归。然后灏溔潢漾，安翔徐洄。翯乎滈滈，东注大湖，衍溢陂池。①

与枚乘在写物状形时大量使用比拟的手法不同，司马相如在描写上林苑周围的“八水”形貌时，更多使用的是直接铺陈，状写河水不同的动态特征和磅礴气势。水流有的曲折宛转、奔驰交错、往来不息，有的迅急浑浊，奔赴狭隘山口碰撞巨石，波涛汹涌。涌起回旋如云，蜿蜒纠缠不断。有的从高处跌落潭中，发出雷鸣般响声，洪波奔驰，飞沫跳跃。而后安然长往，去势浩荡无边，安适徐缓荡漾。前人对此评价称，作者“发挥了中国文字造型本身的直观性和暗示性，故读者尽管不能确切地了解每个词描状的是水的何种形态，却能从这段文字在形象方面的特点，感受到水流在声、形方面的变化”②。加之同性质的词密集排列，造成迅捷激烈的节奏和气氛，给读者以强烈的紧张感和压迫感。又突然使用“悠远”“寂漻”“灏溔潢漾”“安翔徐洄”等接连几个节奏舒展和缓的词，不仅与前一部分在动静形态上形成强烈的对比，也造就了余音不绝的音乐之美。

除了这些大赋中充满恢弘气势的山水描写，两汉时期的一些抒情小赋中也富含作者对于山川之美的细致观察和充满激情的描绘。

如王粲的《游海赋》：

登阴隅以东望，览沧海之体势。吐星出日，天与水际；其深不

① 龚克昌等评注：《两汉赋评注》，山东大学出版社2011年版，第90页。

② 万光治：《汉赋通论》，巴蜀书社1989年版，第238页。

测，其底无臬；寻之冥地，不见涯泄。章亥所不极，卢敖所不屈。……怀珍藏宝，神隐怪匿。[①]

曹丕《沧海赋》：

美百川之独宗，壮沧海之威神。经扶桑而遐逝，跨天涯而托身。[②]

虽然篇幅短小，但对大海广大宏阔的描写达到寥寥数语即可传神的艺术效果。

二、汉赋山水的审美情怀

闻一多先生说汉赋“凡大必美，其美无以名之”[③]。揭示了汉赋最基本的美学特征所谓“大”者，按许慎《说文》解释为：“天大地大人亦大”，在汉大赋中则表现为篇幅大、题材广、气势雄阔、综合性强、修辞手法齐全，面面俱到。从山川描写来看，主要表现为以下几点。

其一是宏丽的审美气势。《文心雕龙·诠赋》称，赋“丽词雅义，符采相胜”，亦即讲求布局和谐、疏密有致、辞藻华美、文气丰沛，注重气氛渲染和烘托，刻意追求琳琅满目的绚美之感。实际上，汉赋中的“宏”和“丽”是相辅相成体现在作品之中的：宏大中蕴含着丽巧的内容，丽巧中透露出宏大的气魄，二者紧密相联，相互包容。在描绘山川景物时，汉赋作者往往采用铺张扬厉的笔法，采用深远视角，从地理位置上拉大空间距离，拓宽视野，使所描述的对象得到直观、立体的放大，营造一种辽阔、豪迈的气势。如班固在《西都赋》中描写长安周围的山川景色

① 郑竞主编：《全汉赋》，之江出版社1994年版，第225页。

② 宋效永、向焱点校：《三曹集》，黄山书社2018年版，第115页。

③ 郑临川述评：《闻一多论古典文学》，重庆出版社1984年版，第65页。

时写道：

其阳则崇山隐天，幽林穹谷，陆海珍藏，蓝田美玉。商、洛缘其隈，鄠、杜滨其足，源泉灌注，陂池交属。竹林果园，芳草甘木，郊野之富，号为近蜀。其阴则冠以九嵕，陪以甘泉，乃有灵宫起乎其中。

左边是深险的幽谷和峻峭的崤山，还有巍峨的太华和南山，右边是险要的函谷和岿然的陇首山，还有奔腾的泾水、渭水和汧水，长安城就建立在这虎踞龙盘的高山巨流之间。作者用包举万物、囊括四海的胸襟和眼界，一一列举长安四周的山水田林，并分别指出其不同的美的内涵。

与此相类似的还有前引司马相如《子虚赋》描写云梦的部分，作者采用层层推进的手法，形象而清晰地推拉出一个广大壮丽、辽阔富庶的云梦大泽。这些文字虽不免出于艺术上的需要而有所夸张，但它们所引起的审美上的认同与渲染力是不容忽视的。

汉赋中对于山川的描绘大多符合汉代以“大”为美的审美境界，充分体现汉代社会的壮阔的胸怀和对宇宙之大的追求，包纳万物、襟带时空的精神和风范。

汉赋的宏丽还体现在其描写层面大，对同一对象选取不同角度，全方位多层次地描写，刻画生动形象，气势雄壮。无论是《子虚赋》《上林赋》，还是《蜀都赋》《西京赋》，无一不是有山有水，深林巨木，奇花异草，鸟兽虫鱼，无所不包。先从正面描述其山，然后具体到其土其石，再分别以其东、其西、其高燥、其卑湿、其上、其下等周边环境及花草鸟兽的描述，全方位展示出气势巍峨、物产丰富、风景优美的山川景致。

另外，齐全的语言手法，变化多端的句式，多种多样的修辞手段，也都是汉大赋之“大”的鲜明体现。在铺排夸张、对偶比喻及双声叠韵的应用上都有较好的发挥，扩大了写作的手法和篇幅，在内容和形式两个方面都有新的开拓和创造。

其二是情景交融的审美情怀。有的写山的奇险，其中李尤的《函谷关赋》尤为突出，赋中写道：

惟夸阔之显丽兮，羌莫盛乎函谷。施雕砻以作好，建峻敞之坚重；殊中外之隔别，翼巍巍之高崇。命尉臣以执钥，统群类之所从；严固守之猛厉，操戈钺而普聪。蕃镇造而惕息，侯伯过而震忡。[①]

作者用比喻形容、人物衬托，写出了函谷雄关的险要，大有一夫当关、万夫莫开之势。

东汉末年蔡邕的《述行赋》：

登长畈以凌高兮，陟葱山之峣陉。建抚体以立洪高兮，经万世而不倾；回峭峻以降阻兮，小阜寥其异形，冈岑纡以连属兮，溪谷夐其杳冥；迫嵯峨以乖邪兮，廓岩壑以峥嵘。攒棫朴而杂榛楛兮，被浣濯而罗生，布亹荧与台菌兮，缘层崖而结茎。行游目以南望兮，览太室之威灵；顾大河于北垠兮，瞰洛汭之始并。[②]

在概述衰败的现实社会时，作者还描写了阴暗的自然景色。首先描述了雨急风狂、黑云低压的天空和路被冲毁、泥泞难行的地面。比如："山风泊以飙漏兮，气操慄而厉凉。云郁术而四塞兮，雨濛濛而渐唐；……玄云黯以凝结兮，集零雨之溱溱；路阻败而无轨兮，途泞溺而难遵。"[③]其次描写了危岩险山林立、丛莽荆棘遍布的旅程。比如："冈岑纡以连属兮，溪谷夐其杳冥；迫嵯峨以乖邪兮，廓岩壑以峥嵘。攒棫朴而杂榛楛兮，被浣濯而罗生。"[④]阴暗的云层，滂沱的露雨，呼啸的山风，

① 郑竞主编：《全汉赋》，之江出版社1994年版，第124页。
② 郑竞主编：《全汉赋》，之江出版社1994年版，第191页。
③ 郑竞主编：《全汉赋》，之江出版社1994年版，第191页。
④ 郑竞主编：《全汉赋》，之江出版社1994年版，第191页。

给衰败的社会渲染上阴忧的色调，增加了悲凉的气氛；那泥泞的道路，险峻的山崖，丛生的荆棘，更象征了朝廷的腐败与仕途的险恶。赋中虽也描述了雨霁天晴、阳光照耀的瞬间，但那只不过是暗示作者对现实尚未完全绝望而已。总起来看，第二部分中对社会情况与自然景色的描述，准确揭示了汉桓帝时国衰民困的现实本质，展现了当时危机四伏的严峻形势。

刘桢《黎阳山赋》描写黎阳山：

> 尔乃逾峻岭，超连岗，一登九息，遂臻其阳。南荫黄河，左覆金城。青坛承祀，高碑颂灵。珍木骈罗，奋华扬荣。云兴风起，萧瑟清泠。延首南望，顾瞻旧乡。桑梓增敬，惨切怀伤。河源汩其东游，阳乌飘而南翔，睹众物之集华，退欣欣而乐康。[①]

该赋是刘桢登黎阳山所作，作者跨越险峻山岭，通过了几道山岗，每登一高峰，不知要有多少次喘息，最后总算是登上黎阳山高峰的向阳坡顶。登高远望，心胸顿开，视野壮阔，方感天地之大。在黎阳山顶，下望黄河，滔滔滚滚，有黎阳山庇荫。左下金城坚固，依山而构，凭险为据。山下黄河如带环绕黎阳山，景象壮美。山上古迹犹存，珍树奇花，烂漫芬芳，赞美自然景色与颂古幽情，相间相辅，浑然一体。

扬雄曾说，“雄以为赋者，将以风也，必推类而言，极丽靡之辞，闳侈巨衍，竟于使人不能加也。”[②]扬雄的话是对汉赋的理论概括，后人批评汉赋这种现象是在为文而造文，是一种唯美主义的表现。这种批评也可以从一个方面披露文学发展的早期，文士在文学审美上积极作为的自觉意识。

概言之，两汉赋作中的山水风物描写与汉人的审美情趣是完全契合的，他们喜欢宏大崇高的自然景观，因此他们看到的是洪波浩渺、高山

① 吴云主编：《建安七子集校注》，天津古籍出版社2005年版，第584页。

② ［汉］班固撰，［唐］颜师古注：《汉书》，中华书局1962年版，第3575页。

万仞；他们触物生情，兴会淋漓，因此山的峻峭也就给他们人生实难、道路不平之感，而山的物产丰富、树木荫翠则让他们欣欣于帝国强盛、天下康安。这种从大处着眼、从整体着眼的审美情趣与赋体重篇章、重句式排比的体式正相匹配，而他们直观明了的审美方式与赋体好用奇字的习惯也恰相吻合。汉人不但充分地运用赋体来模山范水，而且，他们的心情、理想、感叹、思索，也都通过这些赋作充分地表现出来，赋成为汉人描摹山水、抒写情志的主要题材。

三、汉赋山水与神仙信仰

刘熙载《艺概·赋概》论及司马相如赋时说："相如一切文，皆善于驾虚行危。其赋既会造出奇怪，又会撇入窅冥，所谓'似不从人间来'者，此也。"[①]刘熙载所指，乃是司马相如的赋中运用了大量奇幻的神话素材，描写仙界神境，以至于武帝读到《大人赋》时，竟"飘飘有凌云之气，似游天地之间意"[②]。其实并不仅仅只有司马相如赋中如此，由于两汉时期天人感应以及神仙方术的流行，汉代无论大赋小赋，多穿插有对神仙世界的描写，成为当时的流行。这个特点前人早已注意到，元人祝尧在其《古赋辨体》中就说："取天地百神之奇怪，使其词夸；取风云山川之形态，使其词媚；取鸟兽草木之名物，使其词赡；取金璧彩缯之容色，使其词藻；取宫室城阙之制度，使其词壮。"[③]汉赋中有诸多篇章在描写自然山水的同时，都会将它们与神仙世界联系在一起。

例如班彪的《览海赋》，与前举各赋专以摹写河流江潮不同，《览海赋》观览的对象是大海，作者首先高处着眼，突出大海雄伟博大的形象：

① ［清］刘熙载著，王气中笺注：《艺概笺注》，贵州人民出版社1980年版，第270页。

② ［汉］司马迁撰，［宋］裴骃集解，［唐］司马贞索隐，［唐］张守节正义：《史记》，中华书局1959年版，第3063页。

③ ［元］祝尧辑：《古赋辨体》卷3，明嘉靖十一年刻本。

顾百川之分流，焕烂漫以成章。风波薄其裔裔，邈浩浩以汤汤。指日月以为表，索方瀛与壶梁。①

寥寥几句由近及远构拟画面，勾勒出大海那宏阔的体势、博大的形象。同时，由实写到虚，又给人以不尽的联想。近处百川滚滚而来，汇入大海，四处漫溢，纵横成彩；远处波涛起伏，浩浩荡荡，浩渺无际的大海，一直延伸到日月升起的地方。接下来很自然就引发出联想：在极远的天际，除了日月之外，应该还有神仙。所以作者紧接着写道：

曜金璆以为阙，次玉石而为堂。蓂芝列于阶路，涌醴渐于中唐。朱紫彩烂，明珠夜光。松乔坐于东序，王母处于西箱。命韩众与岐伯，讲神篇而校灵章。②

大海已不再是可望而不可即的海市蜃楼，而成为现实可求的理想之境。那里仙山群立，金阙灿烂，玉堂辉煌，灵草满地，甘泉遍流，珠光宝璧，鲜明夺目。更令人神往的是，那是仙人群居之地：得道升仙的赤松子、王子乔往来其间，西王母也居住其中，更有神医岐伯传授长生不老之术。大海的瑰丽神奇，在这神话般的幻境中得到了具体而形象的显现。

随之笔锋一转，作者由远在天际的神仙世界的诱人美景，进而生发出超脱世俗的理想情志：

原结旅而自託，因离世而高游。聘飞龙之骖驾，历八极而回周。遂竦节而响应，忽轻举以神浮。遵霓雾之掩荡，登云涂以凌厉。乘

① 班彪：《览海赋》，引自徐波选注：《中国古代海洋散文选》，海洋出版社2006年版，第19页。

② 班彪：《览海赋》，引自徐波选注：《中国古代海洋散文选》，海洋出版社2006年版，第19页。

虚风而体景，超太清以增逝。麾天阍以启路，辟阊阖而望余。通王谒于紫宫，拜太一而受符。[1]

作者意欲远离尘世，筑室独居，在一种弃世忘我的幻境中神游。在神仙的世界里驾驭飞龙，周游八方，在霓虹和云雾中缓步前行，在太空中飞奔，一边观览仙境胜景。最后到达阊阖天门，守门的天阍主动打开天门，天庭的侍者为他引路，最终顺利地拜见天帝，并接受天的符命。班彪笔下的神游幻境，是他人生境况的一种反衬，折射出他对自由人生的强烈渴求。

如果说班彪的《览海赋》还暗含着作者自身想要逃避现实、避尘远居的隐逸思想，那么大多数汉赋则是充满了对仙界胜境、神仙居所的羡慕和向往。汉人心目中的神仙世界，“不是与现实苦难相对峙的难及的彼岸，而是好像就存在于与现实人间相距不远的此岸之中”[2]。因此在汉赋中诸多对于天庭、神仙出游的描绘，实际上就是对都城皇宫以及皇帝出行的复制和翻版。

如扬雄《河东赋》：

乃抚翠凤之驾，六先景之乘；掉奔星之流旃，彏天狼之威弧，张耀日之玄旄。扬左纛，被云梢，奋电鞭，骖雷辎，鸣洪钟，建五旗；羲和司日，颜伦奉舆。风发飙拂，神腾鬼趡，千乘霆乱，万骑屈桥，嘻嘻旭旭，天地稠嶅，簸丘跳峦，涌渭跃泾，秦神下謵，跖魂负沴，河灵矍踢，爪华蹈衰，遂臻阴宫，穆穆肃肃，蹲蹲如也。灵祇既乡，五位时叙，絪缊玄黄，将绍厥后。[3]

① 班彪：《览海赋》，引自徐波选注：《中国古代海洋散文选》，海洋出版社2006年版，第19页。

② 李泽厚：《美的历程》，安徽文艺出版社1999年版，第78页。

③ 郑竞主编：《全汉赋》，之江出版社1994年版，第57页。

又如扬雄《羽猎赋》：

始出乎玄宫，撞鸿钟，建九旒，六白虎，载灵舆；蚩尤并毂、蒙公先驱。立历天之旂，曳捎星之旃。霹雳列缺，吐火施鞭；萃傱沇溶，淋离廓落，戏八镇而开关。飞廉云师，吸嚊潚率，鳞罗布列，攒以龙翰，啾啾跄跄。入西园，切神光，望平乐，径竹林，蹂蕙圃，践兰唐，举烽烈火，辔者施技，方驰千驷，校骑万师，虓虎之陈，纵横胶輵，猋泣雷厉，驞駍駖磕，汹汹旭旭，天动地吸。①

这两段赋作都是描写天子巡狩畋猎的场景。但是在出行的队伍中，作者穿插了大量的神仙名字作譬，如“羲和”“秦神”“跖魂”“河灵”“爪华”“蚩尤”“蒙公”“飞廉”“云师”等等，一连串神灵之名的使用，不仅增强了出行队伍的威武庄严气势，也使人读来恍如身处神仙行伍。

汉赋中多有对宫殿建筑的描写，也是想象了天宫的壮丽和天宫中神仙来往的热闹非凡。如西汉刘歆所撰《甘泉宫赋》，这样描写甘泉宫：

轶陵阴之地室，过阳谷之秋城；回天门而凤举，蹑黄帝之明庭。冠高山而为居，乘昆仑而为宫；案轩辕之旧处，居北辰之闳中。背共工之幽都，向炎帝之祝融。②

赋中用昆仑山指代甘泉宫所在的甘泉山，又用“天门”“明庭”“轩辕之旧处”“北辰”“幽都”等传说中天庭的各种建筑，以及皇帝、共工、炎帝等神话人物，不仅烘托了甘泉宫高大崇宏的建筑气象，也暗喻了居住在甘泉宫的皇帝如同仙人一样的生活。

除此之外，骚体之赋如贾谊《惜誓》、扬雄《太玄赋》、班固《幽通赋》、张衡《思玄赋》等，散体之赋如司马相如《大人赋》、冯衍《显志

① 郑竞主编：《全汉赋》，之江出版社1994年版，第60页。

② 郑竞主编：《全汉赋》，之江出版社1994年版，第48页。

赋》、扬雄《河东赋》、张衡《两京赋》等，无不运用了众多的自然神话，有日月神话里的羲和，气象神话里的风伯、雨师，地理神话里的天门、天河、昆仑、县圃、阆风、青丘、蓬莱等，光怪陆离，令人目不暇接，从而增强了赋的奇异性。人间与神界，帝王与神仙，超越了时空的限制融而为一。

应该指出，汉赋中虽然多有关于山水的描写，但基本上是作为长篇大赋中的一部分出现，尚未独立成篇，也不占主导地位，而且汉赋中的山水描写，其根本目的还是为了渲染刘汉王朝至高尊崇的气魄声势。因此，它和魏晋以后的以审美的眼光关注和专门描绘自然风貌的文学形式有着明显的区别。汉赋作家虽然没有把山水自然作为独立的审美对象看待，但正是这些对山水景物专注而又精细的描绘，为后世真正的山水文学的滋生进行了从语言到审美观念的全方位准备。

第二节　汉代诗歌中的山水

恽敬在《大云山房文稿》中所云："三百篇言山水，古简无余辞。至屈左徒而后，瑰怪之观，澹远之境，幽奥朗润之趋，如遍于心目之间。"[①]汉代诗歌虽然不像汉赋那样声名远播，但林林总总数量不少，从来源上看，可以分为上层贵族诗歌、一般知识分子诗歌和下层百姓诗歌。汉武帝成立乐府之后，西汉政府开始了系统的民间诗歌搜集和整理。《汉书·艺文志》中记载，"孝武立乐府而采歌谣，于是有代赵之讴，秦楚之风，皆感于哀乐，缘事而发，亦可以观风俗，知薄厚云"[②]。并辑录各地诗歌，其中"《吴楚汝南歌诗》十五篇。《燕代讴雁门云中陇西歌诗》九篇。《邯郸河间歌诗》四篇。《齐郑歌诗》四篇。《淮南歌诗》四篇。《左冯翊秦歌诗》三篇。《京兆尹秦歌诗》五篇。《河东蒲反歌诗》一篇。……《洛阳歌诗》四篇。《河南周歌诗》七篇。《河南周歌声曲折》

① ［清］恽敬：《大云山房文稿》，清同治八年刻本。

② ［汉］班固撰，［唐］颜师古注：《汉书》，中华书局1962年版，第1756页。

七篇。《周谣歌诗》七十五篇。《周谣歌诗声曲折》七十五篇。……《周歌诗》二篇。《南郡歌诗》五篇”①。

上层贵族诗歌主要与各类祭祀仪式有关，《左传》称：“国之大事，在祀与戎。”祭祀是古代社会政治生活中极为重要的事情。凡祭祀，必用乐，故而上层贵族诗歌与祭祀之间存在着密切关联。

郭茂倩在《乐府诗集》中，曾经系统梳理了两汉时期郊祀庙祀诗歌：

> 两汉已后，世有制作。其所以用于郊庙朝廷，以接人神之欢者，其金石之响，歌舞之容，亦各因其功业治乱之所起，而本其风俗之所由。武帝时，诏司马相如等造《郊祀歌诗》十九章，五郊互奏之。又作《安世歌诗》十七章，荐之宗庙。至明帝，乃分乐为四品。一曰《大予乐》，典郊庙上陵之乐。郊乐者，《易》所谓“先王以作乐崇德，殷荐上帝”。宗庙乐者，《虞书》所谓“琴瑟以咏，祖考来格”，《诗》云“肃雍和鸣，先祖是听”也。二曰雅颂乐，典六宗社稷之乐。社稷乐者，《诗》所谓“琴瑟击鼓，以御田祖”。《礼记》曰“乐施于金石，越于音声，用乎宗庙社稷，事乎山川鬼神”是也。永平三年，东平王苍造光武庙登歌一章，称述功德，而郊祀同用汉歌。②

由此可见，汉代上层诗歌主要包括郊祀歌和宗庙歌。

一、郊祀歌与山水

郊祀，是国家的重大典礼活动。《汉书·郊祀志》记载：“《洪范》

① ［汉］班固撰，［唐］颜师古注：《汉书》，中华书局1962年版，第1754—1755页。

② ［宋］郭茂倩编撰，聂世美、仓阳卿校点：《乐府诗集》，上海古籍出版社1998年版，第1页。

八政，三曰祀。祀者，所以昭孝事祖，通神明也。旁及四夷，莫不修之；下至禽兽，豺獭有祭。是以圣王为之典礼。”[①]从这段文字中可以看出，郊祀的目的不仅是“昭孝事祖”，而且可以借此“通神明”，进而获得神祇的庇佑，对于天子来说，垄断与神灵的沟通渠道，获得上天的认可，等于宣扬自身的合法地位，据此，郊祀成为天子的一项特权。《汉书·郊祀志》又记载：“帝王之事莫大乎承天之序，承天之序莫重于郊祀，故圣王尽心极虑以建其制。”[②]郊祀成为帝王稳定政权制度的头等大事，也可见郊祀的重要性。

正因如此，所以汉高祖在立国之初就建五帝祠，并祭祀山川诸神，《汉书·郊祀志》记载：“有司进（五帝）祠，上不亲往。悉召故秦祀官，复置太祝、太宰，如其故仪礼。因令县为公社。下诏曰：‘吾甚重祠而敬祭。今上帝之祭及山川诸神当祠者，各以其时礼祠之如故。’”[③]其急于通过设立郊祀制度来寻求自身正统地位的迫切心情溢于言表。

根据《汉书·礼乐志》的记载，汉郊庙歌共有五种，其中《宗庙乐》《房中祠乐》《昭容乐》《利容乐》等四种成于汉高祖时期，《房中祠乐》后更名为《安世乐》或《安世房中歌》，《汉书·礼乐志》共辑录十七首。由于是祭祀天地山川神祇之作，因此这些诗歌中多有涉及山川大海之类的内容。如：

大海荡荡水所归，高贤愉愉民所怀。大山崔，百卉殖。民何贵？贵有德。

都荔遂芳，窅窊桂华。孝奏天仪，若日月光。乘玄四龙，回驰北行。羽旄殷盛，芬哉芒芒。

承帝明德，师象山则。云施称民，永受厥福。承容之常，承帝

① ［汉］班固撰，［唐］颜师古注：《汉书》，中华书局1962年版，第1189页。

② ［汉］班固撰，［唐］颜师古注：《汉书》，中华书局1962年版，第1253—1254页。

③ ［汉］班固撰，［唐］颜师古注：《汉书》，中华书局1962年版，第1210页。

之明。下民安乐，受福无疆。[①]

虽然是祭祀天地神祇的颂歌，但其中也有不少涉及山川草木的内容，如上文中的“大海”“大山”“百卉”“都荔”“桂华”“云”“水”等。然而我们必须注意到，《安世房中歌》作为一套祭祀天地神祇的组曲，不可能在有限的文字里细致描摹山川景致，而且，歌中的山川、海洋、百卉实际上是用来象征天帝的德行和百姓的安乐。值得一提的是，前辈学者曾指出，《安世房中歌》的句式，源出于楚地，来自《楚辞》和楚歌，只是由于楚歌中的“兮”被刻意删改，才造成《安世房中歌》的句型类于《诗经》而异于《楚辞》。“试将《安世房中歌》纳入《楚辞》样式，便发现《安世房中歌》之句式，宛然《楚辞》句式省去兮字者。”[②]众所周知，南方地区由于山高林密、河流纵横、湖泊众多，既有绵延雄奇的高山峻岭，又有犬牙交错的山谷、盆地、平原、河川和湖泊，动植物资源丰富，种类繁多，反映在楚地诗歌中，使之呈现出更为丰富的色彩。正如陆侃如先生所说：“我们可以说《二南》的地点比什么都好。黄河流域一带景物萧瑟，山不秀，水不明，花木虫鸟之迹几绝。长江流域则不然，有崇高衡岳的大山，有汝汉江湘的长流，有方九百里的云梦泽，有坼吴、楚浮乾坤的洞庭湖。鹤吹猿啸，水流花放，无一非文学的绝好资料。如星，如雷，如露，一切自然界的现象，《二南》中大都说及。”[③]不独《二南》，前文所述《楚辞》中大量的山川景物的描写，以及附丽于其中的瑰丽神奇的想象，显然不仅影响了汉赋，也深刻影响了《安世房中歌》这样的郊祀之歌。

《汉书·武帝纪》载：“元狩元年冬十月，行幸雍，祠五畤。获白麟，

① ［汉］班固撰，［唐］颜师古注：《汉书》，中华书局1962年版，第1048—1051页。

② 郑文：《〈汉安世房中歌〉试论》，《社会科学》1985年第2期，第100页。

③ 陆侃如：《陆侃如古典文学论文集》，上海古籍出版社1987年版，第130页。

作《白麟之歌》。”[①]《白麟之歌》被收入乐府，名以《朝陇首》：

朝陇首，览西垠，雷电尞，获白麟。爰五止，显黄德，图匈虐，熏鬻殛。辟流离，抑不详，宾百僚，山河飨。掩回辕，鬗长驰，腾雨师，洒路陂。流星陨，感惟风，籋归云，抚怀心。[②]

全诗写获白麟之地点、情形，赞美白麟及由此带来的福瑞，洋溢着喜悦之情。尤其是首二句，立于陇首极目西望，一片山川无垠，极其有气势。

《汉书·武帝纪》云：“（元封）二年冬十月，行幸雍，祠五畤。春，幸缑氏，遂至东莱。夏四月，还祠泰山。至瓠子，临决河，命从臣将军以下皆负薪塞河堤，作《瓠子之歌》。”[③]据《汉书·沟洫志》记载：“自河决瓠子后二十余岁，岁因以数不登，而梁楚之地尤甚。上既封禅，巡祭山川，其明年，乾封少雨。上乃使汲仁、郭昌发卒数万人塞瓠子决河。于是上以用事万里沙，则还自临决河，湛白马玉璧，令群臣从官自将军以下皆负薪置决河。是时东郡烧草，以故薪柴少，而下淇园之竹以为揵。上既临河决，悼功之不成，乃作歌。”[④]汉武帝所作之歌即是《瓠子歌》，《瓠子歌》共二首，其一歌辞为：

瓠子决兮将奈何？浩浩洋洋，虑殚为河。殚为河兮地不得宁，功无已时兮吾山平。吾山平兮巨野溢，鱼弗郁兮柏冬日。正道弛兮离常流，蛟龙骋兮放远游。归旧川兮神哉沛，不封禅兮安知外！皇谓河公兮何不仁，泛滥不止兮愁吾人！啮桑浮兮淮、泗满，久不反

① ［汉］班固撰，［唐］颜师古注：《汉书》，中华书局1962年版，第174页。

② 曹胜高、岳洋峰辑注：《汉乐府全集：汇校汇注汇评》，崇文书局2018年版，第24页。

③ ［汉］班固撰，［唐］颜师古注：《汉书》，中华书局1962年版，第193页。

④ ［汉］班固撰，［唐］颜师古注：《汉书》，中华书局1962年版，第1682页。

兮水维缓。[①]

其二歌辞为：

河汤汤兮激潺湲，北渡回兮迅流难。搴长茭兮湛美玉，河公许兮薪不属。薪不属兮卫人罪，烧萧条兮噫乎何以御水！隤林竹兮揵石菑，宣防塞兮万福来。[②]

这首歌属乐府杂歌谣辞，反映黄河“泛滥不止兮愁吾人”的重大灾情以及“宣防塞兮万福来”的强烈愿望，但其中对于泛滥河水的描写却具有很强的艺术性。汉武帝分别用“浩浩洋洋”“虑殚为河”“河汤汤”“激潺湲”等语，形容瓠子河水泛滥之状，用“吾山平”“巨野溢”“离常流”“蛟龙远游”“啮桑浮”“淮、泗满”等事象，尽述瓠子河水泛滥的严重后果，通过多角度、多方面的反复摹写和吟唱，充分展现了河水泛滥导致北方地区汪洋一片、民不聊生的悲惨景象。由此可以看出，《瓠子歌》描写瓠子河水泛滥的手法深受同一时期汉赋写作技巧的影响，在当时的乐府诗歌中，是相当优秀的作品。

二、士人诗歌与山水

两汉时期的士人是一个较为特殊的群体，余英时先生认为：“‘士’是古代贵族阶级中最低的一个集团。”[③]“自有其礼乐诗书的文化渊源。”[④]余氏所称，乃是特指西周至战国时期的“士”。到汉代情况有所变化，西周至战国时期的文化环境不再，百家争鸣归于沉寂，儒术则占据

① ［汉］班固撰，［唐］颜师古注：《汉书》，中华书局1962年版，第1682页。

② ［汉］班固撰，［唐］颜师古注：《汉书》，中华书局1962年版，第1683页。

③ 余英时：《士与中国文化》，上海人民出版社2003年版，第8页。

④ 余英时：《士与中国文化》，上海人民出版社2003年版，第19页。

了社会文化的统治地位，因此，作为两汉时期“最低的贵族阶级”的知识分子多以研习儒家经典为主，并以此作为擢升自我的阶梯。王充称：“能说一经者为儒生，博览古今者为通人，采掇传书以上书奏记者为文人，能精思著文、连结篇章者为鸿儒。故儒生过俗人，通人胜儒生，文人踰通人，鸿儒超文人。”[①]所以“士”在汉代更多是指“儒士”。汉代儒学受到尊崇，使得儒士成为社会重要的力量和沟通上下层之间的桥梁和纽带，他们由此形成了独有的人格特质，自觉承担起传承社会文明和礼乐文化的重任，并以其强烈的社会责任感构成了一个特殊的社会阶层。

《汉乐府》诗歌中，除了一部分可以明显看出是出自民谣谶歌之外，其余基本上是出自下层寒门儒士之手。武帝以前，法家政治的独断性质使文吏垄断政治，儒士无缘仕进，司马迁叙述这段历史的情形说：“孝惠、吕后时，公卿皆武力有功之臣。孝文时颇征用，然孝文帝本好刑名之言。及至孝景，不任儒者，而窦太后又好黄老之术，故诸博士具官待问，未有进者。”[②]自汉武帝之后，两汉政权均崇尚儒术，非儒之士的地位下降，沦为山野之民，儒士的地位虽然有所上升，甚至得以参与政治，但是总体上说，他们在政治上仍处于从属地位。尤其是到了东汉晚期，由于外戚和宦官掌权，政治生态严重恶化，儒士的政治环境不断恶化，与统治者之间的疏离也在不断扩大。于是他们由以政权为中心转向以自我为中心，一方面，他们隐逸山林，尽量避开政治纷争，另一方面，他们登临山水，仰慕神仙，写出了诸多游仙和隐逸类的诗歌。

这其中较为重要的是《董逃歌》，崔豹《古今注》认为：“《董逃歌》，后汉游童所作也。后汉有董卓作乱，率以逃亡。后人习之以为歌

① ［汉］王充著，张宗祥校注，郑绍吕标点：《论衡校注》，上海古籍出版社2010年版，第278—279页。

② ［汉］司马迁撰，［宋］裴骃集解，［唐］司马贞索隐，［唐］张守节正义：《史记》，中华书局1959年版，第3117页。

章，乐府奏之以为儆戒焉。”[①]认为是东汉灵帝时所作，但有学者认为《董逃歌》出自西汉武帝时，与东汉晚期的《董逃行》并非同一首。如清吴景旭《历代诗话》中就称：“《乐府原题》谓此辞作于汉武之时，盖武帝有求仙之兴。董逃者，古仙人也……《诗话》又引《汉武内传》：‘王母觞帝，索桃七枚。以四啖帝，自食其三。因命董双成吹云和笙侑觞。作者取此。’窃以《乐府》之题，亦如《关雎》《葛覃》之类，只取篇中一二字以命诗，非有义也。”[②]《董逃歌》吟诵的是作者上山求仙并得到神仙赐仙药的经过。正如《乐府解题》在解释这首诗时所称：“古辞云：‘吾欲上谒从高山，山头危险大难。’言五岳之上，皆以黄金为宫阙，而多灵兽仙草，可以求长生不死之术，令天神拥护君上以寿考也。”[③]

《董逃歌》一开始就极力渲染求仙之路的艰难，

> 吾欲上谒从高山，山头危崄大难言。遥望五岳端，黄金为阙，班璘。但见芝草，叶落纷纷。百鸟集，来如烟。山兽纷纶，麟、辟邪；其端鹍鸡声鸣。但见山兽援戏相拘攀。[④]

仙人居住的神山，高入云霄，山路曲折难行，遥望神山的山顶，上面有仙人居住的宫殿，在阳光下闪耀着金色的光芒。山中则有灵芝仙草，各种鸟兽在山间树梢上攀援嬉戏。把仙境神山远离尘世的宁静和祥和描写得栩栩如生。在这样的仙境中，董逃虔诚祈求仙药，最终获得不死之药。这首歌的本意是在写求取仙药的不易和求得仙药之后的欣喜若狂，但其中关于攀登仙山过程中看到的山川景色的描写，则细腻活泼，言虽

① ［晋］崔豹撰，牟华林校笺：《〈古今注〉校笺》，线装书局2015年版，第86页。

② ［清］吴景旭著，陈卫平、徐杰点校：《历代诗话》，京华出版社1998年版，第214页。

③ 吉联抗辑注：《古乐书佚文辑注》，人民音乐出版社1990年版，第55页。

④ ［宋］郭茂倩编撰，聂世美、仓阳卿校点：《乐府诗集》，上海古籍出版社1998年版，第400页。

简却逸趣横生。

李尊《太元真人茅君内传》曰：茅盈留句曲山，告二弟曰："吾去有局任，不复得数相往来。"父老歌曰："茅山连金陵，江湖据下流。三神乘白鹤，各在一山头。佳雨灌旱稻，陆田亦复周。妻子保堂室，使我无百忧。白鹤翔金穴，何时复来游？"①

郦炎的《见志诗》二首，在《先秦汉魏晋南北朝诗》中题名为《诗二首》，《广文选》和《诗纪》在其题上加"见志"，为《见志诗》。而《艺文类聚》则称第二首为《兰诗》，是因为第二首写到兰，但也写到了芝，芝兰并举，只称为《兰诗》欠妥。又《后汉书》记载"有志气，作诗二篇"，因此题为《见志诗》是合理的，且两篇诗的意义是相似的，都可称为《见志诗》。原诗如下：

【其一】

大道夷且长，窘路狭且促。修翼无卑栖，远趾不步局。舒吾陵霄羽，奋此千里足。超迈绝尘驱，倏忽谁能逐。贤愚岂常类，禀性在清浊。富贵有人籍，贫贱无天录。通塞苟由己，志士不相卜。陈平敖里社，韩信钓河曲。终居天下宰，食此万钟禄。德音流千载，功名重山岳。

【其二】

灵芝生河洲，动摇因洪波。兰荣一何晚，严霜瘁其柯。哀哉二芳草，不植太山阿。文质道所贵，遭时用有嘉。绛灌临衡宰，谓谊崇浮华。贤才抑不用，远投荆南沙。抱玉乘龙骥，不逢乐与和。安得孔仲尼，为世陈四科。

郦炎的《见志诗》表达的虽然也是隐逸之意，但是与仲长统的《见志诗》在内容上有所区别。郦炎的《见志诗》是感怀才不遇之境，鸣心

① ［宋］李昉编纂，熊毓兰校点：《太平御览》（第八册），河北教育出版社1994年版，第333页。

中不平之气。诗人虽心有大志，但无处发挥，使其感到挫败，虽然诗中慷慨陈词，希望能主宰自己的命运，但是面对黑暗的桓灵之世，诗人也只能辞官，以诗来抒发感慨。此诗作于他二十岁左右，当时州郡多次征召他为官，他都一一辞去，并写下了这两首诗以显其志。第一首诗，诗人主要说明自己虽有大道一样的志气，但是宦官贵戚把持朝政，“富贵有人籍，贫贱无天禄”，政治不分清浊，官场黑暗，因此只好辞官不就。第二首诗，诗人以芝兰比自己的境遇，抒发生不逢时的感慨，举贾谊被诋毁、贬谪的例子，抒发贤才不能被重用的愤慨，“抱玉乘龙骥，不逢乐与和”，进一步感慨英才只有遇到明主才能施展抱负。结尾两句是诗人希望能有像孔子那样的圣人出来，以四科优劣，公平地选拔人才。因此，郦炎的《见志诗》二首，抒发的是个人抱负在乱世无法实现的感慨，侧面所流露出的是诗人的隐逸情绪。

《巫山高曲》：

巫山高，高以大；淮水深，难以逝。我欲东归，害梁不为。我集无高，曳水何梁。汤汤回回，临水远望。泣下沾衣，远道之人心思归。谓之何？①

《乐府解题》称：“古词言：江淮水深，无梁可度，临水远望，思归而已。若齐王融‘想象巫山高’，梁范云‘巫山高不极’，杂以阳台神女之事，无复远望思归之意也。”②这首歌模仿《诗经》的比兴手法，一开始就以“巫山高”“淮水深”起兴，突出归家之路的艰难。巫山奇峰林立，气势雄伟，奇险秀丽，云雾缭绕。淮河深不可测，难以渡过。在诗中，高峻的巫山和深深的淮水，成了阻隔人们回乡的屏障，诗人流露出了想归家却又无法回去的无奈和悲伤。

《思亲操》：

① ［梁］沈约：《宋书》，中华书局1974年版，第641页。

② 吉联抗辑注：《古乐书佚文辑注》，人民音乐出版社1990年版，第48—49页。

陟彼历山兮崔嵬，有鸟翔兮高飞，瞻彼鸠兮徘徊。河水洋洋兮青泠。深谷鸟鸣兮莺莺。设罝张罝兮思我父母力耕。日与月兮往如驰，父母远兮吾当安归。[①]

《思亲操》，汉乐府题名，传为舜作。在《乐府诗集》中属于《琴曲歌辞》。《琴操》："舜耕历山，思慕父母。见鸠与母，俱飞鸣，相哺食，益以感思。"《乐府诗集》引《古今乐录》曰："舜游历山，见乌飞，思亲而作此歌。"谢庄《琴论》曰："舜作《思亲操》，孝之至也。"

《信立退怨歌》：

悠悠沂水经荆山兮，精气郁泱谷严中兮。中有神宝灼明明兮，穴山采玉难为功兮。於何献之楚先王兮，遇王暗昧信谗言兮。断截两足离余身分，俯仰嗟叹心摧伤兮。紫之乱朱粉墨同兮，空山歔欷涕龙钟兮，天鉴孔明竟以彰兮。沂水滂沌流于汶兮，进宝得刑足离分兮。去封立信守休芸兮，断者不续岂不冤兮。[②]

《昭君怨》：

秋木萋萋，其叶萎黄。有鸟处山，集于苞桑。养育毛羽，形容生光。既得升云，上游曲房。离宫绝旷，身体摧藏。志念抑沉，不得颉颃。虽得委食，心有徊徨。我独伊何，改往变常。翩翩之燕，远集西羌。高山峨峨，河水泱泱。父兮母兮，道里悠长。呜呼哀哉，忧心恻伤。[③]

① ［宋］郭茂倩编撰，聂世美、仓阳卿校点：《乐府诗集》，上海古籍出版社1998年版，第635页。

② 曹胜高、岳洋峰辑注：《汉乐府全集：汇校汇注汇评》，崇文书局2018年版，第136页。

③ ［宋］郭茂倩编撰，聂世美、仓阳卿校点：《乐府诗集》，上海古籍出版社1998年版，第655页。

第三节　散文中的山水

一、两汉散文中的山水

董仲舒的《春秋繁露》专设了《山川颂》，也对山水进行了论述，全文如下：

> 山则巃嵸㠑崔，摧嵬嶵巍[①]，久不崩弛，似夫仁人志士。孔子曰："山川神祇立，宝藏殖，器用资，曲直合，大者可以为宫室台榭，小者可以为舟舆浮滠。大者无不中，小者无不入，持斧则斫，折镰则艾。生人立，禽兽伏，死人入，多其功而不言，是以君子取譬也。"且积土成山，无损也；成其高，无害也；成其大，无亏也。小其上，泰其下，久长安。后世无有去就，俨然独处，惟山之意。《诗》云："节彼南山，惟石岩岩；赫赫师尹，民具尔瞻。"此之谓也。
>
> 水则源泉混混沄沄，昼夜不竭，既似力者；盈科后行，既似持平者；循微赴下，不遗小间，既似察者；循溪谷不迷，或奏万里而必至，既似知者；障防山而能清净，既似知命者；不清而入，洁清而出，既似善化者；赴千仞之壑，入而不疑，既似勇者；物皆困于火，而水独胜之，既似武者；咸得之而生，失之而死，既似有德者。孔子在川上曰："逝者如斯夫，不舍昼夜。"此之谓也。[②]

---

① 苏舆《春秋繁露义证》考证"因传写之本不同，或作'巃嵸崔嵬'，或作'巃嵸摧巍'，而后人误合之"。参见［清］苏舆撰，钟哲点校：《春秋繁露义证》，中华书局1992年版，第423页。

② 曾振宇注说：《春秋繁露》，河南大学出版社2009年版，第350—351页。

全文分为两部分，第一部分颂山，内容有三个层次。前四句描述山的崇高险峻，永远矗立，如同仁人志士一样坚忍不拔。接着作者引用孔子的话，说明山的伟大，山神屹立，草木生长，飞禽走兽栖息，山中蕴藏着丰富的宝藏以及各种可以用来制作器具的材料。大的材料可以做宫室楼台，小的材料可以做舟车工具，大小材料均有用途。山中土壤长五谷、出甘泉，草木生长，禽兽繁衍，是人生存立命之本，死后又可葬入地下。而山有太多的功用却不自言夸耀，因此“君子”总是以山来譬喻美好的德行。紧接着，作者以有形的山川作譬，论述自己无形的观点：积土可以成山，成为高大巍峨的山，山上小而下大，故而能长久稳固，“俨然独处”正是山的品格。

第二部分写水，水自源头开始源源不断，昼夜不歇，仿佛力大无穷的人，遇到坑洼就填满之后再继续向前流淌，可见其对待低洼之处或平坦之地能够一视同仁，仿佛一个能够持平、公正的人。水顺沿着小的地方往下流动，不遗漏任何一个小的间隙，就像能体察入微的人。水流向溪谷不会迷途，行走万里也能到达目的地，仿佛一个智慧的人。水经过堤坝的拦阻后，能够沉淀平静清洁，仿佛一个安之若素、自知天命的人。水“不清而入，洁清而出”，恰似一个善化的人。水奔流向千丈深渊，毫不疑虑畏惧，似一个勇敢无畏的人。万物皆陷于烈火不能摆脱，唯独水可以战胜火，又仿佛一个勇武的人。而人们得到水就可以生存，没有水就无法存活，所以水又似一个可以恩泽天下的有德者。董氏运用拟人的手法，从水的不同特征，引申出不同的品性。

钱钟书谓：“诗文之及山水者，始则陈其形势产品，如《京》《都》之《赋》，或喻诸心性德行，如《山》《川》之《颂》，未尝玩物审美。继乃山水依傍田园，若笃萝之施松柏，其趣明而未融……终则附庸蔚成大国，殆在东晋乎。”[①]钱先生认为《山川颂》“喻诸心性德行”，而“未尝玩物审美”，确是的论。董仲舒继承性地阐释了孔子以来的“比德”观，他笔下的山水恰如品德完善的君子，又是自然和社会遵循的“天道”，无

① 钱钟书：《管锥编》第3册，中华书局1979年版，第1037页。

所不包，不偏不倚。

除了董仲舒的《山川颂》之外，两汉散文中论及山水的著作还有不少，其中最为重要的应属《淮南子》。《淮南子》又称《淮南鸿烈》，为西汉淮南王刘安召集方士宾客集体编纂而成。《汉书》记载，刘安“招致宾客方术之士数千人，作为内书二十一篇，外书甚众，又有中篇八卷，言神仙黄白之术，亦二十余万言……初，安入朝，献所作内篇，新出，上爱秘之。”[①]《淮南子》各篇出自多人之手，所以并非一家之言，全书各篇章驳杂不一，但是从立意上看，仍是以黄老思想为贯穿全书的中心，正如沈雁冰所言“大意是归宗于老子道德之旨”[②]。

《淮南子》中的山水贯穿全书，几乎涵盖了书中提出的各种概念，也就是说，《淮南子》是对于黄老哲学的继承和发扬。冯友兰曾说，“《淮南子》讲道，虽然也讲宇宙的构成，但主要是从宇宙形成论讲的，就是说，它主要讲的是宇宙的发生和发展的过程。《淮南子》继承稷下黄老学派，提出了一个倾向于唯物主义的宇宙形成论。”[③]正因为《淮南子》的“唯物主义”元素，所以在讨论诸多哲学问题时，基本上都是以山水为事例加以阐发的。

例如阴阳观念，道家思想自古就有以山水喻阴阳的传统，《周易》中就多有用山水表现阴阳的例子。《淮南子》对此加以继承，以水为阴，以山为阳。如《天文训》中说：

> 天地之袭精为阴阳，阴阳之专精为四时，四时之散精为万物。积阳之热气生火，火气之精者为日；积阴之寒气为水，水气之精者为月。日月之淫为精者为星辰。天受日月星辰，地受水潦尘埃。[④]

① [汉] 班固撰，[唐] 颜师古注：《汉书》，中华书局1962年版，第2145页。

② 沈雁冰选注，卢福咸校订：《淮南子》，崇文书局2014年版，绪言第9页。

③ 冯友兰：《中国哲学史新编》（第三册），人民出版社1985年版，第139页。

④ 刘文典撰，冯逸、乔华点校：《淮南鸿烈集解》（上），中华书局2013年版，第95页。

天与地的精气重合形成阴阳，阴与阳的精气团聚产生四季，四季的精气分散形成万物。阳热之气积聚久了便生成火，火气中的精华变成太阳；阴寒之气积聚久了便化为水，水气中的精华变成月亮；日、月的精气相交生成了星辰。天容纳着日月星辰，地承载着水潦尘埃。水成为万物之始。

《地形训》又称：

> 凡地形：东西为纬，南北为经；山为积德，川为积刑；高者为生，下者为死；丘陵为牡，溪谷为牝。①
>
> 山气多男，泽气多女。②

《天文训》载，

> 天圆地方，道在中央。日为德，月为刑。月归而万物死，日至而万物生。③

在这些论述中，山与水之间有着明确的阴阳对应关系。“山”与“川”、“山”与“泽”、“丘陵”与“溪谷”一一对举，并将赋予山水之上的阴阳移用到人类社会，“德刑”“生死”“牡牝”“男女”即说明山与水之间的阴阳对应关系。山象征着阳刚，水象征着阴柔，阴阳互相依存、密不可分。正如《泰族训》中所称：

① 刘文典撰，冯逸、乔华点校：《淮南鸿烈集解》（上），中华书局2013年版，第167页。

② 刘文典撰，冯逸、乔华点校：《淮南鸿烈集解》（上），中华书局2013年版，第168页。

③ 刘文典撰，冯逸、乔华点校：《淮南鸿烈集解》（上），中华书局2013年版，第128页。

夫湿之至也，莫见其形，而炭已重矣。风之至也，莫见其象，而木已动矣。日之行也，不见其移，骐骥倍日而驰，草木为之靡，县熢未转，而日在其前。故天之且风，草木未动而鸟已翔矣，其且雨也，阴曀未集而鱼已噞矣，以阴阳之气相动也。故寒暑燥湿，以类相从；声响疾徐，以音相应也。[1]

在《淮南子》中，寒与暑、湿与燥，都是阴与阳的关系，那么“以类相从”的“类”就是同阴、同阳之“类”，“以阴阳之气相动也”也就是因为同阴、同阳之气而相互感应。

阴阳生成山水，山水孕育万物，万物自依天性，各居其所。“蛟龙水居，虎豹山处”[2]“高山险阻，深林丛薄，虎豹之所乐也……川谷通原，积水重泉，鼋鼍之所便也……咸池、承云，九韶、六英，人之所乐也……深溪峭岸，峻木寻枝，猿狖之所乐也”[3]。

山水不仅孕育万物，而且包孕天地之英华。《地形训》云：“水圆折者有珠，方折者有玉；清水有黄金，龙渊有玉英。”[4]又如《氾论训》云：“夫雌雄相接，阴阳相薄……水生蠬蜃，山生金玉，人弗怪也。”[5]黄金珠玉都是山水激荡、“阴阳相薄”的产物，被视作山水精神的浓缩和精华。所以《地形训》说：

① 刘文典撰，冯逸、乔华点校：《淮南鸿烈集解》（下），中华书局2013年版，第807—808页。

② 刘文典撰，冯逸、乔华点校：《淮南鸿烈集解》（上），中华书局2013年版，第20页。

③ 刘文典撰，冯逸、乔华点校：《淮南鸿烈集解》（上），中华书局2013年版，第417页。

④ 刘文典撰，冯逸、乔华点校：《淮南鸿烈集解》（上），中华书局2013年版，第168页。

⑤ 刘文典撰，冯逸、乔华点校：《淮南鸿烈集解》（上），中华书局2013年版，第550页。

东方之美者，有医毋闾之珣玗琪焉。东南方之美者，有会稽之竹箭焉。南方之美者，有梁山之犀象焉。西南方之美者，有华山之金石焉。西方之美者，有霍山之珠玉焉。西北方之美者，有昆仑之球琳、琅玕焉。北方之美者，有幽都之筋角焉。东北方之美者，有斥山之文皮焉。中央之美者，有岱岳，以生五谷桑麻，鱼盐出焉。[①]

《淮南子》根据前人的经验总结和对地理的观察，提出“水出于山而入于海”[②]。由于西方的地势高，所以河流都源自西方，“西方高土，川谷出焉”[③]。也就是说，水都是生于西部的大山，这些河流顺着地势向东流淌，最终汇入大海，“东方川谷之所注”[④]“故百川并流，不注海者不为川谷”[⑤]。山是水的根本，是水的源头所在，百川之水之所以能日夜不停向东流淌，是因为有大山为之提供绵绵不绝的水源，所以《览冥训》中说：“河九折注于海而不绝者，昆仑之输也。”[⑥]为了证明这一哲学判断，《淮南子》还梳理了各条河流的源头出处：

江出岷山，东流绝汉入海，左还北流，至于开母之北，右还东流，至于东极。河出积石。睢出荆山。淮出桐柏山。睢出羽山。清漳出楬戾，浊漳出发包。济出王屋。时、泗、沂出臺、台、术。洛

① 刘文典撰，冯逸、乔华点校：《淮南鸿烈集解》（上），中华书局2013年版，第167页。

② 刘文典撰，冯逸、乔华点校：《淮南鸿烈集解》（下），中华书局2013年版，第584页。

③ 刘文典撰，冯逸、乔华点校：《淮南鸿烈集解》（上），中华书局2013年版，第174页。

④ 刘文典撰，冯逸、乔华点校：《淮南鸿烈集解》（上），中华书局2013年版，第174页。

⑤ 刘文典撰，冯逸、乔华点校：《淮南鸿烈集解》（下），中华书局2013年版，第832页。

⑥ 刘文典撰，冯逸、乔华点校：《淮南鸿烈集解》（上），中华书局2013年版，第259页。

出猎山。汶出弗其，西流合于济。汉出嶓冢。泾出薄落之山。渭出鸟鼠同穴。伊出上魏。雒出熊耳。浚出华窍。维出覆舟。汾出燕京。衽出渎熊。淄出目饴。丹水出高褚。股出嶕山。镐出鲜于。凉出茅庐、石梁。汝出猛山。淇出大号。晋出龙山结给，合出封羊。辽出砥石。釜出景。岐出石桥。呼沱出鲁平，泥涂渊出樠山，维湿北流出于燕。[①]

诸水分别自众山而出，浩浩东流，最终殊途同归，皆入于海，正所谓“百川异源而皆归于海”[②]。

山水也是神仙生活和出入的地方，这些神仙中最重要的当属西王母，本书其它章节已有详论，不再赘述。西王母之外，还有诸多神祇，如创世之神的二皇（伏羲、神农）及太一神，《本经训》说：

帝者体太一，王者法阴阳，霸者则四时，君者用六律。[③]

秉太一者，牢笼天地，弹压山川……蠉飞蠕动，莫不仰德而生。……是故体太一者，明于天地之情，通于道德之伦，聪明耀于日月，精神通于万物，动静调于阴阳，喜怒和于四时，德泽施于方外，名声传于后世。[④]

太一掌握着包括山川在内的天地间的一切。也有女娲：

① 刘文典撰，冯逸、乔华点校：《淮南鸿烈集解》（上），中华书局2013年版，第181—185页。

② 刘文典撰，冯逸、乔华点校：《淮南鸿烈集解》（上），中华书局2013年版，第513页。

③ 刘文典撰，冯逸、乔华点校：《淮南鸿烈集解》（上），中华书局2013年版，第309页。

④ 刘文典撰，冯逸、乔华点校：《淮南鸿烈集解》（上），中华书局2013年版，第309—311页。

女娲炼五色石以补苍天，断鳌足以立四极。……苍天补，四极正，淫水涸，冀州平，狡虫死，颛民生。背方州，抱圆天，和春阳夏，杀秋约冬，枕方寝绳，阴阳之所壅沉不通者，窍理之；逆气戾物、伤民厚积者，绝止之。[①]

女娲不仅补苍天、正四极，还能治理泛滥的洪水、清除山中的猛兽，还天下百姓以安宁；还有河伯，《原道训》载：

昔者冯夷、大丙之御也……经霜雪而无迹，照日光而无景。扶摇抮抱羊角而上，经纪山川，蹈腾昆仑，排阊阖，沦天门。[②]

“大丙”又作“太白”，许慎注：“冯夷、太白，河伯也。”这里用河伯能够自由地上天入地，揭示其自由浪漫的生活状态，可见《淮南子》推崇“真人”自由自在的境界。

概言之，《淮南子》作为一部以道家思想为中心的杂著，记“古今治乱，存亡祸福，世间诡异环奇之事”[③]，其文句则“奇丽宏放，瑰目璨心，谓狭风霜之气，良自不逐”[④]。之所以能得后人如此评价，就在于文中大量使用山水林木、鸟兽鱼虫等自然事物来阐述玄妙深奥的哲学道理，应该说，山水及其意蕴在《淮南子》中占据了相当重要的地位。《淮南子》主要从以下几方面阐发山水美学。首先是山水的自然之美。在《淮

① 刘文典撰，冯逸、乔华点校：《淮南鸿烈集解》（上），中华书局2013年版，第248—249页。

② 刘文典撰，冯逸、乔华点校：《淮南鸿烈集解》（上），中华书局2013年版，第6—8页。

③ ［清］严可均辑，陈延嘉等校点：《全上古三代秦汉三国六朝文》（第二册），河北教育出版社1997年版，第821页。

④ ［明］胡应麟：《少室山房笔丛》卷28，清光绪广雅书局刻本。

南子》中，山水各具特色，所谓："泰山之容，巍巍然高。"[1]"山高寻云，溪肆无景。"[2]山高水长，"山以之高，渊以之深。"[3]"太山不可丈尺也，江河不可斗斛也。"[4]作为自然物的山水具有崇高、广阔、深远等特征。其次是山水的哲学之美。山水的哲学意义首先在于其包容博大的特性。"夫天地不包一物，阴阳不生一类。海不让水潦以成其大，山不让土石以成其高。夫守一隅而遗万方，取一物而弃其余，则所得者鲜，而所治者浅矣。"[5]山水以其恢宏博大的格局，因物之所为、因物之相然，最终成就无为之美与和谐之景。山水的哲学内涵还表现在其遵循自然之道："故高山深林，非为虎豹也；大木茂枝，非为飞鸟也；流源千里，渊深百仞，非为蛟龙也；致其高崇，成其广大，山居木栖，巢枝穴藏，水潜陆行，各得其所宁焉。"[6]"水下流，不争先，故疾而不迟。"[7]山高水深，造就了奇绝瑰丽的自然环境，同时又在这样的环境中孕育万物。究其原因，就在于山水遵循自然规律。在刘安等人看来，这正是宇宙大道的体现。由此引申到人的道德修养，认为人只要依道而行，顺其自然，其修养自可达到理想境界。最后，山水具有政治意涵。在《淮南子》中，君主的最高境界就是"至德"。《诠言训》中明确指出君主的德行对于治国

① 刘文典撰，冯逸、乔华点校：《淮南鸿烈集解》（下），中华书局2013年版，第632页。

② 刘文典撰，冯逸、乔华点校：《淮南鸿烈集解》（下），中华书局2013年版，第598页。

③ 刘文典撰，冯逸、乔华点校：《淮南鸿烈集解》（上），中华书局2013年版，第2页。

④ 刘文典撰，冯逸、乔华点校：《淮南鸿烈集解》（下），中华书局2013年版，第809页。

⑤ 刘文典撰，冯逸、乔华点校：《淮南鸿烈集解》（下），中华书局2013年版，第823—824页。

⑥ 刘文典撰，冯逸、乔华点校：《淮南鸿烈集解》（下），中华书局2013年版，第811—812页。

⑦ 刘文典撰，冯逸、乔华点校：《淮南鸿烈集解》（上），中华书局2013年版，第27页。

安邦是至关重要的："至德道者若丘山，嵬然不动，行者以为期也。直己而足物，不为人赣，用之者亦不受其德，故宁而能久。"[①]国君必须拥有"至德"，并且让这种"至德"像山丘一样岿然不动地耸立，使之成为国人前进的目标。山高而万物生，但这并不是故意为了恩赐别人，取用的人也不用特别感念山的恩德，所以山才能够安宁而持久。至德之君也是如此，拥有博大的胸怀和崇高的境界，付出而不求回报，博大而取之不尽，更是天下百姓的依赖。

二、两汉史书中的山水

史书在中国起源甚早，最初的史书，大致包括纪言、纪事两大类，降至西汉，自司马迁开辟纪传体，辅以志书表等内容，基本上仍然是以纪言和纪事为核心，涉及山水的内容极少。但由于祭祀乃是国家政治生活的重要内容，祭祀是一种治国之道[②]，如《礼记·祭统》云："凡治人之道，莫急于礼；礼有五经，莫急于祭。夫祭者，非物自外至者也，自中出，生于心也，心怵而奉之以礼。"[③]兼之国家祭祀的对象中，山水又是很重要的部分，因此，在史书的"书"和"志"部分中，我们不仅能一览前人对于山水的记载，也可以从中感受他们对于山水的种种观念。

山岳崇拜，古已有之，前文已有详述。丁山先生说："殷商王朝，祈年于岳，祷雨于岳，有时尊岳神如上帝，用禘礼；典仪之崇，可谓极矣。"[④]随着社会的发展，神权与政权的合一，在人们的宇宙观中，山岳也逐渐成为保持宇宙的秩序与永久性之象征，是人间统治地位和权力、

① 刘文典撰，冯逸、乔华点校：《淮南鸿烈集解》（下），中华书局2013年版，第575页。

② 吴全兰、赵立庆：《西汉"天人感应"思想的伦理意蕴》，《贵州大学学报（社会科学版）》2015年第2期。

③ ［清］孙希旦撰，沈啸寰、王星贤点校：《礼记集解》，中华书局1989年版，第1236页。

④ 丁山：《中国古代宗教与神话考》，上海书店出版社2011年版，第429页。

领土、征服的象征。如《周礼·司服》郑注："冕服九章，登龙于山，登火于宗彝，尊其神明也。九章，初一曰龙，初二曰山……"不仅如此，由于国君和天帝之间的特殊关系（天子），国家的兴盛必然会在特定的山岳上得到印证。《国语·周语上》谓："昔夏之兴也，融降于崇山……商之兴也，梼杌次于丕山……周之兴也，鸑鷟鸣于岐山。"[①]在山川崇拜之中，五岳为尊，而泰山又为五岳之首。泰山在五岳之中并非最高，之所以能取得独尊的地位，一方面固然与齐地战国以来的神仙方术传统有关，另一方面，也与上古时代泰山的地理位置有关。正如吕思勉所说："吾国古代，自称其地为齐州。济水盖亦以此得名。《汉书·郊祀志》曰：'三代之居，皆在河、洛之间，故嵩高为中岳，而四岳各如其方。'以嵩高为中，乃吾族西迁后事，其初实以泰岳为中。"[②]也就是说，商人实际上是以泰山为天下之中。

泰山封禅是古代帝王的一项重要活动。《说文解字》云："封，从土，熏声，爵诸侯之土也。从之土，从寸。寸，守其制度也。公侯百里，伯七十里，子男五十里。"[③]"封"的本义是把土地按爵位等级分封给诸侯。许慎云："禅，祭天也。从示，单声。"段注："凡封土为坛，除地为墠。古封禅字盖只作墠。项威曰：除地为墠。后改墠曰禅，神之矣。服虔曰：封者，增天之高，归功于天。禅者，广土地。应劭亦云：封为增高，禅为祀地。惟张晏云：天高不可及，于泰山上立封，又禅而祭之，冀近神灵也。……但禅训祭天，似当与祡为伍，不当厕此。"[④]段玉裁综合各家学说，认为封乃祭天，禅乃祭地。张守节引《晋太康地记》："为坛于太山以祭天，示增高也。为墠于梁父以祭地，示增广也。祭尚玄酒而俎鱼。

① ［春秋］左丘明撰，鲍思陶点校：《国语》，齐鲁书社2005年版，第14—15页。

② 吕思勉：《先秦史》，译林出版社2016年版，第26页。

③ ［汉］许慎撰，［清］段玉裁注：《说文解字注》，上海古籍出版社1981年版，第687—688页。

④ ［汉］许慎撰，［清］段玉裁注：《说文解字注》，上海古籍出版社1981年版，第7页。

墠皆广长十二丈。坛高三尺，阶三等。而树石太山之上，高三丈一尺，广三尺，秦之刻石云。”[①]张守节称：“此泰山上筑土为坛以祭天，报天之功，故曰封。此泰山下小山上除地，报地之功，故曰禅。”[②]

至于为何封禅，司马迁与班固皆有所论。班固在《白虎通德论》中提出：

> 王者易姓而起，必升封泰山何？教告之义也。始受命之时，改制应天，天下太平，功成封禅，以告太平也。所以必于泰山何？万物所交代之处也，必于其上何？因高告高，顺其类也。故升封者，增高也。下禅梁甫之山，基广厚也。刻石纪号者，著己之功迹也，以自效也。天以高为尊，地以厚为德。故增泰山之高以放天，附梁甫之基以报地。明天地之所命，功成事遂，有益于天地。[③]

在班固看来，古代帝王封禅，通常会在两种情形下进行：王者易姓之际与天下太平之时。选择泰山封禅，是因为泰山为“万物所交代之处”；封于泰山之高，禅于梁甫之厚，乃帝王以封禅沟通天人，宣示其统治的合法性，祈愿国祚永续。

《史记·封禅书》记载了秦始皇和汉武帝封禅泰山的经过，其中对秦始皇封禅记载较为简约：

> 即帝位三年，东巡郡县……至乎泰山下……遂除车道，上自泰山阳至巅，立石颂秦始皇帝德，明其得封也。从阴道下，禅于梁父。

① ［汉］司马迁撰，［宋］裴骃集解，［唐］司马贞索隐，［唐］张守节正义：《史记》，中华书局1959年版，第242页。

② ［汉］司马迁撰，［宋］裴骃集解，［唐］司马贞索隐，［唐］张守节正义：《史记》，中华书局1959年版，第1355页。

③ ［汉］班固：《白虎通德论》卷五《封禅》，四部丛刊景元大德覆宋监本。

其礼颇采太祝之祀雍上帝所用，而封藏皆秘之，世不得而记也。[①]

秦始皇从泰山南坡乘车上山顶，“立石颂德”“明其得封”。后从山北坡下，禅于梁父山，举办祭祀上帝的典礼之后，封藏秘之。汉武帝曾分别于元封元年、元封五年、太初三年、天汉三年、太始四年、征和四年封禅泰山。《汉书·郊祀志下》说：“泰山五年一修封。武帝凡五修封。”[②]汉武帝之所以如此频繁地登泰山封禅，一般认为这与其对自己文治武功的自信有关，封禅“是一种治国纲领的严肃的封面，是一种理想政治的典型的象征，是一种天下大治的成功的信号”[③]。同时也与其求仙、长生的愿望密切相关。钱钟书则更进一步解释：“秦始皇封禅，而不死之方术则别求之海上三山；《淮南、衡山列传》中被述徐福‘伪辞’，言之尤明，所谓‘见海中大神，愿求延年益寿药’也。汉武乃二而一之，故下文公孙卿曰：‘封禅一七十二王，唯黄帝得上泰山封’；申公曰：‘汉主亦得上封，上封则能登天矣’；又丁公曰：‘封禅者，合不死之名也。是泰岱之效，不减蓬瀛，东封即可，无须浮海。”[④]《史记·封禅书》对武帝封禅泰山的记载充满了谶纬方术的气氛。例如元封元年（前110年）首次封禅，就是缘于方士公孙卿编造的黄帝封禅飞升登仙的故事。

卿曰：“申公，齐人。与安期生通，受黄帝言，无书，独有此鼎书。曰‘汉兴复当黄帝之时’。曰‘汉之圣者在高祖之孙且曾孙也。宝鼎出而与神通，封禅。封禅七十二王，唯黄帝得上泰山封’。申公曰：‘汉主亦当上封，上封则能仙登天矣。”[⑤]

① ［汉］司马迁撰，［宋］裴骃集解，［唐］司马贞索隐，［唐］张守节正义：《史记》，中华书局1959年版，第1366—1367页。

② ［汉］班固撰，［唐］颜师古注：《汉书》，中华书局1962年版，第1248页。

③ 王子今：《史记的文化发掘》，湖北人民出版社1997年版，第405页。

④ 钱钟书：《管锥编》，中华书局1979年版，第289页。

⑤ ［汉］司马迁撰，［宋］裴骃集解，［唐］司马贞索隐，［唐］张守节正义：《史记》，中华书局1959年版，第1393页。

值得注意的是，《史记》中多次提到秦汉之际的封禅活动，却对泰山的山川之形、草木之状只字不提，仅在元封元年封禅泰山之前，用“草木叶未生”短短五字将泰山景貌一带而过。如果说司马迁之所以不写西汉以前的泰山景色，是由于其不曾亲眼看见，不易落笔，那么，他自称“余从巡祭天地诸神名山川而封禅焉”，则是曾经跟着汉武帝参加封禅活动，亲眼见过泰山的景致以及汉武帝封禅活动的过程的。这只能说明，在司马迁看来，封禅活动中最重要的是仪式本身，而泰山美景对于他来说，则完全没有审美意义，因此在字斟句酌、惜墨如金的《史记》中，不着点墨也是情理之中的。

但是《后汉书·祭祀志》注引应劭《汉官》收录的东汉马第伯撰《封禅仪记》，却与《史记》《汉书》等完全不同，几乎把一篇封禅仪式记录写成了风景游记。马第伯，史籍失载。建武三十二年（56年），光武帝刘秀封泰山，马第伯作为随员一同前往，为记录这次封禅活动写了《封禅仪记》。文章中将泰山的雄险和奇丽生动地描述出来，可谓独树一帜。在叙述登泰山的过程中，马第伯生动地描写了泰山的雄伟和险峻：

> 是朝上山，骑行。往往道峻峭，不骑，步牵马。乍步乍骑，且相半。至中观，留马，去平地二十里。南向极望无不睹。仰望天关，如从谷底仰观抗峰。其为高也，如视浮云；其峻也，石壁窅窱，如无道径。遥望其人，端端如杆升，或以为白石，或以为冰雪。久之，白者移过树，乃知是人也。①

骑马上山，然而遇到陡峭的山路，只好走一段骑一段，然而这还不算艰难，到达中观时，马再也上不去了，由此向南望去，所有的景物一览无余，但从此处向天关仰望，却有如从山谷中看绝顶高峰，直上浮云。再看那险峻程度，石壁幽昏，仿佛没有上山的路径。那些向上攀登的行

① 倪其心、费振刚、胡双宝等选注：《中国古代游记选》上，中国旅游出版社1985年版，第1页。

人，仿佛在顺着旗杆往上爬。

接下来，作者通过描述自己登山之艰难，继续叙写泰山的高峻，同时夹有风景描绘，使情景交融，引人入胜：

殊不可上。四布僵卧石上，有顷复苏，亦赖赍酒脯。处处有泉水，目辄为之明。复勉强相将行。

到天关，自以已至也。问道中人，言尚十余里。其道旁山胁大者广八九尺，狭者五六尺。仰视岩石，松树郁郁苍苍，若在云中。俯视溪谷，碌碌不可见丈尺。遂至天门之下。仰视天门，窔辽如从穴中视天窗矣，直上七里。赖其羊肠逶迤，名曰环道，往往有絙索可得而登也。两从者扶掖，前人相牵。后人见前人履底，前人见后人顶，如画重累人矣，所谓磨胸捏石扪天之难也。初上此道，行十余步一休。稍疲，咽唇燋，五六步一休。牒牒据顿，地不避湿暗，前有燥地，目视而两脚不随。

早食上，晡后到天门。[1]

山路极难攀登，累了就四肢展开僵卧在大石头上，靠喝点酒、吃点东西长些力气，相互搀扶着再次上路。虽然累，但沿途俱是美景，处处有山泉，流水淙淙，在阳光下亮晶晶地闪烁着。到了天关，自以为到顶了，问道中的行人，他们说还有十多里才能到天门。接下来的登山道路更加险峻，岩石上的松树，郁郁苍苍，如长在云中一般。俯视山涧溪流则幽深昏暗，只能隐约见到。终于攀到南天门下，仰视南天门，如同洞中看天一样，还有七里路呢，是一条陡而上的羊肠小路，名叫环道，设有绳索供人抓着攀登。后人只见前人鞋底，前人只见后人头顶，像画中一样，重重垒叠。这就是人们说的手攀岩石、胸摩石壁的上天门。文章层层深入，愈写愈艰，愈写愈奇，把登山之苦乐表现得淋漓尽致。对景

① 倪其心、费振刚、胡双宝等选注：《中国古代游记选》上，中国旅游出版社1985年版，第1—2页。

物的描写，则更为传神，完全把读者带入了泉流淙淙、山路回转、苍松奇石相掩映、行人奋力攀登于其间的神奇美景中，令人流连忘返。

小　结

从文本的角度看，文献中有关山水的内容很多，人们熟悉山水，也热爱山水，山水与先民们的生活密切相关。值得注意的是，在不同类型的文献中，山水呈现的面目不尽相同。在赋体文献中，各地的山川林泽被反复摹写，一望无尽的旷野、千里浩渺烟波、万仞峻岭崇山，以及其中的丰富物产，皇帝或者贵族畋猎的豪壮整齐的队伍等，被反复铺陈夸饰，并由此触景生情，兴会淋漓，与现实中的国家强盛、国富民殷，以及人生的坎坷不平相联系，在写实主义的基调上，附丽了诸多浪漫主义的色彩。与此形成鲜明对照的是，两汉诗歌和散文中的山水则往往与神仙信仰密切相关，无论是皇家祭祀歌辞，还是士人诗歌，甚或是民间歌谣，都充斥着对于神仙的仰慕、对神仙世界的摹写，甚至对于人神交往的期待和向往。在各类诗歌中，早先还模糊着的神仙形象被具象化，人神分际也逐渐模糊，神仙不再高高在上，转而与人类频繁交往交流，并为人类提供助益，帮助他们实现长生的梦想。史书中对于山水的描写显然受到汉代歌赋的神仙思想影响，对于神仙所居山水有所提及，但作为辑录史实的文献，神仙及山水显然并非史书关注的重点，这一点在《封禅仪记》中表现得尤为明显，在这篇文章中，泰山的神格不见了，作者完全是从人的视角描写泰山，以完全写实的手法记载登山的过程及所见所闻，成为后世山水游记的雏形。

第三章　汉代墓葬壁画中的山水形象构建

汉代宫廷中已经有专业画工。根据《后汉书·百官志》的记载，东汉时期宫廷中设有“少府”，专门负责为皇帝提供手工业服务，少府的属官中，就有“画室署长一人”[①]。其职责是管理皇家画室，画室内有专门的“黄门画者”或“尚方画工”，这些画工可以根据皇帝的意旨，随时绘制皇帝需要的绘画作品。如《汉书·霍光金日磾传》中曾记载，汉武帝为了让大臣霍光能够尽力辅佐年幼的昭帝刘弗陵，“乃使黄门画者画周公负成王朝诸侯以赐光”。颜师古注云：“黄门之署，职任亲近，以供天子，百物在焉，故亦有画工。”[②]《后汉书·姜肱传》记载，姜肱被汉桓帝征辟，但他没有应征，于是“桓帝乃下彭城使画工图其形状。肱卧于幽暗，以被韬面，言患眩疾，不欲出风。工竟不得见之。”[③]从这段文献来看，派去描画姜肱形貌的“画工”并非出自宫廷，而是来自“彭城”。又《汉书·景十三王传》：“（广川惠王刘越）殿门有成庆画，短衣大绔长剑……画工画（陶）望卿舍，望卿袒裼傅粉其傍。”[④]说明不仅宫廷内设有专门的绘画机构，诸侯王甚至地方署衙中也有专事绘画的画工。

至东汉明帝刘庄时，宫廷的绘画机构有所扩大。据张彦远《历代名画记·叙画之兴废》载：“汉明（帝）……又创立鸿都学，以集奇艺，天

① ［宋］范晔撰，［唐］李贤等注：《后汉书》，中华书局1965年版，第3594页。

② ［汉］班固撰，［唐］颜师古注：《汉书》，中华书局1962年版，第2932页。

③ ［宋］范晔撰，［唐］李贤等注：《后汉书》，中华书局1965年版，第1750页。

④ ［汉］班固撰，［唐］颜师古注：《汉书》，中华书局1962年版，第2428—2429页。

下之艺云集。”[①]除了宫廷原有的画工，还从民间征集，征集的对象应该是民间画手中的佼佼者。对于这些画工的工作《历代名画记》也有详细说明：“（汉明帝）诏博洽之士班固、贾逵辈取诸经史事，命尚方画工图画。”[②]“尚方画工”的主要任务，是根据“博洽之士”精心挑选的历史人物和故事，绘制成各种画幅，宫廷的壁画、缣帛卷轴画等，当出自他们之手。

西汉元帝刘奭永光建昭年间的有名画工，有杜陵人毛延寿，他的人物画非常出色，“为人形，丑好老少，必得其真”[③]。汉元帝后宫佳丽太多，就让画师图形，然后根据美丑按图召幸，于是这些画工就有了一条生财之道。给钱的宫人就画漂亮些，不给钱的就画丑些。王嫱没有给画工的钱，于是画工毛延寿就把她画得很丑，当然也就不会被召幸。后来汉朝的属国南匈奴的首领入长安朝觐天子以尽藩臣之礼，并自请为婿，汉元帝就把很“丑”的宫女王嫱赏给了他。直到王昭君上殿辞行的时候，汉元帝才发现她是绝世美人。汉元帝一怒杀了宫廷画工，毛延寿当然也在所难免。[④]安陵人陈敞、新丰人刘白和洛阳人龚宽，擅长画牛马，但是在画人物方面比不上毛延寿等人，下杜人阳望、长安人樊育，也善于绘画，“尤善布色”[⑤]。除此之外，还有东汉灵帝光和年间的画家刘旦、杨鲁，“待诏尚方，画于鸿都学”[⑥]。

汉代的民间画工，由于社会地位低下，他们的姓名大都湮没无闻，

---

① ［唐］张彦远撰，周晓薇点校：《历代名画记》，辽宁教育出版社2001年版，第3页。

② ［唐］张彦远撰，周晓薇点校：《历代名画记》，辽宁教育出版社2001年版，第43页。

③ ［晋］葛洪撰，周天游校注：《西京杂记》，三秦出版社2006年版，第68页。

④ ［晋］葛洪撰，周天游校注：《西京杂记》，三秦出版社2006年版，第68页。

⑤ ［唐］张彦远撰，周晓薇点校：《历代名画记》，辽宁教育出版社2001年版，第45页。

⑥ ［唐］张彦远撰，周晓薇点校：《历代名画记》，辽宁教育出版社2001年版，第45页。

只有极少数名字通过工艺品或石刻题名流传下来。出自汉乐浪郡的建平三年漆奁，盖上铭文中有“画工丰”等制作者名字；乐浪出土的汉漆器中，记有画工姓名的有数十人。从乐浪、长沙等地出土的汉代彩绘漆器中，都可以看到这些民间画工的惊人技艺。画像石上也往往镌刻有工匠的名字，如参与秦君石阙雕刻的石巨宜，参与建造山东芗他君石祠的操义、荣保、代盛、邵强生等。

东汉以后，少数上层知识分子也兼涉绘事，而成为中国古代绘画史上第一批被人传颂的名画家。其中张衡、蔡邕、刘褒和赵岐最为人们熟知。

张衡曾在上疏中提到，“譬犹画工，恶图犬马而好作鬼魅，诚以实事难形，而虚伪不穷也”[①]。道出了绘画重在真实的见解。张彦远《历代名画记》说他“性巧”“善画”，并引《异物志》说建州浦城水边有“豖身人首”的神兽，张衡前往描画其形象，这个怪兽潜入深潭不肯出来，有人让他拿开纸笔，怪兽果然出来了。“平子拱手不动，潜以足指画兽。”[②]此说固不足信，而附会者无非意在赞赏张衡写生状物能力之高。

蔡邕字伯喈，陈留圉人。东汉灵帝时为议郎，因上书论朝政阙失获罪，流放朔方。董卓专权时被任为侍御史，官左中郎将。卓被诛后，邕被捕，死于狱中。蔡邕为当时的著名学者，善鼓琴，工书画，又擅辞赋，尤以擅长隶书著称。其绘画活动在史书上记载颇多，他曾经在鸿都学绘制孔子及七十二弟子像，还应汉灵帝的旨意画过赤泉侯五代将相，张彦远《历代名画记》称：“邕书画与赞皆擅名于代，时称‘三美’。”[③]

刘褒在东汉桓帝时官蜀郡太守。张彦远《历代名画记》称其“曾画

① ［宋］范晔撰，［唐］李贤等注：《后汉书》，中华书局1965年版，第1912页。

② ［唐］张彦远撰，周晓薇点校：《历代名画记》，辽宁教育出版社2001年版，第45页。

③ ［唐］张彦远撰，周晓薇点校：《历代名画记》，辽宁教育出版社2001年版，第45页。

《云汉图》，人见之觉热；又画《北风图》，人见之觉凉。”[①]刘褒所画的《云汉图》，应为根据《诗经·云汉》内容绘制的，《云汉》一诗，表现的是国君求雨的场景，《北风图》则是表现《诗经》中“北风其凉，雨雪其雾”的诗意，算得上是见于记载的最早的两幅“诗意”画。

赵岐字邠卿，京兆长陵人，《历代名画记》对他的记载尤简：“多才艺，善画。自为寿藏于郢城，画季札、子产、晏婴、叔向四人居宾位，自居主位，各为赞颂。”[②]他临终之前，自己亲营墓室，自绘壁画，他一改当时官僚豪强间非常流行的宣扬物欲权势、声色犬马之好的车马出行、宴饮庖厨、乐舞百戏之类题材内容，而画他所仰慕的先秦时期政治家季札、子产、晏婴、叔向四人肖像，同时也画上自己的像，“皆为赞颂”，表示他对这些人物的追念与评价。

从史书记载和考古发现的情况来看，汉代的绘画形式多样，种类繁多，内容十分复杂，大致包括：纪念性绘画，如光武帝时期绘制的《云台二十八将》；警戒教化类绘画，如汉武帝时期绘制的《周公负成王》、众多《列女图》《孝子图》等。但绝大多数绘制在建筑上的作品都是兼具装饰功能和象征意义，例如东汉王延寿《鲁灵光殿赋》记录了鲁灵光殿里各种图像的内容：“图画天地，品类群生。杂物奇怪，山神海灵。”[③]完全可以设想，当人们驻足其间，不仅会被鲁灵光殿繁丽的图像所吸引震撼，感受到它的华丽和主人的权势，也能从每个不同图像中体会到当时人们的各种信仰。

由于年代久远，附丽于建筑物或各种器物上的汉代绘画，绝大多数已经难觅踪迹。但考古发现的汉代墓葬中，我们仍然能够一窥当时的绘画盛况，并从中发现汉代上流社会的主流观念和思想。

---

① ［唐］张彦远撰，周晓薇点校：《历代名画记》，辽宁教育出版社2001年版，第45页。

② ［唐］张彦远撰，周晓薇点校：《历代名画记》，辽宁教育出版社2001年版，第45页。

③ 王友怀、魏全瑞主编：《昭明文选注析》，三秦出版社2000年版，第71页。

第一节　汉代墓葬壁画的分布

汉代墓葬壁画的发现始于20世纪初，其中年代较为可靠的墓葬壁画包括辽宁辽阳太子河迎水寺壁画墓和河南洛阳八里台壁画墓。日本侵占东北期间，又调查和发掘了若干汉代壁画墓。

汉代壁画墓的大规模发现和发掘是在中华人民共和国成立以后，中国考古工作者在半个多世纪中发现、发掘了大量汉代壁画墓，其中已经发现的汉代壁画墓有五十余座。

从地域分布上来看，壁画墓主要分布在北方地区如河南、山西、陕西、甘肃、辽宁等地，山东、河北等省也有少量分布。贺西林将汉代壁画墓的分布概括为四个区域，包括以河南为中心的中原及其周边地区、内蒙古中南部和陕西北部长城沿线地区、甘肃河西地区、辽阳地区等[①]。黄佩贤则将其划分为六个区域，即以洛阳为中心的中原地区、以陕西西安为中心的关中地区、以辽宁辽阳为中心的东北地区、以内蒙古为主的北方地区、甘肃河西走廊一带的河西地区、苏鲁豫皖交界的东方地区等[②]。

本文大致将汉代壁画墓的分布分为以下几个地区。

其一是洛阳及其周边地区，包括河南洛阳、偃师、荥阳及山西夏县、平陆等地区。西汉初年洛阳经战火侵袭之后已残破不全，其市场建设也无从谈起，经西汉200余年的发展，到西汉末年洛阳市场已渐具规模。《汉书·食货志》记载：“（王莽）遂于长安及五都立五均官，更名长安东西市令及洛阳、邯郸、临淄、宛、成都市长皆为五均司市师。东市称京，西市称畿，洛阳称中，余四都各用东西南北为称。”[③]25年，东汉定

① 贺西林：《古墓丹青：汉代墓室壁画的发现与研究》，陕西人民美术出版社2001年版，第66页。

② 黄佩贤：《汉代壁画墓的分区与分期研究》，《考古与文物》2010年第1期。

③ ［汉］班固撰，［唐］颜师古注：《汉书》，中华书局1962年版，第1180页。

都洛阳，标志着洛阳市场兴盛期的开始，具体表现为市场规模增大，数量增多。其中较为著名的有三大市场，即大市（又名金市）、马市和南市。《河南志·后汉城阙古迹》"三市"条引华延编《洛阳记》曰："大市名金市，在城中。南市在城之南。马市在大城之东。"显然，在城中的大市是为皇室贵族和达官贵人服务的，而分布于城外的马市和南市则是供平民交易的场所。

这一地区的壁画墓主要包括洛阳机车工厂壁画墓[①]、偃师杏园村壁画墓、洛阳西工壁画墓、洛阳第3850号壁画墓、洛阳朱村壁画墓、洛阳烧沟61号壁画墓、洛阳卜千秋壁画墓、洛阳浅井头壁画墓、洛阳金谷园新莽壁画墓、洛阳金谷园东汉壁画墓、洛阳北郊壁画墓、河南新安铁塔山M4壁画墓、密县打虎亭2号画像石和壁画墓、密县后士郭画像石和壁画墓、密县后士郭3号壁画墓、荥阳苌村壁画墓、山西夏县王村壁画墓、山西平陆枣园村壁画墓等。

其二是徐州及其周边地区，这一地区在东汉属徐州刺史部及豫州刺史部南部。汉武帝元封五年"初置刺史部十三州"，其中就包括徐州及豫州，东汉因袭，徐州辖境大约相当于今苏北和鲁东南地区，而豫州辖境则基本相当于今皖北及豫东地区。这一地区气候适宜，土地肥沃，陂塘众多，"厥田惟中上"。农业和经济作物生产发达。这一地区的壁画墓包括江苏徐州黄山陇壁画墓、河南永城梁王壁画墓、山东梁山后银山壁画墓、安徽亳县童园村1号画像石和壁画墓等。

其三为青州中北部和冀州西南部地区，这两个地区在东汉时期非常富庶。史书记载："旧幽部应接荒外，资费甚广，岁常割青、冀赋调二亿有余，以给足之。"[②]即便经过汉末三国及西晋之乱，青冀二州仍然保持了相当的稳定和富裕。史书称，十六国时期，"青齐沃壤，号曰'东秦'，土方二千，户余十万，四塞之固，负海之饶，可谓用武之国"。南朝刘宋

① 本文所提到的壁画墓，都是根据发掘时发掘报告所命名的，不随行政区划变迁而更改，特此说明。

② ［宋］范晔撰，［唐］李贤等注：《后汉书》，中华书局1965年版，第2354页。

时期，“青州丰穰，济漕流通，士马饱逸，威力无损”。[①]

这两地发现的壁画墓数量不多，迄今只发现山东济南青龙山画像石和壁画墓、河北望都所药村1号和2号壁画墓、河北安平逯家庄壁画墓等。

其四为陕西北部及内蒙古南部，在东汉时期属并州刺史部。从西汉开始，本地区设立上郡、西河、北地、定襄等郡。形成了以中小型城市、军事堡垒、村落等聚落系统，定居的生活方式也进一步促进了农业生产的发展。两汉时为巩固西北边疆，还曾数次向西北一带大规模移民。据《史记》与《汉书》记载，两汉时期流向本地区的移民总数达数百万。随着大量内地汉族军民的迁入，内地先进的农业生产方式、农业文化意识在本地区占据了主导地位。

本区域的壁画墓包括内蒙古托克托县壁画墓、内蒙古鄂托克旗凤凰山M1壁画墓、包头张龙圪旦M1壁画墓、内蒙古和林格尔新店子壁画墓、郝滩东汉壁画墓、靖边老坟梁东汉壁画墓、靖边杨桥畔东汉壁画墓、百子村东汉壁画墓等。

其五为辽阳及其周边地区，辽阳两汉时称襄平，为辽东郡治所。《汉书·地理志》记载：“辽东郡，秦置，属幽州，县十八。”实际上，辽东郡自战国燕国时期就已经设立。辽东郡虽然远离中原，但其经济发展却与中原富庶地区基本一致，“有鱼盐枣栗之饶”。尤其是辽阳，作为郡治数百年，是辽东地区的经济和文化中心，富商大贾和高级地方官吏均在此云集。

这一地区的壁画墓包括辽宁辽阳律台子屯2号壁画墓、辽阳南林子壁画墓、辽阳北园1号壁画墓、辽阳北园2号壁画墓、辽阳北园3号壁画墓、辽阳迎水寺壁画墓、辽阳棒台子屯1号壁画墓、辽阳棒台子屯2号壁画墓、辽阳南雪梅村壁画墓、辽阳鹅房1号壁画墓、辽阳三道壕3号壁画墓、辽阳旧城东门里壁画墓等。

其六为关中及河西地区，这一区域以关中地区为核心，兼有河西地区，关中是西汉龙兴之地，两汉时期是全国重要的政治中心，又“膏壤

① ［梁］沈约：《宋书》，中华书局1974年版，第1449页。

沃野千里”，农业生产发达。《史记·货殖列传》称，关中之人“益玩巧而事末”，商业化程度很高，因此能以天下三分之一的土地和十分之三的人口创造出十分之六的财富，而“天水、陇西、北地、上郡与关中同俗”①。陕西的大部分壁画墓就位于关中地区，包括甘肃酒泉下河清1号壁画墓、西安交通大学附小壁画墓、西安曲江池1号壁画墓、陕西咸阳龚家湾1号壁画墓、甘肃武威韩佐五坝山壁画墓、武威磨嘴子壁画墓、甘肃民乐八卦营1、2、3号壁画墓等。

上述两汉壁画墓葬，地域分布上具有以下几个方面特点。一、北方分布集中，南方则分布稀少甚至阙如。两汉壁画墓的分布基本上位于淮河以北，淮河以南地区迄今为止尚未发现。二、以黄河中游地区为中心，迄今为止发现的两汉壁画墓以洛阳及其周围地区最为集中，其余地区则数量较少。三、两汉壁画墓多分布于州郡治所周围，其余地区较少。徐州、辽阳、西安等城市在两汉时期，不仅是所属地域的政治文化中心，也是经济中心，聚集了大量的富商巨贾及达官贵戚，这就为营建豪华的壁画墓葬准备了必要的条件。

两汉墓葬中的壁画内容丰富，大致包括宇宙天象与仙灵祥瑞、神怪灵异、生活场景、历史故事和历史人物，需要说明的是，并非所有画面中都包含有山水形象，上述壁画中带有山水形象元素的，只有十一座。这十一座带有山水形象元素的壁画墓，分布于山西、陕北、内蒙古南部、河南、河北、甘肃等地区。

① ［汉］司马迁撰，［宋］裴骃集解，［唐］司马贞索隐，［唐］张守节正义：《史记》，中华书局1959年版，第3261—3262页。

第二节　以洛阳为中心的河南、山西地区彩绘壁画

一、卜千秋墓中的壁画

洛阳卜千秋墓为洞穴砖室，平面呈中状，主室用特制空心大砖构建，耳室则用小砖和楔形小砖砌成。墓室内系彩绘壁画，其作画程序是，绘画之前，先在壁面上施一层白粉，然后落墨上彩。绘画内容包括天境、各种神祇、祥瑞图像、禳解图像和墓主人夫妇升仙图像。在墓顶脊上绘有伏羲女娲及日月等，在伏羲身后（东侧）皇蛇下绘有一只兔子，四足站立在一块山石上，低着头似乎正在吃身边的仙草[①]。

此墓壁画的绘制，似与一般墓室壁画有所不同。其是由工匠事先把专门设计和烧制的空心砖编号排列，经过打底、绘制图像之后运送到墓室内，在墓室内重新装配、砌筑[②]。中国画重要表现手段之一的线描，其功能在这一墓室壁画中得到了相当出色的发挥，壁画中的点画也非常考究，匠师们力求表现出对图像局部细节的特殊质感。

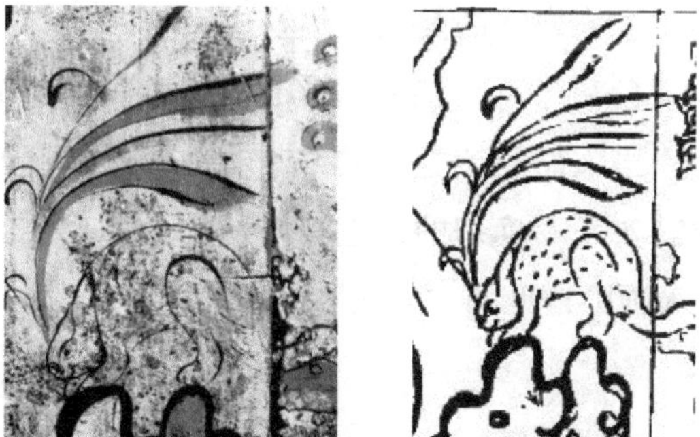

图3-1　卜千秋墓壁画中的山石和仙草(引自《洛阳西汉卜千秋壁画墓发掘简报》)

① 洛阳博物馆：《洛阳西汉卜千秋壁画墓发掘简报》，《文物》1977年第6期。

② 陈少丰、宫大中：《洛阳西汉卜千秋墓壁画艺术》，《文物》1977年第6期。

二、洛阳烧沟61号汉墓中的壁画

洛阳烧沟61号汉墓壁画亦绘制于西汉后期，其年代大约在元帝至成帝之间（前48—前7年）。墓的中室以立柱隔梁分为前后室，壁画绘于墓顶、门额、隔墙和后壁上。内容有日月天象、驱邪打鬼和历史故事，门内的门额正中有加饰彩绘的浮雕羊头，一旁画有虎吃旱魃的形象，具有驱邪祈福的意义。前室顶脊绘流云日月星象图，特别是隔墙上绘“二桃杀三士”和“孔子师项橐”历史故事，以简明的画面表现较为复杂的情节。人物作平列构图，粗鲁少谋的三勇士争桃时之激愤通过夸张的造型鲜明地跃出壁面。墓室的后墙壁画内容曾被认为是鸿门宴故事，但画面正中有一形象怪异之巨人享用酒肴，与卜千秋墓后室壁画相参照，此亦应为辟邪驱鬼之方相氏，汉代习俗以大傩保护死者平安，故墓室壁画中出现此类内容与形象。墓室隔墙后面壁画上还有乘龙登天形象的彩绘雕砖，则表现了升仙的愿望①。

值得注意的是，位于墓室后壁山墙之上有一幅《宴飨图》壁画，整个画面以山峦为背景，山的形象非常简单，外轮廓采用墨线勾勒的方法，用笔有粗细之别，线条之间的叠压、组合关系符合山势的规律。在这条墨线以下，染以紫色和绿色，三者结合起来，可以看到山的形体被基本勾勒出来。然而，当人们细读笔墨的细节时，可以惊喜地发现，说外轮廓是勾勒的墨线其实是不确切的，它更多的是由一个个的“竖点”所构成，这与后世山水画中常见的“点法”相类，用以表现树木。

① 河南省文化局文物工作队：《洛阳西汉壁画墓发掘报告》，《考古学报》1964年第2期。

图3-2　洛阳烧沟61号汉墓墓室后壁壁画(引自《洛阳西汉壁画墓发掘报告》)

三、后士郭东汉壁画墓中的壁画

后士郭东汉壁画墓（M3）位于密县城西北3.5公里处。墓室结构包括墓道、墓门、甬道、中后两个墓室及四个耳室等九部分，各室均和中室相通，斜坡墓道在墓室的南部。墓门南与墓道连接，墓门由柱石和门额石组成门框。墓门后为甬道，甬道与中室连接，中室平面作横长方形，与甬道呈丁字状布局。中室北壁部分刻有画像，部分绘有壁画，南壁和东壁转角处绘有壁画，但漫漶不清。西室隔门洞与中室相通，门洞由立柱和门额构成，后室位于中室之北，与其呈丁字状排列；南北耳室位于后室西东部并与后室并列，有门与中室相通。

壁画绘制方法是先在砖壁或石壁上涂一层白粉，将白粉层抹平后，再于其上用黑色或红色线条勾勒物象的轮廓，最后在人物或景物上涂色，用于平涂的颜色包括红、绿和黑色。

壁画的内容是：在画面偏东部绘有一处连绵起伏的山峦，山峰多层，前后叠压，山顶部绘有两只黑色凤鸟，细腿长颈尖喙，作对立互视状。靠左侧的一只凤鸟，展翅翘尾，张口鸣叫，右侧的一只凤鸟尾巴下垂，脖子前伸，口中似乎衔着一条蛇，形象逼真生动。在大树的左下侧，一老年模样的人坐在红色木车上，老人的姿态和形象生动逼真，他留有长须，头上挽着发髻，并用布带绑扎，头部略微上扬，双目向左注视。他的肩上扛有一根鸟形拐杖，这是一根鸠杖，是汉朝政府尊老的象征。此外，在画面中部的大树下方，还绘制出两个对面而立的人物。其中靠左面的一个人头挽发髻，并扎绿色布巾，他面朝右方，头部略微上扬，腰略向前弯，双目前视，身穿绿色长衣，似乎在与对面的一人交谈，或者正准备与对面的人一起用力抬物[①]。

图3–3　树木凤鸟图（引自《中国出土壁画全集》河南卷）

四、平陆枣园村汉墓中的壁画

该墓葬于1959年被发现，为一券顶砖墓，由墓道、墓室和墓室南侧的耳室组成，主室平面呈长方形。墓室内原来满绘彩色壁画，作画的程序是：先于壁上涂一层掺有麦糠的泥土，外敷白粉，再于其上作画。壁画为墨勾彩绘，即用墨线勾勒轮廓，再敷设色彩，其所施色彩有数种，因其浓淡不同，故又形成浅蓝、灰、浅红、橙黄等不同颜色。

四壁壁画脱落严重，能够辨认的仅有藻井和墓壁上部的少量画面。藻井主要绘有大幅四灵形象，苍龙位于拱券北壁，白虎在拱券南壁，玄武位于后壁上端，有龟而无蛇，朱雀已经脱落，四灵之间满布灵动的云气纹，还可辨认出有一百多颗星宿，以及日月、白鹤和柳树等形象。

四灵的下方绘制山水、树木牛车、人物等形象，其中西壁绘一处房

① 安金槐：《河南密县后士郭三号汉墓调查记》，《华夏考古》1994年第3期。

屋，房屋左右各有一棵垂柳，房前道路宽阔，路的另一侧有农夫驱牛耕田。北壁壁画内容可分两组，东边一组绘丛山峻岭，山中有树摇曳婆娑，飞鸟翱翔，奔鹿徜徉。山前有一座似四合院式的建筑物，应为地主的坞壁，从残存的画面来看，坞壁内应该有重楼。西边以山中小溪为画面中心，溪流上下方各有一条路，上方路的尽头处有房屋，另一端有两辆牛车，下方路上有人荷担而行，有农夫在驾牛耕田①。

这些壁画，是东汉早期人们的思想意识、社会生产劳动和生活情景的缩影，是一批较为珍贵的早期绘画资料。特别是三足耧的出现，说明远在一千八九百年前，我国的农业生产工具已相当先进，这一点也已引起国内外学者的关注。这比全国著名的内蒙古和林格尔汉墓壁画时代要早，绘画内容虽不及和林格尔汉墓丰富，然而绘画技巧绝不逊色。尤其值得注意的是，平陆枣园村汉墓中出现了较为系统的山水图像，从壁画的表现主题来看，画面的处理较为独立和完整；从画面的整体构图分析，十分接近于传统卷轴山水画的构图模式。壁画中山峦的“置陈布势”显然经过了画工的精心构思，山峦的走势呈“S”形，使云气的流动性加强，也使得山的气势更加宏大。

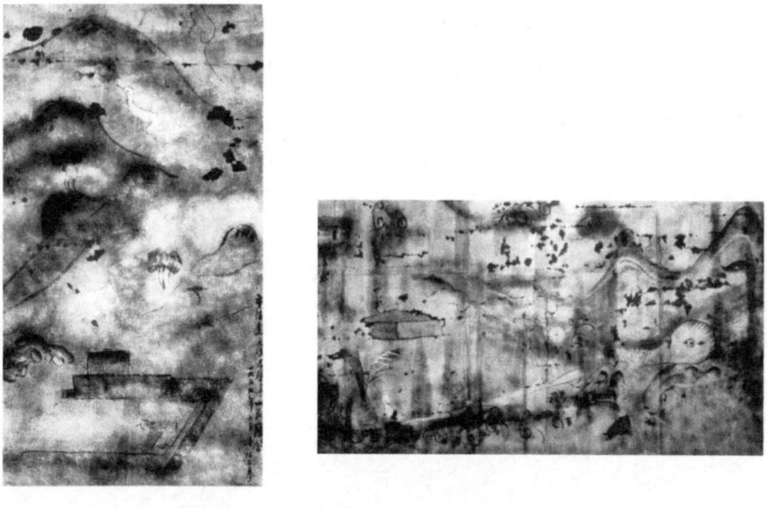

图3–4　平陆枣园村东汉壁画墓壁画（引自《中国出土壁画全集》山西卷）

① 山西省文物管理委员会：《山西平陆枣园村壁画汉墓》，《考古》1959年第9期。

五、夏县王村东汉壁画墓中的壁画

该墓葬为一座砖砌多室券顶壁画墓。甬道两侧墙壁用条砖泥浆错缝平砌，券砌拱券顶。除北耳室外，墓内砖壁土皆有彩绘痕迹。壁画绘制的程序是：作画前先在砖壁上用一至二层白灰泥抹平，为了使泥和墓壁结合紧密，白灰泥中掺有草糠；其次刷一层很薄的白灰浆做底，最后在白灰浆层上进行绘画。

由于泥水淤积漫漶及人为破坏，现存壁画不多。其中横前室墓顶北段为《乐舞宴饮图》；甬道两侧墙壁分三层构图，上层为官吏，中层为出行仪仗，下层为士卒队伍；横前室四壁分四层，分别绘有轺车、从骑、仪仗、属吏、宴饮、出行等画面；北后室东端壁面绘《庄园图》。

值得注意的是横前室墓顶南段的《仙人导引图》，在墓顶的灰色画底上，以土红色颜料绘制卷曲的云朵纹，一笔一朵，云朵尾部露飞白。在券顶东侧绘层峦叠嶂，山上象征性地绘出几棵树，群山之间云气流动，以及露出头和尾的虎。墓室东壁起券处，绘有羽人形象，他们肩生双翼，身着交领长袍，或乘着展翅振翮的飞鹤，或骑坐巨首修鳞的大鱼。

画面中的群山系用粗墨笔涂抹而成，山形圆滑，坡度不大，层层叠叠，状如鱼鳞，与汉画像石中的山表现方式较为一致①。

① 山西省考古研究所、运城地区文化局、夏县文化局博物馆：《山西夏县王村东汉壁画墓》，《文物》1994年第8期。

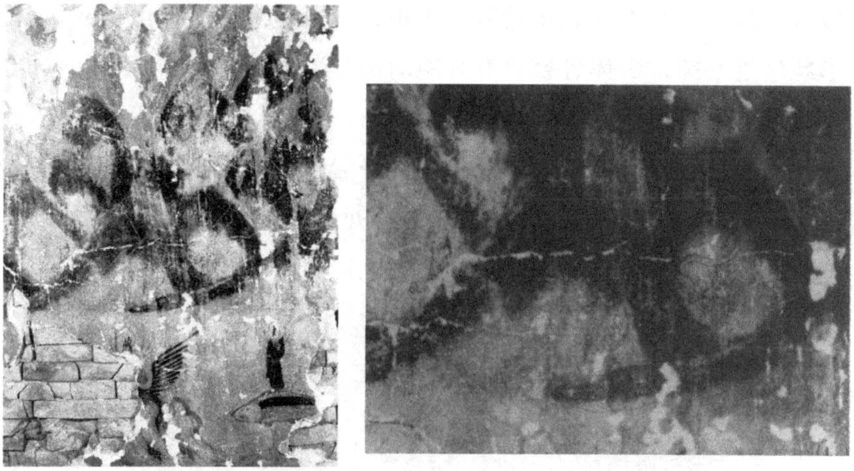

图3-5　仙人导引图（引自《山西夏县王村东汉壁画墓》）

第三节　上郡、定襄和武威郡地区的彩绘壁画

一、郝滩东汉壁画墓中的壁画

郝滩东汉壁画墓位于陕西定边县郝滩乡四十里铺村西北，该墓葬是一座带有斜坡墓道的土洞墓，坐南向北。墓室内除左耳室外，其余壁面均绘有壁画。

墓室壁画绘制程序大致为，先用草拌泥抹平壁面，再在其上刷一层白灰浆，再刷一层青绿色矿物颜料为底色。壁面修整好之后，在整个墓室壁面绘红褐色带状，将壁面分隔为六个部分。壁画的内容大致可以分为十个部分。内容包括墓主夫妇并坐、庭院、农作、狩猎、车马出行、放牧、墓主人升仙和西王母饮乐等[1]。

其中特别值得注意的是墓室南壁上的《狩猎图》，《狩猎图》上方有

① 陕西省考古研究所、榆林市文物管理委员会：《陕西定边县郝滩发现东汉壁画墓》，《考古与文物》2004年第5期。

庭院等建筑，还有农人正驱赶着牛耕田，下方即为群峰，山峦起伏，山的形状略近半圆，山体各处绘有奔跑的山羊、兔子、野猪等，一只老虎的半身从上方的山边露出，在画面正中的山体上，一头鹿正在一边奔跑一边回头张望，身上插着两支箭，在它身后不远处，一名猎手正策马追赶，猎手头戴巾帻，身穿红色袍服，正拉开弓弦瞄准野鹿准备射击。

壁画是用黑、白、红、蓝四种颜料绘成，颜色非常艳丽。

图3-6　郝滩东汉墓里的壁画山峦（引自《陕西定边县郝滩发现东汉壁画墓》）

二、百子村东汉壁画墓中的壁画

百子村东汉壁画墓（M1）位于旬邑县百子村砖厂，该墓葬墓道为南向，墓斜坡墓道带一个天井，并在前室、后室、东西侧室绘有内容丰富的壁画。内容包括门者、苑厩、仓楼、放牧、牛耕、射猎、庖厨、星相、方相氏等，引人注目的是大量的题材为属吏及墓主夫妇，壁画旁均附有朱书或墨书榜题。壁画以墨线勾勒，然后添色，主要采用了白描和没骨技法，代表了当时绘画艺术的发展水平①。

① 陕西省考古研究所：《陕西旬邑发现东汉壁画墓》，《考古与文物》2002年第3期。

图3-7　百子村东汉墓墓室北壁的树（引自《中国出土壁画全集》陕西卷）

三、嘎鲁图汉代壁画墓中的壁画

嘎鲁图汉代壁画墓位于内蒙古自治区鄂尔多斯市乌审旗嘎鲁图镇。2001年抢救性清理发掘2座，分布于低缓丘陵的顶部，开凿于砂岩中，为带斜坡墓道的洞室墓，墓室平面呈长方形。四壁及顶部绘有精美的壁画，内容为持吾执豆侍奉图，以黑盖轺车为中心的出行图，宴饮、抚琴、舞蹈、庭院楼阁图，以及绘有奔驰的骏马、牴斗的公牛、悠闲觅食的群羊、翱翔天空的鹤、雁的草原风光图，星象祥云图等。绘画技法娴熟，色彩艳丽。但是该墓葬壁画资料尚未正式公布①。

① 杨森宽等主编：《鄂尔多斯知识大辞典》，内蒙古人民出版社2006年版，第150页。

图3-8　嘎鲁图汉墓前室西壁北段壁画《侍奉图》中的树
（引自《中国出土壁画全集》内蒙古卷）

四、鄂托克旗凤凰山1号墓中的壁画

内蒙古鄂托克旗凤凰山1号墓墓室西壁上绘有一幅山水形象。该墓平面呈“十”字形，墓口为仿木结构，墓室为硬山式顶，墓底两侧起生土二层台，后壁正中有一个弧形顶壁龛。墓内室顶和四壁满绘彩画，可辨识的有10余组[①]。壁画内容丰富，色彩艳丽，布局严谨，技法娴熟，造型生动，线条流畅，富有浓厚的生活气息。其中墓顶绘星象图。黑色天空，用白色绘出星、云及月亮，星大小不一，月中绘有蟾蜍和玉兔。

① 仍可辨识的10余组壁画包括：墓顶绘由星、云、月、月中蟾蜍和玉兔组成的天象图。墓门绘仿木结构。前壁墓门两侧各绘2人。后壁壁画分上、下两部分，上部绘两猛兽作抵触状，下部长方形画面绘栏杆、半月形垂帐、门洞、门吏、狗等。东壁壁画左侧上部绘垂帐，垂帐下绘多种兵器陈设和独角兽，右侧绘一座庭院的左半部分，庭院内有宴饮和舞乐百戏的场面，庭院前方大门外画面右下绘有牛车、马车各1乘，庭院左墙外有狗追兔画像。西壁画面左侧绘一座庭院的右半部分，可与绘于东壁的一座庭院的左半部分合而成一幅完整庭院图，其下有车骑出行场面，导骑前有迎面而来的狗、猪和家禽等；画面中部上方绘舞乐百戏、射猎、空中白鹭等，下方绘水池和池中白鹭；画面右侧上方绘垂帐，帐下绘山林田野耕作和放牧情景。

值得注意的是墓室西壁绘制的壁画左侧为《庭院图》，院角望楼外绘一台榭，以立柱和斗拱支撑。台榭上方的天空中有五只白鹭，成一行飞翔。绘六个人物，人物中的三名男子均戴贤冠，身着红色长袍，腰系束带，其中两人仰面举弓，向天空中的飞禽发射；另一人蹲于地上，正在拉弓射箭。另外三名女子正在跳舞，动作轻盈优美。中间一人身着蓝色长袍，两边二人身着红色长袍。台榭下绘一水池，水池两侧绘蓝色竖线条以表示围栏，水中有水鸟在游动。水池边绘一农人在田间耕作，农人的身后水池边绘有一排树木。

西壁右侧绘《高山放牧图》，画面中部是层峦叠嶂的群山，山坡和山顶绘有树木，粗干细枝，树冠弯曲，树上及天空有黑色鸟雀，山坡上、树林中有牛羊徜徉其间，其中两座山峰的顶上，坐着两个牧人，均身着黑色衣服，头戴黑色小帽，怀中抱着短鞭，正在放牧，在山脚下，有一位农夫正手扶犁柄，驱牛耕田①。

图3-9　鄂托克旗凤凰山1号墓壁画中的山水形象(引自《中国出土壁画全集》内蒙古卷)

五、鄂托克旗米兰壕1号墓中的壁画

1999年8月，鄂尔多斯博物馆和鄂托克旗文物管理所联合考古队对

① 内蒙古文物考古研究所编：《内蒙古中南部汉代墓葬》，中国大百科全书出版社1998年版，第161—175页；马利清：《内蒙古凤凰山汉墓壁画二题》，《考古与文物》2003年第2期。

位于鄂尔多斯鄂托克旗乌兰镇附近的一批被破坏的汉墓进行抢救清理发掘，获得重大发现。米兰壕汉墓共有6座，其中3座是彩绘壁画墓，为带斜坡墓道的洞室墓，墓室平面呈长方形，个别墓葬在墓室旁带有耳室。其时代为东汉时期，3座墓内共保存有东汉壁画200多平方米。此处汉墓壁画是鄂尔多斯地区汉墓壁画最为丰富的一处。其中1号墓的壁画内容相当丰富，主要有围猎、亭台楼榭、黑盖轿车出行、帷帐、武器、夜安、晾衣、动物、星云、歌舞等。画面以土黄色打底，左段绘5位身着绿衣的骑士，骑马挽弓，正在捕猎梅花鹿、岩羊、野兔等，人物和动物之间穿插以漫卷的曲线以黑白两色绘出，画面的右部以粗墨线勾画出重重山峦。墨线以下又以浅蓝、淡紫、白色勾描二山间所生的一棵棵大树，一群黑色的牛羊形体过大，姿态僵硬，不像左部白色的梅花鹿那般生动①。

图3-10　米兰壕1号墓壁画中的山（引自《中国出土壁画全集》内蒙古卷）

六、和林格尔新店子1号东汉壁画墓中的壁画

该壁画墓由墓道、甬道、墓门及多墓室组成。壁画遍布全部墓壁及各个甬道的两壁，直到墓室顶部。其中，前室壁画分三层：上层大部分脱落，从残存的形象来看，可能表现的是祥瑞及天神图像；中层画墓主

① 鄂尔多斯市博物院、鄂尔多斯市文物考古研究所、鄂托克旗文物管理所：《内蒙古鄂托克旗米兰壕东汉壁画墓（2015EMM1）清理简报》，《文物》2023年第5期。

人生前的为官经历；下层画墓主人的官曹属吏等人物。前室北耳室甬道左壁绘“共官掾史”，分为上下两部分，上部为主客对坐宴饮，下部为《庖厨图》，仆人们正在宰羊椎牛。甬道右壁亦绘《庖厨图》，画面中有厨炊、井、灶，横梁上挂着鱼、肉、雉、兔等食物，榜题“竈”字。耳室顶部有云纹及斗栱。东壁画牧羊图及坞壁，坞壁墙上有高楼，内有积谷。坞壁外为羊群，羊群前方有三乘马车，驰向幕府，表示车马盈门的气象，南壁为《农耕图》，北壁左边绘有“谷仓”，右边绘二人正加工粮食。前室南耳室甬道门右壁绘《观鱼图》，主人临轩观看捕鱼，与之相对的左壁，绘有井、灶、奴仆、厨炊等事。南耳室西壁画《牧马图》，与之相对的是东壁《牧牛图》，画有骑马的牧人和马群牛群。

中室南壁的左下方，绘“繁阳县□官寺”，即繁阳县衙。与之相对，在南壁甬道门的右下方，绘有两幅城垣地图。

西壁中部一直连到北壁中部偏左，为墓主人《夫妇燕居图》。在夫妇二人右上方绘一座方形院落，旁边榜题“□□少授诸先时舍”。院落右面有一列人物手捧竹简肃立，应该是墓主生前的属吏或者学生。

从西壁右下方到北壁左下方，绘有各种祥瑞图像，但多数漫漶不清，形象难以辨认。中室的南壁北壁和西壁等处，均绘有圣贤、豪杰、孝子、贤妻、良母等历史故事，共八十多则。中室南侧室甬道左壁绘有《侍宴图》，画面中五名男性奴仆手捧圆形食具，正向主人奉酒和各种肴馔。右壁画两株果树，果树下有栏杆，果树上方有鸟、鹊飞鸣，栖息其间。

后室南壁绘《庄园图》，庄园被崇峦疏树环抱，长廊列舍参差错列，各种家禽家畜成群，还有仆役在进行耕作、酿造等日常劳作。北壁左侧绘有重楼双阙，栏杆用朱红色勾画，楼高两层，栏杆密布，楼阙外为丛林，其中双阙旁边有一棵茂盛的桂树，树下站立二人，身穿皂衣，腰系束带，左侧之人仰首，左手向上似乎有所指示，右侧之人正在张弓欲射。旁边有榜题“立官桂□”。

和林格尔汉墓壁画色彩丰富，据研究，绘制墓葬壁画时所使用的颜料有土红、朱砂、赭石、石黄、石青等矿物颜料，画工们已经掌握渲染、赋彩的技巧，使得整个画面华丽多彩。他们也能熟练地使用线条，直接用色彩勾勒画面，在线条运用上，轻重转折，宛转自如[①]。

七、五坝山汉墓中的壁画

这一地区迄今发现的彩绘壁画汉墓数量较少，带有山水形象元素的壁画墓则只有五坝山汉墓一处。

武威县韩佐乡红花村五坝山汉壁画墓未见正式发掘报告。这座壁画墓为单室墓，墓室平面呈长方形。墓顶、墓上部和门道已遭破坏，从残存的墓室下部来看，四壁都满绘彩色的壁画。壁画的色彩丰富鲜艳，有头绿、浅绿、石黄、石青、朱磦、白等色，绝大部分是矿物质颜色。

墓葬的正壁（北壁）绘开明兽、不死树和舞伎，画面表现的是昆仑仙虚的景象，东壁绘墓主人燕居和神仙羽人等形象，墓主人夫妇身旁有若干侍者，南壁损毁严重，从残存的画面上大致可以推断描绘的是坞壁、碉楼等建筑物，表现的是墓主人的庄园。

这座墓葬中最重要的是西壁上绘制的狩猎和放牧图，画面中以黑色的奔动的粗弧线勾勒出层叠的山冈的外廓，或在黑线山廓外复置一道绿线或在黑线山廓内渲染一片浅白色。除此之外，匠师们为了表现群山的深厚之感，还在山的廓线内用阔笔斜向或横向反复皴擦，并在山峦上写意地表现松柏类的树木，反复点染，以示山林的翠郁。在山林的右下部，用黑色画两头家畜，呈影像效果。

西壁的左半部分描绘了山林中狩猎和畜牧的场面，一猎人头戴梁冠，身穿系有腰带的黄袍，骑马引弓挽射。在其前方，有一向前奔逸的鹿，鹿的头部已遁入隐没在山峦间。在奔鹿的上方，还有用白色画成的四只站立的羊。再往前的山峦中，画一骆驼，昂首嘶鸣，作行走状。隔山另

① 内蒙古文物工作队、内蒙古博物馆：《和林格尔发现一座重要的东汉壁画墓》，《文物》1974年第1期；另参见内蒙古自治区博物馆文物工作队编：《和林格尔汉墓壁画》，文物出版社1978年版。

有一骆驼，仅露出头部和前身，也作昂首嘶鸣状。张朋川估计该墓室壁面高约1.5米，而北壁壁画中残存的层山图像的高度就已经达到1.14米，层叠的山峦树林才是画面的主角，人和动物只是其中一小部分，起点缀作用[①]。

第四节　汉墓彩绘壁画山树的形态分析

一、山的形态分析

汉代墓葬中的彩绘壁画，墓室壁画虽比不上画像石（砖）内容题材那么丰富广泛，但仍然从各个侧面反映了当时不同阶层人们的意识形态和社会生活。西汉和东汉在壁画内容上，一方面有着明显的因袭关系，另一方面也有着明显的不同。西汉壁画由于受当时社会盛行的阴阳五行、方士巫术、黄老谶纬、天人感应等方面的思想制约，在内容上充满了神奇虚幻和海阔天空的想象，如乘龙升仙、傩戏打鬼、天象神祇，以及远古神话中的伏羲女娲等，也有一些借古鉴今的历史故事如二桃杀三士、鸿门宴等。到了王莽时期，增加了写实性生活题材，特别是到了东汉时期，随着豪强地主的庄园经济的发展，相应的内容与日俱增，反映统治阶级上层人物生前生活情景的内容更多，如出行、宴饮、庖厨、乐舞、六博、对弈等，成为常见的画题，更多描写墓主生前的地位和威仪，祥瑞吉利的图像也逐渐取代了驱疫辟邪的内容。

正因为墓葬壁画的写实性，在两汉时期的墓葬壁画中保留了一定数量的山形象和树形象。

就山的形象而言，目前所见属于西汉时期的仅有一处，为河南芒砀山西汉梁王墓。在该墓葬南壁绘制的一座绵延起伏的高大神山，山顶绘

① 张朋川：《由五坝山西汉墓壁画论我国早期山水画》，载《黄土上下：美术考古文萃》，山东画报出版社2006年版，第119—123页。

制了一棵树，有干无枝，树上结着一枚仙果，山中有朱雀、灵芝等各种祥禽瑞兽[①]。

东汉时期山形象相对较多，山的形态也各不相同，大致可以分为以下几种。

其一为三角形山。这类型山的外形略呈三角形，山峰尖耸，山坡和山腰往往略呈弧边形，主峰的前面及两侧，也用粗细不等的墨线绘制出大小不等的三角形，以表现峰峦叠嶂、群峰交错的形态。如和林格尔汉墓壁画《庄园图》中的山。

图3–11　和林格尔汉墓壁画《庄园图》中的山
（引自《和林格尔汉墓壁画》）

其二是蘑菇状的山。这一类型山只出现于郝滩汉墓中，在墓室的西壁下部为墓主人《升仙图》和《西王母宴乐图》。画面中的墓主人站立在灰色的云朵上，面向西王母，神态虔诚。而西王母身穿淡红色的交领长衫，双手交叠放于身前，趺坐于昆仑山顶，身旁是两个身穿交领长衫的侍女。昆仑山状如石笋，高大峭拔。群山之中有三座高峰，形如蘑菇状。

① 阎道衡：《永城芒山柿园发现梁国国王壁画墓》，《中原文物》1990年第1期。

图3-12　郝滩东汉壁画墓《西王母宴乐图》中的山
（引自《陕西定边县郝滩发现东汉壁画墓》）

其三是波浪状的山。这一类型的山形在墓葬壁画中最为常见。其特点是山峰自然起伏，既不像和林格尔墓葬中的三角形尖山，也不像郝滩东汉壁画墓中的蒙古包式的平山，山形起伏和缓，状如波浪。如山西平陆东汉墓《山峦庭院图》中的山、洛阳烧沟西汉61号墓《宴飨图》中的山，以及陕西靖边杨桥畔二村新莽墓壁画中的山等。

图3-13　山西平陆东汉墓《楼耕图》
（引自《中国出土壁画全集》山西卷）

图3-14　山西平陆东汉墓《山峦庭院图》
（引自《中国出土壁画全集》山西卷）

图3-15　洛阳烧沟61号汉墓壁画《执戟持剑图》(引自《洛阳西汉墓发掘报告》)

图3-16　陕西靖边杨桥畔二村新莽墓壁画(引自《壁上丹青:陕西出土壁画集》)

二、树的形态分析

两汉墓室壁画中的树形象，大致可以分为以下几种。

第一种是桂树。其基本图像是由大树、树上的鸟或者猴、树下的仰射猎手等元素构成，在汉画像石中非常常见。有学者认为这类图像借用“爵”寓意“爵位”，“猴”“侯”谐音的特点，称其为《射爵射侯图》，表达的是追求富贵的含义[①]。也有学者认为其具有标志方位的作用[②]。还有学者指出这些树就是普通的树，既不是仙界的神树或者圣树，射鸟者也

① 邢义田：《汉代画像中的“射爵射侯图”》，《“中央研究院”历史语言研究所集刊》第七十一本，2000年版。

② 蒋英炬：《汉代画像“楼阁拜谒图”中的大树方位与诸图像意义》，载《艺术史研究·第6辑》，中山大学出版社2004年版。

只是普通装束的凡人，并非神仙[①]。综合现有的资料，笔者认为，第三种看法是比较符合实际的，画面中的树就是现实生活中的桂树。

墓葬壁画中桂树的形象均较为写实，树干粗壮，树枝远递，树叶茂密婆娑。

图3-17　陕西百子村东汉墓壁画《射雀射猴图》（引自《中国出土壁画全集》陕西卷）

图3-18　和林格尔汉墓壁画《立官桂树图》（引自《中国出土壁画全集》内蒙古卷）

图3-19　山西平陆东汉墓《牛耕图》（引自《中国出土壁画全集》山西卷）

第二种为扶桑树。《说文·叒部》称："日初出东方汤谷，所登榑桑。叒木也。""榑桑"即"扶桑"。扶桑是生长在东方（东极）汤谷之上的一

① 信立祥：《汉代画像石综合研究》，文物出版社2000年版，第97—99页。

种神树，它高达三百里，枝叶如芥叶，是太阳栖居和升起的地方，有十个太阳居住其上，所以扶桑又名太阳树。除了作为神树外，扶桑还作为太阳之神受人崇拜。《山海经》中有多处记载扶桑树，如《山海经·海外东经》："汤谷上有扶桑，十日所浴，在黑齿北。居水中，有大木，九日居下枝，一日居上枝。"[①]扶桑又名扶木，《山海经·大荒东经》云："大荒之中，有山名曰孽摇頵羝。上有扶木，柱三百里，其叶如芥。有谷曰温源谷（即汤谷）。汤谷上有扶木，一日方至，一日方出，皆载于乌。"[②]墓葬壁画中的扶桑树干枝柔曲，树根发达，树干上有细密的鳞片状树纹，树枝上似乎没有树叶，正如《山海经》中记载的"叶如芥"相吻合。在树梢上有一只黑色的鸟栖息，应为神话中的"乌"即太阳。

图3–20　山东梁山县后银山东汉墓前室东壁北段"扶桑树"
（引自《中国出土壁画全集》山东卷）

第三种为神树，包括月宫中的桂树，以及其它神话故事中的树。如洛阳烧沟61号汉墓壁画中的一幅名为《虎食旱魃图》的画面中就有一棵神树。墓门门额上的空心砖中上部雕刻的是一只象征着吉祥的羊头，而

① 袁珂校注：《山海经校注》，上海古籍出版社1980年版，第260页。

② 袁珂校注：《山海经校注》，上海古籍出版社1980年版，第354页。

在羊头的左部则绘有一幅虎吃女魃图，一棵弯曲的树上挂着一件红衣服，上空飞着三只小鸟。树下躺着裸体的女魃，其头发缠绕在树的上面，右臂向上伸，两乳下垂，身上站立着一只长有羽翼的老虎，虎的右爪抓住女魃的头部，嘴则咬着女魃的右肩，虎尾高高地翘起。关于这幅画面所表达的含义，各有其说，有的认为是地神崇拜和除魅消旱观念的反映[①]，也有人认为羊头和虎吃女魃的结合，表现了逢凶化吉的寓意。

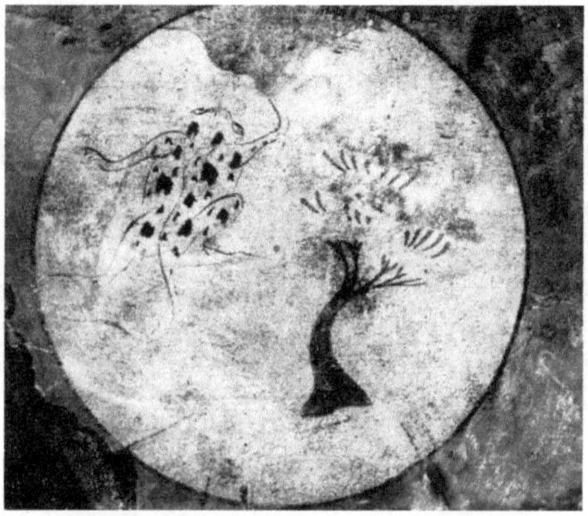

图3-21　洛阳烧沟卜千秋墓壁画《月轮图》(引自《洛阳西汉卜千秋壁画墓发掘简报》)

图3-22　洛阳烧沟61号汉墓壁画《虎食旱魃图》(引自《洛阳西汉壁画墓发掘报告》)

① 洛阳市第二文物工作队、黄明兰、郭引强编著：《洛阳汉墓壁画》，文物出版社1996年版，第22—23页。

小　结

在两汉时期的墓葬图像类型中，壁画是数量相对较少的一类。尽管如此，已发现的墓葬壁画中的山水树木数量也足以让我们一窥这一时期以彩绘方式制作的山水形态。

两汉时期的壁画墓分布较为集中，以河南中部、内蒙古南部及甘肃中东部地区等为主，年代则从西汉中期直至东汉，与画像砖石的时间跨度基本一致。壁画所使用的色彩依时间和地域的不同而有所变化，河南和甘肃地区的墓葬壁画基本上都是在白底上以黑、赭、红等颜色绘制，陕北地区多绘制灰色地仗，再用黑、白、红、绿等颜料绘制形象，值得注意的是，内蒙古和林格尔地区的部分墓葬壁画采用了石青、石绿等颜料，色彩更加丰富，也是后世青绿山水的滥觞。

从壁画内容上看，这一时期墓葬壁画中的山水与以下几方面内容相关：其一是神仙和长生信仰，如陕北郝滩墓中的《西王母宴饮图》、夏县王村墓中的《神仙引导图》以及洛阳卜千秋墓中的《乘龙图》等；其二是现实生活再现，如山西平陆东汉墓中的《耧耕图》《庭院图》、和林格尔墓中的《庭院图》、郝滩墓中的《狩猎图》等；其三是祭祀类图像，如和林格尔东汉墓中的《桂树双阙图》《立官桂树图》、陕西百子村东汉墓中的《射雀射猴图》以及山东梁山县后银山东汉墓中的扶桑树形象等，则反映了当时人们的社树崇拜。

由于都是用作墓葬内壁装饰，因而它们又具有性质上的相同性和形象上的相似性，例如内蒙古米兰壕东汉墓壁画中的山石，其形态特点与早期河南郑州地区画像砖上的山石几乎完全一致，明显是受到后者的影响，表明墓葬图像传统具有超越时空的承续性。墓葬壁画的绘制与帛画、画像砖石等其它图像制作方式有所不同，这就导致墓葬壁画中的山水树木等形态与其它图像存在着一定差异，例如墓葬壁画中的山石树木人物等较画像砖石更写实，色彩更丰富，画面也更加生动。

第四章 汉代画像砖石中的山水形象构建

第一节 画像砖石的区域形态

一、画像石的分区

据不完全统计，迄今为止，在全国范围内发现和发掘的两汉时期画像石墓已经有三百余座，各地出土的汉画像石总数已经超过一万块。其分布范围，东起海滨，西到甘肃、四川，北自陕西、北京，南达云南昭通。信立祥将两汉画像石的分布区域划分为五个地区：（一）山东省全境、江苏省中北部、安徽省北部、河南省东部和河北省东南部；（二）以河南南阳为中心的河南省西南部和湖北省北部地区；（三）陕西省北部和山西省西部地区；（四）四川省和云南省北部地区；（五）洛阳及周围地区[①]。蒋英炬等则将其划分为四个区域：一是山东、苏北、皖北、豫东区；二是豫南、鄂北区；三是陕北、晋西北区；四是四川、重庆、滇北区[②]。

本文认为，两汉画像石的分布范围广，但从已发现的情况来看，呈现出各地分布不均的现象，以苏鲁豫皖四省交界地区最为密集，其次是

① 信立祥：《汉代画像石综合研究》，文物出版社2000年版，第13—15页。

② 蒋英炬、杨爱国：《汉代画像石与画像砖》，文物出版社2001年版，第18—19页。

河南南部的南阳地区、陕北和晋西北地区、成都平原及其周围地区，河南中部的洛阳及其附近地区画像石分布较少，但制作精美。且上述地区在两汉时期或为各地的中心城市，或距离中心城市不远。因此，笔者将两汉时期的画像石分布划为五个区域。

其一是以两汉青州和徐州为中心的区域，以及豫州和兖州的一部分，包括今山东省全境、江苏省中北部、安徽省北部、河南省东部和河北省东南部组成的广大区域。主要的发现地点有山东嘉祥、金乡、东阿、鱼台、微山、济宁、曲阜、泗水、邹城、长清、肥城、泰安、枣庄、阳谷、平邑、平阴、费县、临沂、苍山、莒县、沂南、沂水、安丘、即墨、高密、章丘、福山、诸城、济阴，江苏徐州、铜山、睢宁、邳州、新沂、丰县、沛县、东海、连云港、赣榆、清江、宿迁、泗洪、泗阳、宝应、射阳，安徽淮北、宿州、亳州、定远，河南东部永城、鹿邑、夏邑、安阳等市县。

该地区是汉画像石分布地域最广、最密集的一个区域。这首先缘于该区域名冠一时的经济和文化条件，青州在西周以降属于齐、鲁，不仅自古以来就是“通鱼盐之利，而人物辐辏”的富庶之地，而且是孔孟儒家学说的发祥地，有着悠久深厚的文化传统。就山东地区而言，在西汉政府最重视的冶铁、制盐和丝织业三大官营手工业中，山东地区所占经营比例均为全国之首。以冶铁为例，据《汉书·地理志》记载，当时全国共设铁官47处，其中在今山东一地就有12处，占全国铁官总数的24%。而且山东的铁官基本均匀分布于全省各地，连最边远的胶东半岛也都有设置。冶铁作坊规模大，工匠人数多，“一家聚众，或至千余人”[①]。这说明山东产铁之多和冶铁业之普遍发展，也说明山东冶铁业在全国所占之重要地位。根据《汉书·地理志》统计，西汉政府在全国设置35处盐官，其中山东地区就有11处，占全国总数的近三分之一。这些

① ［汉］桓宽著，王利器校注：《盐铁论校注》，天津古籍出版社1983年版，第74页。

盐场“募民自给费，因官器作煮盐”[①]“民得占租鼓铸、煮盐之时，盐与五谷同价，器和利而中用”[②]。特别是设在当时临淄的三服官即官方的丝织作坊，“方今齐三服官作工各数千人，一岁费数巨万。”[③]“织作冰纨绮绣纯丽之物，号为冠带衣履天下”。不仅如此，齐鲁之地历来是儒学兴盛之地，在两汉崇尚儒术的政治背景之下，这一地区出现了大量依靠儒学晋升的官僚，“汉兴以来，鲁东海多至卿相”[④]，该地区的政治和文化环境也远较其它地区为高。

汉画像石分布最集中的徐州周围地区，是两汉楚国和彭城国统治的中心区域，境内河流纵横，成为江淮通往中原的水运枢纽，发展为商业都会。西汉平帝时，彭城人口已达20万，是当时江苏境内最大的城市。这一地区土地肥沃，灌溉农业发达，广泛种植各种粮食作物和桑麻等经济作物。纺织业也位居当时国内前列，冶铁业也得到充分发展，设有彭城、下邳等铁官，徐州利国至今还存有汉代冶铁遗址。繁荣的徐州在两汉时就城镇林立，较有名气的有彭城、丰城、沛城、下郊和武原等。两汉共十八代诸侯王及其荫封的子孙在这里留下了众多规模巨大的坟墓，其中不少是画像石墓。

第二个分布区是以河南南阳为中心的河南省西南部和湖北省北部地区。其范围北起河南省的叶县、襄城，南至湖北省当阳、随县，汉画像石的主要发现地点有南阳、唐河、邓州、桐柏、社旗、方城、新野、叶县、襄城、当阳、随县等。从考古发现看，这里画像石的出现时间可能早到西汉中晚期之交，是汉画像石的最重要的发祥地。

第三个分布区是陕西省北部和山西省西部地区。汉画像石集中分布在陕西省的绥德、米脂、榆林、神木、子洲、清涧、吴堡、彬州和山西

① ［汉］班固撰，［唐］颜师古注：《汉书》，中华书局1962年版，第1165页。

② ［汉］桓宽著，王利器校注：《盐铁论校注》，天津古籍出版社1983年版，第437页。

③ ［汉］班固撰，［唐］颜师古注：《汉书》，中华书局1962年版，第3070页。

④ ［汉］班固撰，［唐］颜师古注：《汉书》，中华书局1962年版，第1663页。

省的离石、柳林、中阳等地点。

第四个分布区是四川省和云南省北部地区。汉画像石集中分布在长江支流的嘉陵江和岷江流域，主要发现地点有四川省的成都、彭山、乐山、新津、新都、梓潼、雅安、宜宾、渠县、忠县、合川和云南昭通等地点。

第五个分布区是河南省洛阳市周围地区。主要汉画像石发现地点有洛阳市、密县、登封等。

除了上述五个汉画像石分布区，在北京市、天津武湾、甘肃成县、江苏镇江和苏州、浙江海宁等地点也发现了少数汉画像石。

在这五个汉画像石分布区中，第一和第二分布区，已发现和发掘出大量西汉中期画像石墓，是汉画像石的两大发源地，同时也是影响最大的两个汉画像石分布区。特别是第一个分布区，已发掘出的汉画像石不仅所属年代早，延续时间长，题材内容丰富，雕刻技法多样，配置规整严谨，而且类型齐全，墓室、石棺、祠堂、碑、阙画像石和摩崖造像一应俱全，是汉画像石艺术发展水平最高的一个区域。第三和第四分布区，其画像石年代虽迟至东汉早中期之交，但都有强烈而鲜明的地方特色。尤其是第四个分布区，在这一地区广泛流行的画像崖墓和画像石棺为其他地区不见或少见，而且其所属年代最晚也可至三国蜀汉时期。需要说明的是，洛阳及其周围地区是唯一一个没有自身地方特色的汉画像石分布区，之所以将其列为一个独立的分布区，一是因为发现的汉画像石具有一定数量，二是其地理位置正好处于其他四个分布区中间，是个非常敏感的地区，通过对这一地区汉画像石艺术风格变化的考察，可以清楚地看出各分布区汉画像石影响力的消长和各分布区之间在画像石制作技术方面的交流和影响。

汉画像石主要分布在这五个区域绝不是偶然的，这与当时这些地区经济、文化的发达有着直接关系。青州、徐州地区是两汉经济、文化繁荣发达的中心区域之一。南阳地区在两汉时期为荆州刺史部的南阳郡，南阳郡的治所宛，地处南北交通要冲，为当时最大的南北贸易集散地，汉政府在这里设置了铁官、工官等官营手工业工场，至迟到西汉中期，宛已发展成全国最著名的工商业城市之一。由于西汉召信臣等人在任南阳太守期间，实行劝农政策，大规模兴修水利，使南阳郡“比室殷足”“蓄积有余”“户口增倍”，农业生产呈现一派繁荣景象。召信臣也因此深受南阳人爱戴，被尊称为“召父”[①]。据《汉书·地理志》记载，南阳郡到西汉晚期有三十六县，户口359316户，人口1942051[②]，已经成为全国最大的郡之一。特别需要指出的是，东汉王朝的开国皇帝光武帝刘秀的出生地就是南阳郡。刘秀是南阳郡蔡阳县人，其直系祖先作为皇族的一支，公元前1世纪被封到南阳郡并迅速在当地发展起了家族势力。在王莽时期全国性的社会大动荡中，刘秀就是以南阳刘氏家族和南阳豪族的势力为核心，在逐鹿中原中击灭其他割据势力而登上皇帝宝座的。东汉建立后，很多南阳郡出身的近亲和功臣得到刘秀重用，被任命为朝廷重臣。在三十二位开国功臣中南阳郡出生者占了十三位，云台二十八位将军中南阳郡出生者占了十一位，“南阳帝乡，多近亲”[③]。东汉时期，与南阳郡豪族重臣联姻成为东汉朝廷的风尚。据统计，东汉时期，有5位皇后、1位贵人是南阳人，被封在南阳郡的公主有7人之多[④]。正因为是“帝乡”，南阳郡在经济发展的同时，人口也迅速增加。据《续汉书·郡国志》载，东汉时期南阳郡有（县）城三十七个，户数528551户，人口2439618人。东汉时期全国人口的最高数字比西汉时期略少，但南阳郡东汉时期的户口数和人口数都明显高于西汉时期，这充分说明了当时南阳郡的繁荣。

四川和云南北部是两汉时期西南地区经济中心。公元前4世纪末，秦昭王灭巴、蜀后，以李冰为蜀守，在成都平原兴建了都江堰水利工程，

---

① ［汉］班固撰，［唐］颜师古注：《汉书》，中华书局1962年版，第3642页。

② ［汉］班固撰，［唐］颜师古注：《汉书》，中华书局1962年版，第1563页。

③ ［宋］范晔撰，［唐］李贤等注：《后汉书》，中华书局1965年版，第781页。

④ 肖亢达：《汉代南阳郡与南阳汉画像石》，载《汉代画像石研究》，文物出版社1987年版，第33页。

“于是蜀沃野千里，号为‘陆海’。旱则引水浸润，雨则杜塞水门，故记曰：水旱从人，不知饥馑，时无荒年，天下谓之‘天府’也”①。两汉时期，成都地区经济得到进一步发展，“民食稻鱼，亡凶年忧，俗不愁苦”②，号称“天府”。西汉景帝时期和武帝初年，文翁为蜀郡太守，开设学校，教民读书和学习法令，造就蜀中以文学相尚的风气，涌现出如司马相如、王褒、严遵、扬雄等许多著名文学家，其“文章冠天下”③。特别是东汉晚期，当中原群雄蜂起，战乱相继，经济、文化急剧衰退之时，这一地区却基本没有受到影响，经济、文化仍然在发展，这也是这一地区的画像石能够延续到蜀汉时期的原因。

第三个分布区当时所属的上郡和西河郡，都是地处北部边境的荒僻边郡，经济和文化自然无法与其他汉画像石分布区相比，但东汉顺帝永和五年以前一直是汉政府的北方军事重镇，又位于通往北方和西方的贸易通道上，加之东汉政府在这里实行的大规模屯田政策，至迟到东汉中期，该地区的农牧业已有了很大发展④。洛阳及其周围则属于京畿区域，是全国的政治、经济和文化中心，具有营建画像石墓的经济和文化条件。

此外，这些分布区内广泛分布的石灰岩和砂岩山丘，为画像石提供了取之不尽、用之不竭的原料；而汉武帝推行的“盐铁官营”政策，在重要产铁地区设置“铁官”，“不出铁者，置小铁官，使属在所县”⑤，大大推动了冶铁技术的发展，从而为石料的开采和画像石的雕造提供了得心应手的工具。

① ［晋］常璩撰，刘琳校注：《华阳国志校注》，巴蜀书社1984年版，第202页。

② ［汉］班固撰，［唐］颜师古注：《汉书》，中华书局1962年版，第1645页。

③ ［汉］班固撰，［唐］颜师古注：《汉书》，中华书局1962年版，第1645页。

④ 华觉明、杨根、刘恩珠：《战国两汉铁器的金相学考查初步报告》，《考古学报》1960年第1期。

⑤ ［汉］班固撰，［唐］颜师古注：《汉书》，中华书局1962年版，第1166页。

二、画像砖的分区

砖之名，不见于汉代以前。春秋战国时期称砖为“甓”，《诗经·陈风·防有鸠巢》有“中唐有甓”句，马瑞辰释“甓为砖”。又《尔雅·释宫》“瓴甋谓之甓”，郭璞注曰：“甓砖也。今江东呼瓴甓。”[①]东汉许慎的《说文解字·瓦部》中有“瓦”而无砖，“瓦，土器已烧成者之总名”。段玉裁注，“凡土器未烧之素，皆谓之坯，已烧皆谓之瓦”[②]。可见两汉时期对于砖的称呼有很多种，包括“甓”“令壁”“瓴壁”等。

中国陶器的烧制迄今已有一万年左右的历史。到新石器时代中晚期，在中国各地的建筑遗址中都发现过以红烧土为墙壁的例子，但是真正意义上制砖用砖的历史却要晚很多。谯周《古史考》中说，“夏后氏时，乌曹作砖”，认为中国的制砖历史可上溯到夏代。考古资料表明，在新石器时代晚期，砖就已经在中原地区开始被使用，例如属于新石器时代晚期的山西陶寺城址中就发现过100多块陶板[③]，这些陶板均为夹砂陶、模制，正面多有篮纹、绳纹等纹饰，多数陶板有圆形穿孔，专家认为这些陶板就是板砖[④]。

20世纪60年代以来，考古人员在陕西扶风周原及其周围地区的西周遗址中曾经多次发现西周砖[⑤]。这些西周时期的砖，大致可以分为三种类型，即空心砖、条形砖（板砖）和四角带钉的砖。四角带钉的砖表面没有踩踏和磨损痕迹，因此有学者认为，这种薄砖的用途是贴墙。其具体

① ［清］王闿运：《尔雅集解》，岳麓书社2010年版，第154页。

② ［汉］许慎撰，［清］段玉裁：《说文解字注》，上海古籍出版社1981年版，第638页。

③ 中国社会科学院考古研究所山西队、山西省考古研究所、临汾市文物局：《山西襄汾陶寺城址2002年发掘报告》，《考古学报》2005年第3期。

④ 刘军社：《试论砖的起源与发展》，载《西部考古》第1辑，三秦出版社2006年版，第139—140页。

⑤ 刘军社：《周砖刍议》，《考古与文物》1993年第6期。

的做法是，先在夯土墙上抹一层厚泥，再将乳钉镶入泥内，泥干以后，砖面便牢固地粘在墙上①。根据前述陶寺遗址出土的条形砖背面敷有附着力很强的白灰浆或者泥垢的情况来看，条形砖和空心砖的用途可能是作为墙壁护脚或者椽砖，用来保护墙脚或者屋顶上的椽梁等木构部分。上述例证可以证明，中国的制砖和用砖的历史至少可以上溯到西周早期，甚至更早。

春秋战国以后，随着制陶技术的迅速发展，砖在建筑上的使用越来越多，范围也越来越广，建筑用砖上的纹饰也逐渐增多。从形制上看，也比前代更加丰富，除了铺地和贴壁用的各种小型条形砖和方形砖之外，在中原地区出现了铺筑踏步和台阶的大型空心砖，这种用于建筑的空心砖就是后来搭建砖室墓所用材料的前身。

砖最早是用于房屋建筑上的，上述西周陶砖的四角有砖钉，应该是用以将砖体固定在夯筑的泥壁上，起到保护壁面不受雨水侵袭的作用。到春秋战国时期，砖已经被广泛运用于宫殿等建筑上，不仅用于保护墙壁，也用作台阶踏步。

到了战国晚期，已经出现了在大型空心砖上模印图像的做法，典型的例子就是在陕西咸阳地区发现的秦代画像砖遗物。据分析，在咸阳发现的大型空心画像砖按照其艺术特征可以分为两类：一类是砖块用整体模印的方式制成，每一块砖构成一幅单独的画面，题材多以龙凤等吉祥图案为主体，在其周围装饰云气纹或其它纹饰。为了在较小的面积上展示较多的内容，同时也是适应当时的一贯做法，龙凤图案通常作蟠曲状，因此很富有装饰的意味，从画面上看，这些画像砖由于采用阴线模印的方式，线条细腻严谨，和同时期楚国的帛画流畅飘逸的画面线条相比有很大的不同；还有一类为一块砖面上连续模印多个纹饰图案，八廓太阳纹、米字纹、菱形素面纹、小方格纹、截面为锯齿状的平行线纹、几何

① 傅熹年：《陕西扶风召陈西周建筑遗址初探——周原西周建筑遗址研究之二》，《文物》1981年第3期。

纹等[①]。报告显示，这些画像砖出土于秦咸阳宫遗址，发掘者认为是专供宫廷烧造的宫殿踏步[②]。由此可见，秦代的画像砖还是多用于地面建筑的。

从战国时期开始，人们也已经将空心砖运用于墓葬建筑。在当时中原地区的韩国、燕国、齐国、秦国等，出现了以砖为椁代替原先的箱式木椁的情况，部分地区还相当流行。战国时期的空心砖墓主要集中在北方地区，迄今发现的有郑州二里岗战国墓群、陕西临潼战国墓群、山东临淄齐国故都墓葬群、北京海淀区八一中学战国墓等，都发现过用大型空心砖建造的室墓，部分空心砖上面还印有简单的纹饰。以郑州二里岗战国墓群为例，该墓葬群中有26座墓葬为砖椁墓，每座竖穴墓以十二块空心砖为椁的四壁，以六到八块空心砖为底，椁顶或者用木质椁盖，或者用空心砖横列做盖。为了增强空心砖建造椁室的装饰效果，同时也为了表达死者的身份地位及家属的愿望，制作者又在空心砖的砖面上用木模压印出构图简练、形象生动、线条刚劲的纹饰图像。砖的横侧面和正面都印有纹饰，纹饰以米字形图案为主，有的则印有虎、树、米字纹、四叶纹等花纹图案[③]。

罗宗真先生曾说："战国晚期和汉代出现的空心砖墓，可以说是砖室墓的先导。"[④]这个判断是非常合乎实际的，战国空心画像砖的出现，开启了后来画像砖墓的大门。

20世纪90年代发掘的景帝阳陵陵园中出土了"四神"画像砖，这是迄今所知最早的汉代画像砖[⑤]。时代稍晚的陕西茂陵附近曾采集过四神画

① 秦都咸阳考古工作站：《秦都咸阳第一号宫殿建筑遗址简报》，《文物》1976年第11期。

② 秦都咸阳考古工作站：《秦都咸阳第一号宫殿建筑遗址简报》，《文物》1976年第11期。

③ 河南省文化局文物工作队编著：《郑州二里岗》，科学出版社1959年版；关于岗杜"虎"纹画像砖可参见河南文物工作队第一队：《郑州岗杜附近古墓葬发掘简报》，《文物参考资料》1955年第10期。

④ 罗宗真：《六朝考古》，南京大学出版社1994年版，第125页。

⑤ 马永赢、王保平：《走近汉阳陵》，文物出版社2001年版，第55—56页。

像砖[①]，这些画像砖的采集地点不同，应该是用在不同的建筑上，说明茂陵的诸多建筑都已经使用四神画像砖。同时，茂陵附近还出土大量不同纹饰的花纹砖，表明茂陵建筑的豪华和装修繁缛[②]。河南、陕西也出现了西汉中后期的空心画像砖，使画像砖墓的分布范围有所扩大，但仍然局限于咸阳、洛阳等重要的城市。西汉末期的画像砖墓范围迅速扩大，几乎遍布整个河南地区，并散布于周边的鲁西、冀南、晋南、鄂北、皖北等地区。随着画像砖作为墓葬建材的不断发展，画像砖的制作工艺得到提高，种类不断丰富，砖上画像的表现力也不断提升。西汉末期和东汉早期，是模印画像砖发展的巅峰，众多的印模、多样的印制手法、丰富多彩的砖面排版模式以及模印和手塑相结合手法的出现，形成了一个巨大的画像砖艺术宝库。

东汉时期，画像砖艺术发展到了最高峰，范围也波及得更远。产地南达云贵，北抵大漠，东至大海，西到青海，如此广大的地域，都可寻见画像砖的影子。此时在河南南阳和巴蜀地区形成两大高峰区，使画像砖艺术更加丰富多彩。

概言之，两汉时期画像砖墓出现于全国各地，又以河南、四川和浙江等地最为突出，其中，河南画像砖所属年代最早、范围最广、各地分布相对均匀，四川和浙江地区画像砖时代较晚、数量多、分布较为集中。

河南地区的画像砖，主要分布于以洛阳为中心的豫西地区、以郑州为中心的豫中地区和以南阳为中心的豫南地区。大体分为四个阶段：豫西地区以洛阳出土的阴线刻画像砖为代表，属于西汉时期；豫中地区以郑州、禹州出土的浅浮雕、阳线刻、阴线刻、阴刻兼阳线四种画像砖为代表，均具有西汉晚期至东汉早期的风格；豫南南阳地区出土的高浮雕画像砖属于东汉中、晚期的作品；许昌一带出土的装饰图案小砖，则从西汉晚期一直沿用到东汉晚期。

豫西地区出土的画像砖多属西汉时期，表现手法主要为模印阴线，即

① 陕西省地方志编纂委员会编：《茂陵志》，三秦出版社1997年版，第85—86页。

② 雷百景：《茂陵砖瓦图饰与西汉五铢钱文》，《文博》2011年第1期。

用模子在砖身压印出阴线图案或画像，有些画像砖的阴线内，还有用刀修饰的痕迹，这类画像砖一砖一画，画面的构图疏朗，线条粗细适宜，深浅均匀，笔法流畅，形象生动，有“春蚕吐丝”的效果，极具审美价值。

豫中地区的画像砖多为西汉晚期至东汉早期，制作方法多变，包括平面浅浮雕、模印阳线、模印阴线、阴刻兼阳线等不同方式。平面浅浮雕画像砖借鉴了画像石减地浮雕的做法，用不同主题的小印模，在半干的砖面上压印出细腻平正的凸出画像，凸面上再加阳刻线条，勾勒画像的细部；模印阳线是用不同主题的印模在砖坯上压印出凸出的阳线，线条的粗细曲直都较适当；压印阴线的阴线较浅，也不进行修饰，线条呆板，不甚美观；阴刻兼阳线是用制有各种不同图案的小印模，在空心大砖的砖坯上印出相当连贯的画面，每一印模深压在砖面之下，体现出阴刻的轮廓，并在阴刻的轮廓内，留出阳线勾勒的细部。需要说明的是，这一地区的模印画像所使用的印模都较小，一模一印，通过不同印模图案的组合，在砖面上组合成整幅画面。

南阳地区出土的画像砖基本上都为东汉中晚期的作品，有空心砖和实心砖两种，实心砖又可以分为方砖和长方形条砖。这一地区画像砖的特点是用浑圆的浮雕表现画面。整个砖面是用一个印模印出，构图紧凑，主题鲜明。空心画像砖为横幅，并饰有菱形的花边。实心画像砖不饰花边，或者仅用一二条阳线边框作简单装饰。在对主题和画面构图的处理上，均达到了很高的艺术水平。

四川地区的画像砖多属于东汉晚期，时间上晚于河南地区，均为实心砖，形状有近正方形和长方形两种。四川地区画像砖集中于东汉时期的蜀郡、广汉和犍为三个地区。

蜀郡包括今成都、温江、郫都、崇庆、大邑、新津、邛崃等地。这一地区出土的画像砖质地细腻，外面呈灰色，近正方形，多为同模砖。这一地区的画像砖多采用线刻，或者在浅浮雕的基础上再用线条勾勒细部。

广汉郡包括现在的广汉、什邡、德阳、彭州、新都等地。犍为郡出土的画像砖较少，仅在彭山区境内的崖墓中有发现。这两个地区出土的画像砖较为粗糙，外表呈灰色，形状多为长方形，但有大小之别。主要采用浅浮雕，也有少量的高浮雕，但很少使用线刻。画面略显粗糙，但立体感很强，画面古拙凝重，具有独特的艺术效果。

从题材上看，四川地区画像砖的题材内容丰富多彩，涉及汉代社会生活的诸多方面。尤其是日常生活中的经济活动，四川画像砖表现较多。已经出土的画像砖中，既有两汉社会政治生活的侧影，也有农业、手工业生活的写照，如汉代四川盐井和煮盐业驰名全国，井盐正是四川的特产。在成都附近的东汉墓葬中，出土了不少反映当时盐场生活的画像砖，为四川地区仅见。还有不少题材反映了城市的商业和水陆交通，如表现酿酒、酒肆等场景的画像砖，反映出汉代巴蜀地区粮食产量的提高带动了酿酒技术的发展，印证了四川地区的悠久酿酒历史；还有一些画像砖表现了江中撑竹筏、采莲、织锦、薅秧等生产场景，既再现了地主阶级的享乐生活，又刻画了劳动人民的辛劳困苦。其它如西南各民族和睦相处、四川与西域各国之间的交往、绚丽多彩的神话故事等，四川画像砖中均有一定的体现，展现了题材和内容上的多元性。

浙江地区的画像砖分布广泛，主要集中于三个地区：以会稽郡（郡治山阴，今绍兴）为中心的宁绍平原地区；以钱塘县（今杭州）为中心的杭嘉湖平原地区；以太末县（今衢州龙游县）为中心的金衢盆地。浙江地区的画像砖包括花纹砖和图像砖，花纹砖以简单的几何纹为主，图像砖多为简单的动物纹样和人物纹样[1]。

除上述地区外，画像砖在其它地区也有零星分布，如江苏高淳、溧水，陕西咸阳、甘泉、商南、城固、平利，山西闻喜，湖北枝江、当阳、老河口，甘肃甘谷，江西赣州、于都，贵州赫章，云南昭通，广西，内蒙古中南部地区的一些汉墓中也发现少量画像砖[2]。

① 李国新：《浙江省汉晋画像经典图像赏析》，河南大学出版社2013年版，第6页。

② 内蒙古文物考古研究所编：《内蒙古中南部汉代墓葬》，中国大百科全书出版社1998年版，第150页。

第二节　画像石与山水形态构建

翦伯赞曾在《秦汉史》中评价画像石：“在中国历史上，也再没有一个时代比汉代更好在石板上刻出当时现实生活的形式和流行的故事来。”[①]并提出“假如把它们有系统的搜辑起来，几乎可以成为一部绣像的汉代史”[②]。从某种意义上说，画像石上的图像艺术清晰地描绘出汉代社会历史发展的脉络。

用石质葬具瘗埋死者的风俗早已有之，但是把原来漆木、青铜或者纺织品上的图像方式移植到石质葬具上的历史，却始于西汉景帝或武帝前后。早期汉画像石图案简单，以垂壁、穿环纹、同心圆等几何纹饰为主，间有人物、树木、房屋等形象，也都刻画简单。雕刻技法以阴线刻为主，个别画像石采用减地做法。从西汉晚期到东汉初期，画像石逐步变得复杂，内容也更加丰富，构图严密均衡，雕刻技法多样而且更加成熟，出现了以前未有的凸面浅浮雕，减地平雕加阴线刻的做法，使得匠师可以更加细致地刻画人物像的细节。东汉中期以后，画像石呈现出题材丰富、造型生动、线条流畅的鲜明特点，由于雕刻技法上的改进，无论是减地、平雕，还是镌刻轮廓、刻画细部，都非常精准。

一、画像石上的山形象

两汉时期，画像石是迄今为止发现数量最多，呈现的视觉形象最为丰富，反映当时技术和观念形态最为深刻的图像载体之一。这些图像对山川峰峦、林泉云气等自然风貌都有不同程度的呈现，以山水画中的核心元素——山的形象为例，两汉画像石为我们展示了形态各异、功能有别的山形象。在展开讨论之前，我们根据山的外形差异，大致将其分为

① 翦伯赞：《秦汉史》，北京大学出版社1983年版，序第5页。

② 翦伯赞：《秦汉史》，北京大学出版社1983年版，序第5页。

以下类型。

A型为波浪形山。此型山的基本形象特点是：山的外形多呈大小不等的圆角三角形，并行排列，如和风在湖面吹起的层层细浪。此型山形象多见于河南省南阳地区的东汉画像石。如南阳王寨汉画像石墓门楣石，其背面刻绘《驱魔升仙图》[①]：画面的下方为起伏的波浪状山峰，山上有高大的树木，天空中有飞鸟。在山峰之上是一群动物，最右边为一头跳足飞奔的小鹿，正面向画面左边奔驰，在其对面是一头类似野猪或野牛的动物，头上生角，昂首翘尾举足向鹿迎面跑来，在野猪的左边为一猴，长胳膊短尾，正抬起一只手，戏弄身前的老虎，老虎张大口翘尾，正举步缓行（图4-1A）。

波浪形山在汉画像石中最为常见，但在各地的波浪形山中还有一些变体，如三角形山峰，其基本形状略呈等腰三角形，山腰线较直。如河南南阳王庄汉墓出土的《畋猎图》，画面右侧一人半跪在地上，一手叉腰，一手向上前方挥指，他身前一头猎犬正拔足追赶猎物，画面最左侧为另一只猎犬，横身回首，拦住猎物的去路，在两犬之间是两头惊恐奔逃的小鹿，画面下方作为背景的是几个三角形山峰（图4-1B）[②]。波浪形山峰还有一种变体，其形态为山形顶部圆润，山峰四散分开，如同盛开的花瓣形状。典型例子如南阳新店出土的东汉画像石墓中的《群兽》画像石，画面右侧为一只似猛虎的野兽，举足向左迈进，在其身前有几只麃鹿惊慌奔逃，最近的一只前腿跪地，似乎已经被吓坏了，在奔逃的野兽身下，几座山峰散开如同花瓣状[③]。还有一种波浪形山的变体，山峰略歪向一侧，如同风吹细浪形状的山（图4-1C）。如南阳魏公桥出土的《兽斗》画像石，画面中一熊站立，如同人形，举起两只前腿作搏斗状，其右侧一头牛形神兽，耸肩低首，双角向前抵触，向熊发动进攻，牛的四条腿

① 南阳市博物馆：《南阳县王寨汉画像石墓》，《中原文物》1982年第1期。

② 南阳市博物馆：《南阳市王庄汉画像石墓》，《中原文物》1985年第3期。

③ 凌皆兵、徐颖主编：《南阳汉代画像石图像资料集锦》，中州古籍出版社2012年版，第199页。

绷直，尾巴翘起，非常奋力。在其下方为波浪状的山峰（图4–1D）[①]。

A. 王寨画像石《驱魔升仙图》

B. 南阳王庄汉墓《畋猎图》

C. 南阳新店出土《群兽》画像石

D. 南阳魏公桥出土《兽斗》画像石

图4–1　波浪型山体（引自《南阳汉代画像石图像资料集锦》）

B型前后重叠状山。这一类型的山在各地画像石上均有发现，其形状特点是多个山峰前后重叠，用以表现山林的幽深和层峦叠嶂的环境。如南阳英庄汉墓出土的《骑射畋猎图》画像石。该画像石为横长方形，位于墓葬东主室西壁左上方，画面右侧一人骑在马上，手持弓箭正在射猎，在他前方有一人用筚奋力捕猎一鹿，二只猎犬正奋力追逐二鹿，画面左刻层层相叠的山峰，山中有一人手持器械，似乎正在等待猎物的到来（图4–2A）[②]。在该墓葬墓门东门楣背面，另有一幅《罟鱼图》画像，画面中的山形也与此画像上的山类似，似乎表明工匠在刻画山形时已经有了一定的模式或者粉本。

重叠状山在其它地区也较为常见，如山东历城县孝里铺孝堂山石祠西壁《战争与骑猎图》画像石，山东费县潘家疃汉墓中发掘的《山林狩猎图》等。孝堂山石祠的《战争与骑猎图》画像，表现了胡汉战争的激烈场面，画面的右侧为汉军骑兵，他们有的张弓搭箭向敌人射击，有的手举戈矛或长刀正在冲锋，地上倒伏着战死的士兵和战马，画面右侧为

① 凌皆兵、徐颖主编：《南阳汉代画像石图像资料集锦》，中州古籍出版社2012年版，第92页。

② 南阳地区文物工作队、南阳县文化馆：《河南南阳县英庄汉画像石墓》，《文物》1984年第3期。

鱼鳞状山峰，层层叠叠，胡人骑兵从山中冲出，也是手持弓箭，弯弓待发（图4-2B）①。值得一提的是四川省成都市曾家包汉墓出土的反映地主庄园生活的画像石。该画像石位于西后室后壁，整个画像石由三部分组成，下部似乎为煮盐场景，中部反映的是庄园生产场景，画面右边上方一人在张机织布，下方一人赶着牛车运送货物，画面右侧为一辆篷车，车旁一匹马拴在立柱上，一只小猴正在逗弄马匹，马的下方为一人正在宰杀猪或羊，前方为兵器架，上面陈列着戈矛横刀弓箭等兵器，中部画面的下方为酿酒图，一排五只酒瓮排列整齐，一只封口，四只开口，一人正弯腰从中间的酒瓮中取酒（图4-2D）；上部则为《山林狩猎图》，画面中山峦重叠起伏，前后密布，给人以层峦叠嶂的幽深感，一狩猎者在乱山丛中张弓射猎（图4-2C）②。

A.《骑射畋猎图》
（引自《南阳汉代画像石图像资料集锦》）

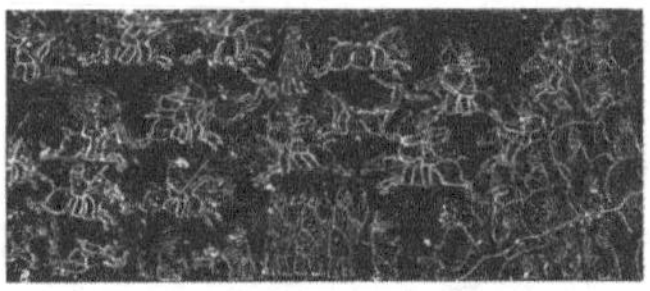

B.《战争与骑猎图》
（引自《中国画像石全集》卷3）

C.《山林狩猎图》
（引自《中国画像石全集》卷3）

D.曾家包M1西后室画像石
（引自《四川成都曾家包东汉画像砖石墓》）

图4-2　前后重叠的山

C型鱼鳞状山。此型山与上述前后重叠的山型有相似之处，均为山峦

① 罗哲文：《孝堂山郭氏墓石祠》，《文物》1961年第Z1期。

② 成都市文物管理处：《四川成都曾家包东汉画像砖石墓》，《文物》1981年第10期。

重叠，但是两者的差别也非常明显：首先，前后重叠的山，其山体细长，峰部多为尖峰，而鱼鳞状山的山体浑圆，如同馒头状，山峰部都是圆峰，山与山之间前后绵密叠压呈鱼鳞状；其次，前后重叠的山基本上都系表现山的正面，一般位于画面上方或者下方，而鱼鳞状山多表现山的侧面，一般位于画面的左右两侧。

鱼鳞状山多见于《狩猎图》或《胡汉交战图》的画面中，而表现胡汉交战内容的画像石，主要发现于山东地区，如滕县桑村公社西户口画像石（图4-3C）[①]、孝堂山石祠西壁（图4-3A）[②]、邹城高李村画像石（图4-3D）[③]、莒县东莞镇画像石[④]等，这些画像石中的胡汉交战画面上都有山形象，具有类似的特点。以莒县汉阙上的《胡汉交战图》为例，画面右侧为一高大的楼阁，一穿着类似将军的人站立其中，身前一人正在与之交谈，似乎正在指挥战斗，在其左边，三个骑兵手持戈弓弩等兵器，纵马驰骋，画面最左侧为一带鱼鳞状山峦，山峦中有几个胡兵探出脑袋，正准备接战（图4-3B）。

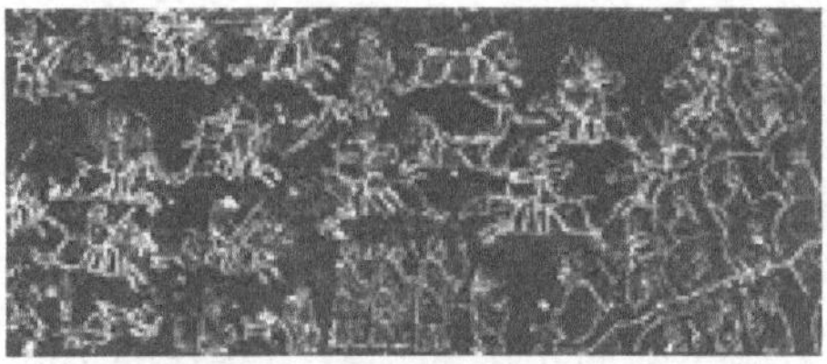

A. 孝堂山石祠《战争与狩猎》画像石
（引自邢义田《画为心声：画像石、画像砖与壁画》）

B. 莒县汉阙《胡汉交战图》画像石
（引自《中国画像石全集》卷3）

① 山东省博物馆、山东省文物考古研究所编：《山东汉画像石选集》，齐鲁书社1982年版，第30页，图226。

② 罗哲文：《孝堂山郭氏墓石祠》，《文物》1961年第Z1期。

③ 邹城市文物管理处：《山东邹城高李村汉画像石墓》，《文物》1994年第6期。

④ 刘云涛：《山东莒县东莞出土汉画像石》，《文物》2005年第3期。

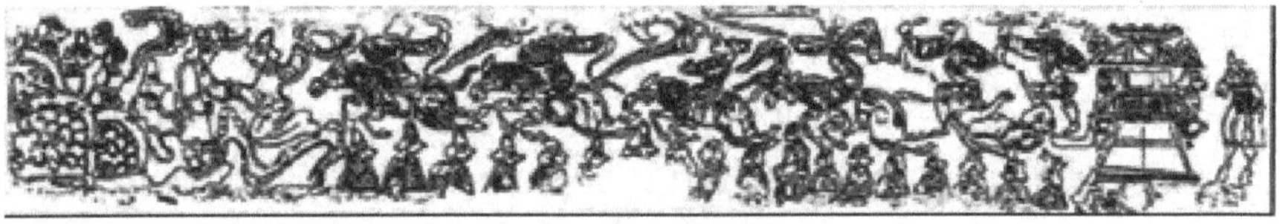

C. 山东滕县桑村公社西户口出土《田野上的胡汉交战图》
（引自《山东汉画像石选集》）

D. 山东邹城高李村出土《胡汉交战》画像石
（引自《中国画像石全集》卷2）

图4-3　鱼鳞状山

D型三峰状山。这一型山的主要特点是三座山峰并列，山峰尖耸，左右两边的山峰略低，中间一座山峰高耸，外形状如汉字中的“山”字。这一类型山最早并非出现在画像石上，而是出现在帛画或者漆绘中，从时间上来看也要早于画像石。如马王堆1号墓出土的朱地彩绘漆棺（图4-4B）[①]、湖南长沙砂子塘1号西汉墓中出土的外棺漆画（图4-4A）[②]、山东临沂金雀山出土的帛画（图4-4C）[③]等，时间大致为西汉早期后段。这些画面中的仙山造型均为“山”字型，两边山峰较低，中间山峰尖锐高耸。以砂子塘汉墓外棺左侧漆画为例，画面正中的山峰为高耸的尖峰，由方连纹组成，山上装点了两棵垂杨，山下两侧各绘有一只斑豹，匍匐翘尾作回首状，似乎正在守卫神山。

画像石上的尖峰山发现不多，迄今发现的只有沂南北寨汉墓一例，

① 湖南省博物馆、中国科学院考古研究所编：《长沙马王堆一号汉墓》（上集），文物出版社1973年版，第25—27页，彩板图参见下集第25页。

② 湖南省博物馆：《长沙砂子塘西汉墓发掘简报》，《文物》1963年第2期。

③ 临沂金雀山汉墓发掘组：《山东临沂金雀山九号汉墓发掘简报》，《文物》1977年第11期。

在该墓葬中室八角立柱西面画像上，画面下部为一龟站立，双前足向上托举一座山。山为三峰形，每座山峰均略呈三角形，坡面平直，山体上被施以短细而密集的复线，以象征层峦叠嶂和山林幽深，在云气缭绕的山峰上方，为端坐在龙虎座上的西王母，其身旁有羽人捣药。西王母头戴花冠和发笄，盘腿交足而坐，其上方有精美的华盖，身后有垂幔（图4-4D）[①]。

A. 长沙砂子塘1号西汉墓出土的外棺左侧漆画
（引自《长沙砂子塘西汉墓发掘简报》）

B. 马王堆1号墓出土的漆棺
（引自《长沙马王堆一号汉墓》上集）

① 南京博物院、山东省文物管理处编：《沂南古画像石墓发掘报告》，文化部文物管理局1956年版，图版55。

C.临沂金雀山出土的帛画
（引自《山东临沂金雀山九号汉墓发掘简报》）

D.沂南汉墓中室擎天柱上的尖峰山
（引自《沂南古画像石墓发掘报告》）

图4-4 三峰状山

三峰状山在发展过程中逐渐形成了另一种形态，即所谓的“壶形山”。壶形山的基本形状为三个细长的圆柱状山峰，山腰处略细，有点类似云南地区的象脚鼓。三个山峰的下部合二为一，形成一个不规则的圆形山底。因为形状与陶壶类似，故而得名。这一形状的山基本上与西王母相关联，东汉以后还会增加一位东王公。以沂南北寨汉墓中的“壶形山”为例，东王公和西王母东西相对，并列于后室的石柱上端，西王母和东王公形象基本相同，惟东王公刻画了胡须。他们都肩生双翼，位于画面正中间，西王母两旁刻有捣药玉兔，有一虎穿梭在座中，东王公两旁为持杵捣药羽人，座中刻绘有一条青龙。壶形底座上刻绘“山”字纹和卷云纹。关于壶形山的性质，高莉芬认为此仙山图像象征海上的蓬莱三神山[1]；李锦山将其定义为“山”字形高座[2]；巫鸿认为这种山形是昆仑山，是在尖峰状和蘑菇状之外的又一种变化形式[3]；日本学者小南一郎则认为西王母、东王公身下的三山台座，可看作是壶形的三个圆柱状物，既有可能是表现蓬莱三岛，也有可能是表现昆仑山上的三峰[4]。

三壶山之名得之甚晚，最早记载蓬莱三山的《史记·封禅书》中，蓬莱三山分别为“蓬莱”“方丈”和“瀛洲”，与“壶”没有关联。“自威、宣、燕昭使人入海求蓬莱、方丈、瀛洲。此三神山者，其傅在勃海中。”[5]但这时候的蓬莱三山已经具有了和昆仑山相类似的特质，其上除了有众多脱离于生死循环的神仙，也有不死仙药、不死仙草，是一个被大海包围，“唯飞仙能到尔”的封闭空间。

在《列子·汤问篇》中，“方丈”改称“方壶”，海中仙山由三座增加到五座[6]，六朝的《拾遗记》，三神山均加改壶字，成为“方壶”“蓬壶”“流壶”。“三壶，则海中三山也。一曰方壶，则方丈也；二曰蓬壶，则蓬莱也；三曰瀛壶，则瀛洲也。形如壶。”[7]之所以发生名称的改变，主要是由于人们心目中的蓬莱三山的形状产生变化，由原来的类似现实世界中的普通山峦，一变而成为外形如“壶器”的神山。而且此“壶器”

---

① 高莉芬：《垂直与水平：汉代画像石中的神山图像》，《兴大中文学报》第23期（增刊）。

② 李锦山：《西王母题材画像石及其相关问题》，《中原文物》1994年第4期。

③〔美〕巫鸿著，柳扬、岑河译：《武梁祠——中国古代画像艺术的思想性》，生活·读书·新知三联书店2006年版，第136页。

④〔日〕小南一郎著，孙昌武译：《中国的神话传说与古小说》，中华书局1993年版，第73页。

⑤［汉］司马迁撰，［宋］裴骃集解，［唐］司马贞索隐，［唐］张守节正义：《史记》，中华书局1959年版，第1171页。

⑥［晋］张湛注，［唐］卢重玄解，［唐］殷敬顺、［宋］陈景元释文，陈明校点：《列子》，上海古籍出版社2014年版，第130页。

⑦［晋］王嘉撰，孟庆祥、商嫩姝译注：《拾遗记译注》，黑龙江人民出版社1989年版，第23页。

的外形更加接近于传说中的昆仑山，“此三山上广、中狭、下方”[①]。类似的昆仑山造型也就是下文提到的“蘑菇状山”，在汉画像石中数量非常多。

一般认为，道家思想浓厚的《列子》，其成书时间可能晚到魏晋时期，故而其中所反映神仙思想，乃至海中三山的名目，也都是这一时期的产物。传说中，西王母属于昆仑神话系统的神仙，一直都是和昆仑山紧密联系在一起的，从北寨汉墓的壶形神山来看，至少在东汉后期之前，人们对蓬莱仙山的形状还没有一个十分明确的印象。但这种神山的形状却给我们一个暗示，那就是在汉魏之际，蓬莱神话系统和西王母神话系统已经有了合流的趋势。

图4-5　沂南画像石墓中的“壶形山”（引自《沂南古画像石墓发掘报告》）

E型蘑菇状山。这一型山形象常见于画像石上，而墓葬壁画和画像砖上则较为少见，分布范围较广，涵盖江苏、河南、四川、山东等多个省份。其基本形状是，上下两端横向展开，上宽下窄，中间细长，轮廓弯曲柔和，山顶形同豆盘，山形状如蘑菇，也有学者称之为“工”字形山[②]，两种说法差别不大。从现有的考古发现来看，这一型山也与西王母形象关系密切，其典型形象为，西王母端坐于豆盘状的山顶之上。

① ［晋］王嘉撰，孟庆祥、商嬿姝译注：《拾遗记译注》，黑龙江人民出版社1989年版，第23页。

② 胡军：《汉画像砖石山石图像类型与特征》，《艺术探索》2018年第4期。

A. 离石马茂庄汉墓画像石
（引自《中国画像石全集》卷5）

B. 南阳熊营画像石
（引自《中国画像石全集》卷6）

C. 绥德辛店乡郝家沟墓门画像石（引自《中国画像石全集》卷5）

图4-6　蘑菇状山

蘑菇状山还有一种变化形式，较细的山腰部分虬曲变形，宛如千年不枯的桃树，又如袅袅升腾的流云，有的还从中间位置向两侧横生若干新发的枝叶，整个外形看起来极似老树残桠。这种类型的山形多发现于陕北和山西离石等地的画像砖上。如绥德后思家沟东汉画像石墓，墓门横额和竖石外栏卷云纹，两角有日月纹，横额下栏为羽人捧芝草、瑞兽以及玉兔捣药，竖石内栏上为西王母、东王公坐于神山天柱之上，下为拥彗和持戟门吏，再下则为玄武，门扉上有朱雀、青龙和白虎以及铺首衔环。西王母、东王公均正襟危坐，左右分别有两个跽坐羽人，面朝西王母和东王公，态度极其恭敬诚恳。昆仑山的山腰虬曲盘旋，状如老树，虬凸处有横生的枝叶，并有灵狐、珍禽在山间飞奔或停立[①]。

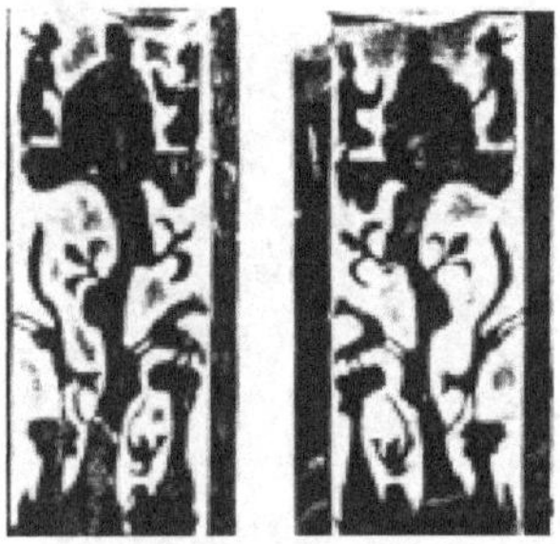

A. 米脂党家沟墓门立柱画像石

B. 清涧县墓门立柱画像石

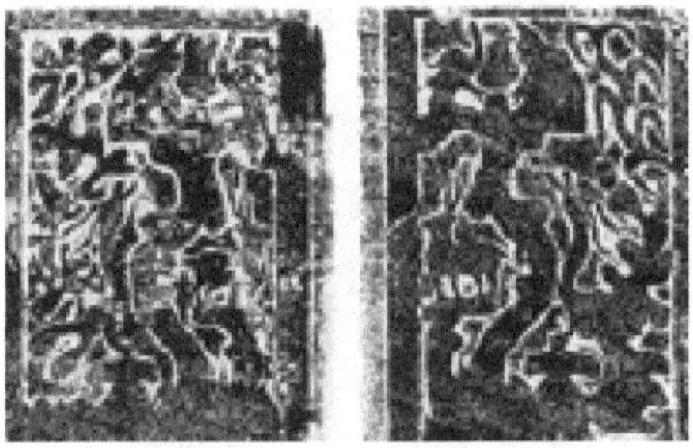

C. 绥德王德元墓室门立柱画像石

图4-7　蘑菇状山（均引自《中国画像石全集》卷5）

二、画像石上的树木形象

从早期工艺品上树木的刻画来看，上古先民们已经非常重视对树木的表现，上述春秋战国时期的漆绘和帛画上的山，有的用线条勾勒，有的直接采用彩绘平涂的方式，宛若后世的没骨画法，如曾侯乙墓出土的漆绘衣箱，以及湖北荆门包山2号楚墓出土的出行图彩绘漆奁上的树木等。这些树木色彩单纯，配色和谐，形式简练，运笔流畅，写实的画面中带有很强的写意韵味。汉代的树绘，就目前的发现而言，以画像石和画像砖中最多，墓室壁画中也有为数不少的树木形态，这些树绘由于置

① 中国画像石全集编辑委员会编，汤池主编：《中国画像石全集5：陕西、山西汉画像石》，山东美术出版社2000年版，第37页图版第50。

身不同属性的材料之上，表现方式各有差别，因此显得风格多样，具有很强的装饰意味和特性。

迄今发现的附丽于画像石上的树，总计有一百余例，这些树木的形象大致上可以分为六种类型。

第一种为粗干细枝，树枝有规律地盘曲纠结，状如网络。大多数此型树的树干为独干，极少数为两根树干盘曲交错，故有学者称之为“连理树”。这种树的外形略有差别。

其一，树叶为弧边三角形，位于树枝顶部，有单层树叶和双层树叶之分，前者如山东肥城北大留出土现藏于泰安市博物馆的《射鸟马》画像石中的树，树干粗壮屈曲如巨石，树干顶端为几根弯曲交错呈网络状的细树枝，每根树枝的枝头有内弧三角形的树叶（图4–8A）；双层树叶主要见于山东嘉祥武梁祠、宋山小石祠、安丘董家庄汉墓、曲阜西颜村汉墓等画像石中的树，以武梁祠后壁画像为例，画面自上而下分为四层，其中第三、四层中部画像上下贯通，刻一楼双阙，楼下有主人端坐帷幔下，左右有侍者，楼上刻主人的妻女及侍女，楼阙左边有大树一株，树干粗壮，树枝弯曲连络，每根树枝的枝头都有两片上下布置的圆弧三角形树叶，位于上方的树叶被下方树叶遮挡了部分，所以画面中呈现出圆弧梯形的样貌，树下停放车、马，树上有飞鸟，一人张弓射鸟（图4–8C）。

A. 肥城北大留出土
（引自《中国画像石全集》卷3）

B. 宋山小石祠
（引自《中国画像石全集》卷3）

C.嘉祥武梁祠(引自《中国画像石全集》卷1)

图4-8　画像石上网络状树(一)

其二，树叶呈火焰形，树枝也是呈网络状交错，每根树枝的枝头有一片火焰形树叶，典型的例子如微山县两城镇出土《孔庙藏兽人物连理树》画像石。该画像石为浅浮雕。画面三层：下层刻连理树，两株树根部相连，树干各自外凸分开，树干顶端的树枝复又相互交错，形成网络，每根树枝顶端都有一片火焰形树叶。树上有群猴在嬉戏，飞鸟下方有一人，正端坐在两棵树间，两旁各站立一人手持弓弩，张弓仰射（图4-9A）。另有一种火焰形树叶的顶部浑圆，如安徽淮北市北山乡出土现藏于淮北北山中学的《射鸟》画像石。该石系墓门左侧柱石，画面刻两棵树，右边的一棵树曲干柔枝，树叶稀疏，略呈卵圆形。树下拴着一头牛，左边一棵柏树，拴着一只狗，中鸟飞落栖息，一人弯弓射鸟，牛、狗惊恐，骚动不安。山东省肥城市乐镇村出土的画像石，画面下部为楼阁双阙，楼右边有一棵树，树下系一马。树枝交错呈网络状，树枝上有一丛丛松针状树叶（图4-9B）。

A.微山县两城镇出土
(引自《中国画像石全集》卷2)

B.淮北市北山乡出土
(引自《中国画像石全集》卷4)

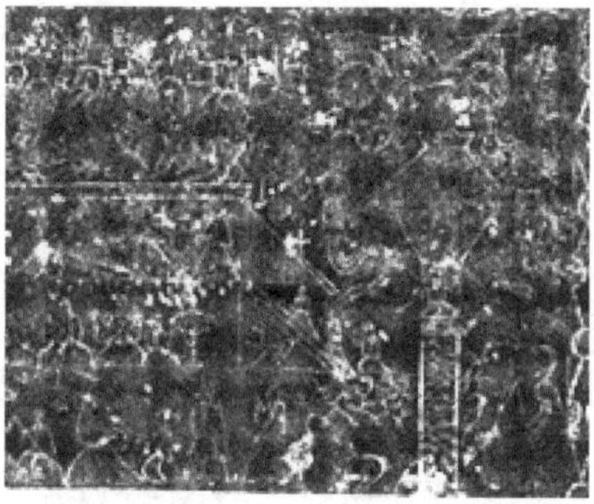

C. 山东省肥城乐镇村出土（引自《中国画像石全集》卷3）

图4-9　画像石上网络状树（二）

其三，树干树枝与前者相同，但树叶被略去，取而代之的是用一条粗弧线勾出树的外轮廓，同时用这条粗弧线代替树叶，这一式树叶主要出现在山东邹城、临沂等地，也偶见于徐州。如徐州睢宁县墓山1号墓前室南壁画像，画面中间刻绘一亭子类建筑，立柱、斗拱清晰可辨，内有二人端坐在榻上。建筑左边刻一连理树，两根树干盘曲纠缠，树冠繁茂，状如云朵。树上有鸟飞翔，树下一人扬首引弓，准备射击树上的飞鸟，射者后面一人手提猎物。树右一马食草，驭夫坐在树下歇息（图4-10A）。如滕州市王开出土滕州市博物馆藏《楼阙人物斗牛车骑出行》画像。此图为浅浮雕，画面两层。上层右端一大树，树旁一人斗牛，另刻凤鸟异兽。（图4-10B）

A. 徐州睢宁县墓山1号墓出土
（引自《中国画像石全集》卷4）

B. 滕州市王开出土
（引自《中国画像石全集》卷2）

图4-10　画像石上网络状树（三）

其四，树干树枝与前者相同，但树叶系用攒点的方式刻画而成，使得树叶看上去既像树叶，又像花朵。这一式树迄今只见到一例，即微山县两城镇出土现藏于孔庙的《龙兽人物大树》画像。该画像石系浅浮雕。画面三层，上层二龙二兽，左一虎头。中层，五人并排侧坐。左有扁鹊手执针石，拉披发病人之手进行针刺治疗，扁鹊后一神鸟。下层为大树一株，树上栖满鸟，树下庖厨，其中烧灶者一人，和面者一人，提水者一人，切肉者一人，猪腿悬挂在树枝上（图4-11）。

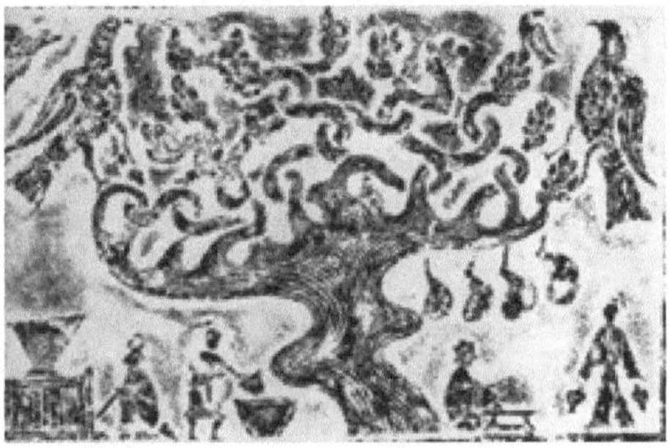

微山县两城镇出土(引自《中国画像石全集》卷2)

图4-11　画像石上网络状树(四)

木连理在汉晋之际被认为是祥瑞，史书中多有记载，如《后汉书·孝安帝纪》载："东平陆（县）上言木连理。"[①]《晋书·元帝纪》云："一角之兽，连理之木，以为休征者，盖有百数。"[②]东汉班固所著《白虎通·封禅》称："德至草木，则朱草生，木连理。"[③]此语来源于《孝经·援神契》所说"德至草木，则木连理。"属于天人感应。《宋书·符瑞志》进而解释："木连理，王者德泽纯洽，八方合为一，则生。"[④]此语来源于山东武氏祠木连理画像题榜："木连理，王者德纯洽，八方为一家，则木连理上。"《艺文类聚》引《晋中兴征祥》在此基础作了较详解释："王者德泽纯洽，八方同一，则木连理。连理者，仁木也，或异枝还合，或两

① ［宋］范晔撰，［唐］李贤等注：《后汉书》，中华书局1965年版，第225页。

② ［唐］房玄龄等：《晋书》，中华书局1974年版，第147页。

③ ［清］陈立撰，吴则虞点校：《白虎通疏记》，中华书局1994年版，第284页。

④ ［梁］沈约：《宋书》，中华书局1974年版，第853页。

树共合。”

第二种为三角形树，树干细直挺立，中部以上为树冠，树冠呈锐角三角形，一般以树干为轴线刻出对生的类似叶脉的细树枝。根据树冠底部两角的外形是圆弧形还是锐角形的区别，可以将其分为两种。

其一，树冠底部两边为尖锐的锐角状，这一式树主要分布在徐州及其周围地区。典型的如徐州汉画像石艺术馆收藏的《凤鸟交龙》画像石。此石系墓室门楣，画面中间刻长青树，树两侧刻一对门枢。画面分上、下两层。上层为半圆形，边饰连弧纹，中间刻长青树，树两侧刻一对凤凰起舞，高处还有两只小鸟飞来，下层为长方形画面，刻二龙蜿蜒相缠。远处还有两只小鸟飞来（图4-12A）。这式树形在西汉时期河南地区的画像砖上较为常见，但到东汉时期的画像石上较为少见。微山县微山岛沟南村出土《孔子见老子送葬》画像，此图为线刻。画面分为三格：左格为孔子见老子。中格为送丧车队。右格，上为树木茂密的山间场景，下有长方形空墓圹，墓圹左边有三人，头戴高冠，身穿长袍，微微弯腰拱手恭立，圹右二人相对跽坐，另有五人皆跽坐于墓圹前方，他们身前似乎有奁壶等食具（4-12B）。

A. 徐州汉画像石艺术馆收藏
（引自《中国画像石全集》卷4）

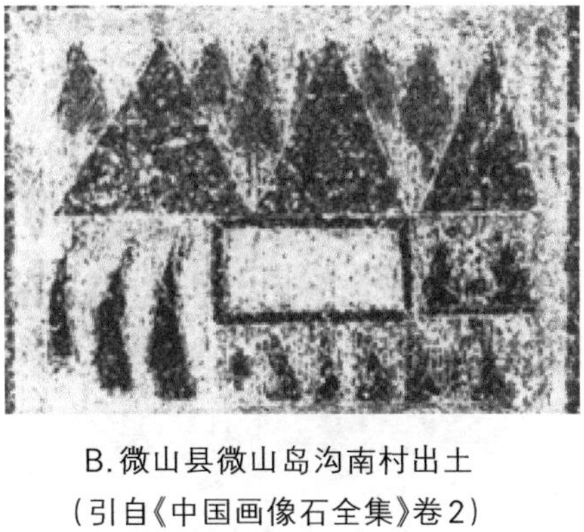

B. 微山县微山岛沟南村出土
（引自《中国画像石全集》卷2）

图4-12　画像石上三角形树（一）

其二，树冠底部两边为圆弧状，这一式在三角形树中最为常见，分布的地域范围也很广泛，山东、河南、陕西等地的画像石中均有发现。

以嘉祥县满硐乡宋山出土的《季札挂剑》画像石为例，图为减地平面浅刻。分为若干格，画面表现西王母、季札挂剑、邢渠哺父、二桃杀三士等历史故事和神话传说。第二层为季札挂剑，中间刻绘一巨大的坟堆，坟顶部有一棵大树，树冠三角形，似为柏树，树上挂着一支剑，只露出剑柄，坟堆前置案，案上有樽、耳杯等祭具，一人跪拜施礼（图4-13A）。以枣庄市中区渴口砖厂出土现藏于枣庄市博物馆的楼树人物画像石为例，画面正中为一楼，楼上有鸟栖息，楼下二人物，楼两侧各有一树，树干挺直，上方对生叶脉状细枝，树冠呈三角形，树冠底部两边呈圆弧状（图4-13C）。

A.嘉祥宋山出土《季札挂剑》画像石
（引自《中国画像石全集》卷3）

B.徐州沛县栖山出土
（引自《中国画像石全集》卷4）

C.枣庄市中区渴口砖厂出土
（引自《中国画像石全集》卷2）

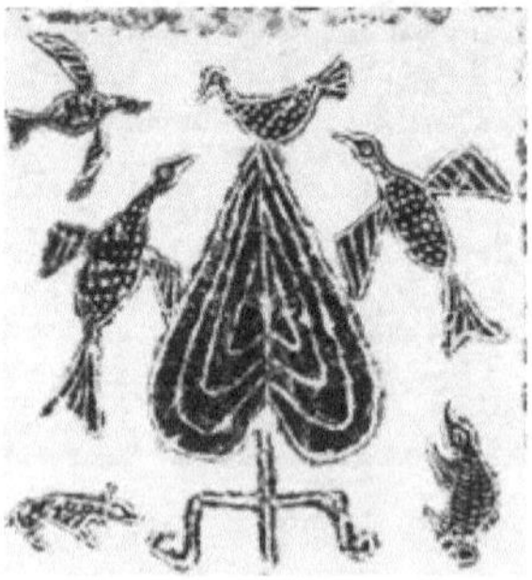

D.滕州岗头镇三山村出土

图4-13　画像石上三角形树（二）

第三种为凤尾状树，这一型树的最大特点是其干枝粗细相当，树干弯曲但没有或仅有少数节瘤，树枝末端有一片卵圆形树叶，树枝和树叶之间平滑圆润，外观类似孔雀尾羽。此型又可以分为两种。

其一，树的干枝叶分布有序，多数枝叶为对称分布，这类型枝叶的树主要分布在山东南部的临沂、苏北的徐州和皖北的宿州淮北等地区。典型的例子如临沂白庄出土现藏于临沂市博物馆的《羽人骑者》画像石，画面最下部为一戴尖顶冠者蹲骑于马上，身前有一棵大树。树干微微向右侧弯曲，树干左右各有若干粗壮的树枝，树枝末端为卵圆形树叶（图4-14A）。徐州铜山县汉王乡东沿村出土东汉永平四年画像石，画面正中刻一房宇，屋脊上立一展翅欲飞的凤鸟，角脊上有二猿猴攀援，二楹柱上有斗拱支撑。屋内宾主宴饮，他们分坐两边，中间几案上置樽、耳杯等。两位侍者立于门外侧，左侧侍者扛一袋状物，右侧侍者腰中佩长剑。屋外有二连理树，枝干交错，叶叶相覆盖，栖鸟飞翔（图4-14B）。与之类似的还有安徽宿县褚兰镇墓山孜出土的《树下瑞羊》画像石，此石为二号墓前室北壁的西侧，画像分为三层，下层为一只羊跪在树下，羊体态肥硕，肩生双翼。它身后的树姿态婆娑，枝叶繁茂（图4-14C）。

A. 临沂白庄出土
（引自《中国画像石全集》卷3）

B. 徐州铜山县汉王乡东沿村出土
（引自《徐州汉画像石》）

C.宿县褚兰镇墓山孜出土(引自《中国画像石全集》卷4)

图4-14　画像石上凤尾状树(一)

其二，树干顶端有攒聚的花瓣，花瓣呈圆形或卵圆形，这类树枝叶形象主要出现于山东中东部地区。典型例子如现藏于莒县博物馆的沈刘庄墓门东立柱正面画像。画面中部为一羽人举着树飘飘欲飞，树的干枝粗壮，树枝末端为圆弧状树叶，树干顶端为攒聚的花瓣（图4-15A）。滕州市官桥镇后掌大村出土的《厅堂人物铺首衔环》画像石中的树也是如此，画面为浅浮雕，横向可以分为三格，左右两格对称，均为铺首衔环。中间一格为单檐厅堂，堂内有宾主端坐对饮，厅堂外左侧停着一辆车，周围有龙凤飞鸟等神禽异兽；右一人怀抱一物肃然站立，树上结满果实，树旁一马，树上方有一龙正在飞翔。外饰三角纹和垂帐纹作为边框（图4-15B）。

A.山东莒县沈刘庄出土
(引自《中国画像石全集》卷3)

B.滕州市官桥镇后掌大村出土
(引自《中国画像石全集》卷2)

图4-15　画像石上凤尾状树(二)

第四种为较为写实性的树，这一型树基本上是对自然界中的树的拟写，因此各种不同品种的树形态差别较大，为了便于区分，我们按照树叶的有无和树冠的大小，将其分为三种。

其一，树的干枝粗细相当，或树干略粗于树枝，枝头没有树叶。这一类型树分布较为广泛，包括山东西南部、皖北、南阳、四川平原地区。典型的例子如淮北市出土现藏于淮北市相山庙被称为《龙马与亡灵》的画像石，画像从左至右分别为“亡灵”“扶木”和“龙马”。中间的“扶木”树干粗壮弯曲，树干顶端为两根较粗的虬曲树枝，树枝上各生若干细枝，枝头无树叶（图4-16A）。山东莒县东莞镇东莞村出土画像石阙正面的人物故事图，此幅为阙身正面，顶部已残。画面由界栏分为八层，表现的是东王公、狩猎、二桃杀三士等历史故事和神话故事。其中第二层和第三层均为狩猎图，第二层画面中猎人手持竿，放犬猎兔。第三层二猎人刺野猪（图4-16B）。徐州市沛县栖山出土《西王母弋射建鼓》等画像石。画面自左而右分为三组。第二组画面中心为一树枝干婆娑的大树，树上有鸟，树下一人张弓仰射，另一人在旁观看。第三组为建鼓（图4-16C）。

A. 淮北市相山庙《龙马与亡灵》画像石（引自《淮北汉画像石》）

B. 山东莒县东莞镇东莞村出土（引自《中国画像石全集》卷3）

C. 沛县栖山出土（引自《中国画像石全集》卷4）

图4-16　画像石上写实性的树（一）

其二，树的干枝与前者类似，但树的上端有较大的树冠，使得这一型树给人以枝繁叶茂的观感。如临沂市白庄出土现藏于临沂博物馆的《庖厨》画像石。画面中两间厨房，左边的厨房内有两人在灶前烧火做饭，右边厨房的横梁上挂着猪、鱼、鸡，厨房内的柱上拴一犬，仆人们正在忙着宰杀清洗，厨房外的水井旁有一棵大树，树干上有突出的节瘤，一头牛的牛绳被拴在树干的节瘤上，牛正在低头饮水。树干顶端有树枝，枝上密集排列很多卵圆形树叶（图4-17A）。沂南画像石墓中室南壁横额上的《收租图》，画面上边饰垂幛纹，下边饰锯齿纹。画像刻丰收、庖厨图。分为两组。左边一组是在准备把粮食收藏入仓。仓右上有一株大树，树下系一卧牛和放置一草料筐。右侧二吏坐于席上，似为监督人员（图4-17B）。

A.临沂市白庄出土
（引自《中国画像石全集》卷3）

B.沂南画像石墓中的《牧祖图》画像石
（采自《沂南古画像石墓发掘报告》）

图4-17　画像石上写实性的树(二)

其三，树粗干细枝，枝干弯曲交错，树枝稀疏，顶端有一枚树叶，树叶形状因树种不同有所区别。代表性的形象如沂南汉墓中室南壁东侧《仓颉》画像石。画面上下分两层，上层，在一开花的大树下，一四目披发、衣兽皮的老者坐于兽皮上，右手握一圆棍形而末端柔软的东西置于膝上，下有榜题“仓颉”，右亦一树，树左亦一老者踞坐于兽皮上，披发，衣兽皮，右手握一株小树，与仓颉相对，一榜无题，可能为诅诵（图4-18A）。曲阜张家村出土现藏于孔庙的《树射鸟》画像石。该画像石为浅浮雕，画面中央刻一棵树，树干粗壮，树枝弯曲，每个树枝的顶端有一枚树叶。树上有两只鸟，树下二人正张弓仰射（图4-18B）。

A. 沂南汉墓中室南壁
（引自《沂南古画像石墓发掘报告》）

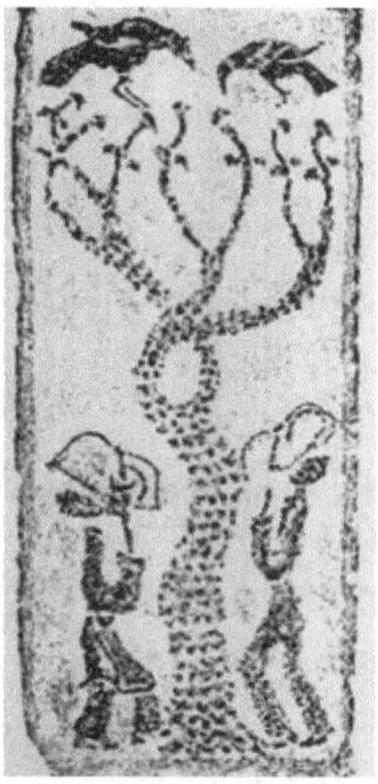

B. 曲阜张家村出土
（引自《中国画像石全集》卷1）

图4-18　画像石上写实性的树（三）

第五种树的树冠是圆形。这一型树在画像石上数量较少，仅见浙江海宁长安镇画像石墓南壁门楣外侧的《羽人麒麟九华灯》画像石，现藏于徐州画像石艺术馆，以及成都市郊曾家包东汉墓《农作养老图》画像石等数例。以成都市郊曾家包东汉墓《农作养老图》画像石为例，画面中凤凰与麒麟相对而立，中间是一株大树，树干细直，树冠浑圆，树叶呈顺时针方向有序排列（图4-19）。

图4-19　画像石上圆形树冠的树（引自《四川成都曾家包东汉画像砖石墓》）

第六种树主要分布在陕北地区，这一型树的主要特点是粗干细枝，干枝盘曲，树干上往往有若干巨大的节瘤。根据树叶形状的差异，又可以分为两种。

其一，树叶呈卵形，叶片肥大，叶缘轮廓光滑。如陕西绥德县出土的王得元墓墓室画壁左右边画像。该画像石画面分五格。左右两边自上而下第四格均为拴马图，树干虬曲粗壮，树枝相对较细，弯曲向上，每个枝头长出四五片巨大的树叶，叶片略似圆（图4-20A）。又如陕西绥德县出土墓门左立柱画像，画面上下分四格。第四格为《饲马图》。树下置一槽，一马立于旁，一人着褐衣，头后仰，张弓对准树杈叶间的鸟（图4-20B）。陕西靖边县寨山村出土墓门右立柱画像，分六层，内容互相联系。最下方为一棵大树，树干粗壮，干枝柔和蟠曲，树叶为近似卵圆形，树下有二门吏，一人持戟，一人徒手，均恭谨站立（图4-20C）。

A.王得元墓墓室门左立柱画像

B.绥德出土墓门左立柱画像（引自《中国画像石全集》卷4）

C.靖边寨山村出土墓门右立柱画像（引自《中国画像石全集》卷5）

图4-20　画像石上卵形叶的树

其二，树叶呈攒聚的松针状，部分树叶不刻画树叶细节，使其呈弧边四角形。每根树枝上有两层或三层树叶。典型例子如陕西绥德县四十里铺出土墓门左立柱画像。画面分上下两层，下层为一树，树干粗壮曲折，其上用短水波纹表现树皮纹理，树干顶部为两根虬曲盘旋上升的树枝，每根树枝又分出两根细枝，互相交错，细枝上有松针状树叶（图4-21A）。陕西子洲县淮宁湾出土墓门右立柱画像。画面左半部分分为四格，分别为朱雀、东鸟，最下层为一株大树，树干粗壮虬结，树枝向左右弯曲，树枝上有攒聚的树叶。树干上挂着水桶或篮子，一人一马相对而立，似在饮马或喂马（图4-21B）。陕西米脂县官庄出土墓室东壁右侧画像，画面分为五组，最下层为一棵大树，树干曲折，形似“之”字，树枝则弯曲向上，枝上有若干层攒聚的树叶，树枝间有一鸟站立，树下有一独角神兽，低头向树干作觝触状（图4-21C）。

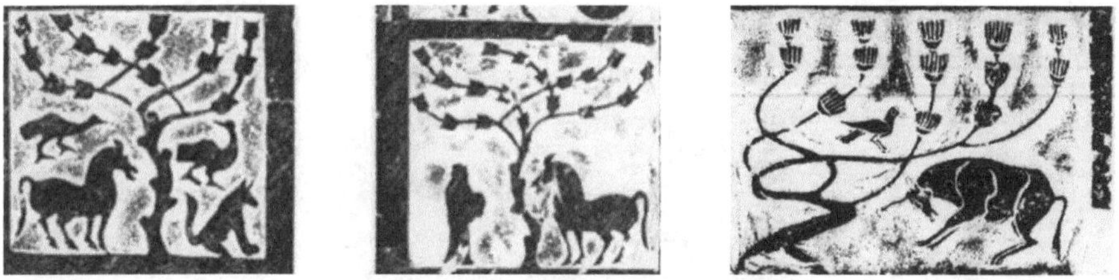

A.绥德县四十里铺出土　B.陕西子洲县淮宁湾出土　C.陕西米脂县官庄出土

图4-21　画像石上松针状树叶(引自《中国画像石全集》卷5)

第七种树状如禾苗。这一型树较为常见，陕西、山西、山东、四川等地的画像石上均有发现，很多学者根据其形状将其称为“嘉禾”。以武氏祠前石室后壁小龛东壁画像为例。画面以横栏分隔为上下四层，第二层，刻“嘉禾”蓂荚、羽人等祥瑞。“嘉禾”树干弯曲，两边续生树枝，树枝顶端有微凸的圆弧状树叶（图4-22A）。米脂县党家沟东汉墓左右立柱画像。画面中有坐在仙山神树（扶桑）上的东王公和西王母，东王公为牛首人身，西王母为鸡首人身，东王公居住的仙山神树上盘踞着一条龙，西王母居住的仙山神树间有几只仙鹤正在盘旋翱翔。仙山上生长灵芝神树，神树枝叶婆娑，姿态柔和，强化了其为仙境的气氛（图4-22B）。

东王公和西王母的下边有四层望楼，左右各站立执梃执彗门吏，下端是博山炉和仙草，卷云边饰中充满了各种灵禽异兽。马茂庄二号墓前室西壁左侧画像。左右两画面皆刻画勾连卷云纹作为背景装饰。中间的画面构图把各种祥瑞飞禽分成五层。自上而下依次为，一只戴胜昂首的朱鸟、云气纹饰、一只长喙衔圭的赤乌、一只掩尾而立的三足乌和一只双头鸟(图4-22C)。

A.武氏祠前石室后壁小龛东壁画像
（引自《中国画像石全集》卷1）

B.米脂县党家沟出土东汉墓右立柱下层画像
（引自《中国画像石全集》卷5）

C.山西离石县马茂庄出土前室西壁左侧上层画像（引自《中国画像石全集》卷5）

图4-22　画像石禾苗状树

通过梳理汉代画像石上的树的形象，我们可以了解到两汉时期画像上的树形象种类相当丰富。但是需要指出的是，如此丰富的树形象并非一蹴而就，而是经历了相当漫长的历史进程形成的。早期的汉画像石无论是画面内容，还是雕刻技法，都相当稚拙简陋。所刻画的对象形象简单、造型欠准、雕琢相对比较粗劣。内容多以结构简单的松柏树和穿壁等容易构型的几何纹为主。这一方面固然是由于松柏易成活，随处可见，而且古人也有在墓上植松植柏的习俗。《山海经》中的很多山的特点就是“多松柏”“多松”。《三辅旧事》记载：“汉文帝霸陵不起山陵，稠种柏树。”[①]帝陵上尚且种柏树，普通人家的墓上植松柏也就毫不奇怪了。《艺文类聚》记载，东汉时有个叫方储的人，在母亲死后辞官回家，“负土成坟，松柏数十株”[②]。不仅自己动手背土垒坟，还亲手种下几十棵松柏。这两则史料说明，墓上种植松柏的习俗在汉代蔚然成风。另一方面，早期画像石上松柏之类的树，相对容易造型。我们发现，这阶段的树形非常简单，并无后来的树那样枝繁叶茂，只刻画树的轮廓，不见枝叶，略似芭蕉扇。形状简单容易造型，自然成为画像石刻画的首选。

中期以后的画像石中，树的形象越来越多，树的种类也越来越丰富，在画面中占据的比例越来越大，其精神和观念方面的内涵也日益博大深厚。以树的种类而言，这一时期不仅继承了前期松柏之类的树种，而且发展出诸如长青树、三株树、连理树、桑树、建木、扶桑树、嘉禾、枣树等诸多树种，不同地域流行的树形和树种都有所不同，山东及苏北地区以连理树最为流行，陕北和晋西北地区则流行嘉禾，四川地区的树木形象较为写实，树的种类也最为丰富，这一方面说明了画像石上的树木母题与现实生活中树种的地域性分化有关，另一方面也说明了不同区域的画像石具有近似的形式母本或者套格，容易为当地的匠师所接受和沿用。

从精神和观念的角度来看，汉画像石上树绘的巨大发展，也与当时人们观念形态的变化相关。比如桑树就与上古时代的高禖神崇拜相关，《墨子·明鬼》称：“燕之有祖，当齐之社稷，宋之桑林，楚之云梦也，此男女之所属而观也。”《广韵》称，属，“会也”。陈梦家对此的解释是：

① ［汉］赵岐等撰，［清］张澍辑，陈晓捷注：《三辅决录三辅故事三辅旧事》，三秦出版社2006年版，《三辅旧事》第28页。

② ［唐］欧阳询撰，汪绍楹校：《艺文类聚》，上海古籍出版社1999年版，第1515页。

“属者合也，谓男女交合也。”①在四川的画像砖上也发现有“桑林野合”的内容。可见桑林是上古高禖崇拜中的重要角色，人们相信交感巫术，认为在桑葚累累的桑树下野合，可以获得旺盛的生殖力，从而达到孳育人口的目的。

汉代的人们相信，“人有树命”，这就意味着不同时间出生的人，其命运和不同的树种相联系，根据道教经典《太平经》的说法，命树由专门的神吏负责看护管理，命树随人的生命一同生长繁茂和凋零。墓葬中出现的枝繁叶茂的大树，正象征着墓主人在另一个世界里的生命旺盛，永不凋零，由此获得永生。

画像石上的树还与这一时期的神仙信仰有关。两汉是神仙信仰极其浓厚的时代，西王母信仰和蓬莱信仰大行其道，无论是哪一种神仙系统，都与树有着密切的关联。

第三节　画像砖中的山水形态构建

画像砖作为墓葬建筑材料，附丽其上的图像具有和墓葬画像石图像相同的功能和作用，因此在图像题材和内容上也具有和画像石相类似的特点，全方位表现了两汉时期的现实生活和观念成果。学术界对两汉画像砖题材内容有不同的分类方法和标准，一般认为，两汉画像砖大致可以分为现实社会、神仙祥瑞、历史故事和花纹图案等若干种。现实社会生活涵盖了从生产活动、狩猎活动、车马出行、现实人物、乐舞百戏、飞禽走兽、楼阙建筑等内容；历史故事则主要表现了历史上的著名人物及其活动，如孔子问项橐，二桃杀三士，狗咬赵盾，孙子六博等；神仙祥瑞则有伏羲女娲、西王母、东王公、四神、神禽异兽、仙人等；花纹图案则主要以柿蒂纹、乳钉纹、云雷纹、几何纹、穿璧纹等为主。这其中，反映现实生活和神仙世界的画像砖中，有不少画面中都有山水或树木的形象。

① 陈梦家：《高禖郊社祖庙通考》，《清华大学学报（自然科学版）》1937年第3期。

一、画像砖上的山形象

汉代画像砖上山体形状有多种样态，我们大致可以将其分成三种。

第一种为波浪形。这一类型的山体略呈圆角三角形，起伏不大，较为平缓，山体连绵成片，各山峰的体积大小相若，一般被布置于画面的下方作为背景。根据形态上的差异，又可以分为两式。

其一，山的山峰钝圆。代表性的如郑州出土的《狩猎》画像砖（图4-23A），画像砖表现的是猎人在山谷间狩猎的场景。画面左侧一猎手策马狂奔，猎手在马背上弯弓搭箭，前方一头鹿惊慌奔逃，一边回头顾视。奔马与鹿的身下是条纹状的起伏山峦。新郑出土的一块《狩猎》画像砖，画面右侧一人半跪在地上，手持弓弩正准备向画面左边的猎物发射，猎人身下是波浪状的小山峦（图4-23B）。另一块“狩猎”画像砖表现的是山中野兽，画面背景为起伏的群山，群山中有群兽在嬉戏（图4-23C）。

A.郑州出土《狩猎》画像砖

B.新郑出土《狩猎》画像砖

C.新郑出土《狩猎》画像砖

图4-23　圆峰波浪形山（引自《郑州汉画像砖》）

其二，山的山峰较为尖锐，类似于锐角三角形。其中最典型的例子是郑州西汉《山林射猎》画像砖（图4-24A），画像砖表现的是山中狩猎，画面右侧一人手持弩正在瞄准，其左侧为四座尖锐的三角形山峰，山前有树木，山间有动物。而德阳出土的《采莲》画像砖，画面中间为一莲池，荷叶浮满池塘，莲叶之间有荷花含苞待放，莲蓬垂露，水面野鸭浮游，砖的中部有一人乘一小木舟划桨采莲。池塘上方为堤岸，堤岸边就是连绵起伏的山峦（图4-24B）。另一块四川出土的《捕鱼》画像砖，画面中间是一个池塘，池塘中有乌龟、青蛙、鱼和水鸟，一人躬身用力划船，船上的另一人蹲身似乎正在下网。画面下方的池塘岸边为波浪状山峦（图4-24C）。

A.郑州西汉《山林射猎》画像砖
（引自《郑州汉画像砖》）

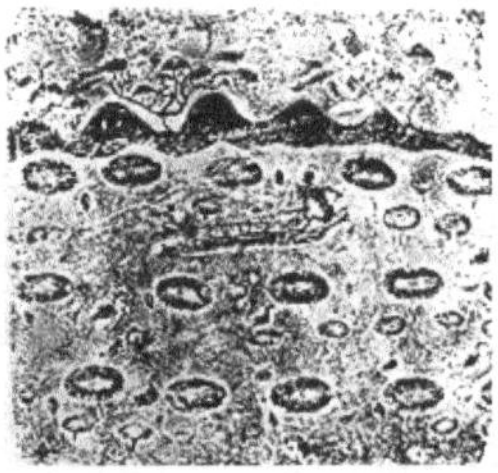

B.德阳出土的《采莲》画像砖
（引自《四川汉画像砖》）

C.四川出土《捕鱼》画像砖（引自《四川汉画像砖》）

图4-24　尖峰波浪形山

第二种为柱状山。这一类型的山典型特点是画面中有一个或数个柱状的山峰高高耸立，峰谷平地之间存在着明显的高度差，画面所表现的故事情节发生其间，凸显山林幽深和群山高峻，也渲染了画面的紧张气氛。根据柱状山峰的具体形态差异，可以将其分为两式。

其一为标准的柱状，整个山体上下粗细相当，或者山峰处比山根处更粗，形成上大下小的独特外形。如河南郑州出土的《山林狩猎》画像砖。表现的是山中狩猎场景，背景为高耸的群山，猎手们有的骑马、手持弓弩引弓待发，有的持竿步行，山中的鹿、野猪等野兽正在拔足狂奔（图4-25A）。郑州出土的另一块《狩猎》画像砖，画面中间为一人弓步姿态，面朝右方，手持弩机正欲发射，其身前身后各有一座柱状山峰（图4-25B）。密县出土的《狩猎》画像砖，画面表现的是山中狩猎场景，中间两人策马奔驰，靠左侧一人回身弯弓准备射击，画面右侧为一头奔逃的野猪。在画面下方为起伏的山峦，其中一座山峰为柱状（图4-25C）。

河南新郑出土的《西王母》画像砖，画面中间和右侧为柱状山峰，山上有条状草木，九尾狐、飞禽和野兽出没其间。西王母头戴方胜，端坐在山巅之上，其左侧为一玉兔，两前爪一持木杵一扶药臼，正在捣药，天空中有飞鸟飞翔（图4–25D）。

A. 郑州出土《山林射猎》画像砖
（引自《郑州汉画像砖》）

B. 郑州出土《狩猎》画像砖
（引自《郑州汉画像砖》）

C. 密县出土《狩猎》画像砖
（引自《密县汉画像砖》）

D. 河南新郑出土《西王母》画像砖
（引自《河南汉代画像砖》）

图4–25 柱状山

其二，山峰分为上下两部分，下半部分坡度较缓，至山腰处猛然收缩，形成一个柱状山峰。如密县出土的汉代画像砖，画面右边为一人身穿长袍，似乎正在狩猎，画面左边为一头野牛正在山间低头吃草，人和牛之间为两座柱状山峰，峰谷间有鸟栖息（图4–26A）。郑州出土的一块《狩猎》画像砖，画面中间为高大的山峰，几人分别蹲在山腰和山脚处，正在狩猎，群峰之间有野猪、雉鸡等飞禽走兽（图4–26B）。

A. 密县出土《狩猎》画像砖
（引自《密县汉画像砖》）

B. 郑州出土《狩猎》画像砖
（引自《郑州汉画像砖》）

图4–26 两段式山

第三种为鱼鳞状山。此型山多出现在四川地区的画像砖上，其它地区较为少见。这一型山的特点是，画面中的山数量非常多，山的形象占据了画面的大部分，成为画面的主体，群山前后分散错置，不同山体之间用减地的方法加以区隔，整个画面看上去群峰幽邃、连绵不绝。最具代表性的是密县出土的《狩猎》画像砖（图4-27A）和四川成都出土的《盐井》画像砖（图4-27B），前者画面右边一人赤膊持弓跪射，其前一人骑马操弓追逐一头野兽，马前是层叠的鱼鳞状山丘，山丘上两只猎犬追逐野兽。后者画面左端是一口盐井，井架分两层，上面安装辘轳，辘轳上穿绳索，四人分站于架上两层，用辘轳汲取井下卤水，提取出来的卤水被注入右侧蓄卤池中，然后用竹管引入画面右下侧的瓮内，最后放在灶上煮。灶上有5件熬盐用的大釜，一人俯身于灶门前摇扇助火，灶膛里火焰熊熊，灶后有烟囱。山道上两人负物而行。

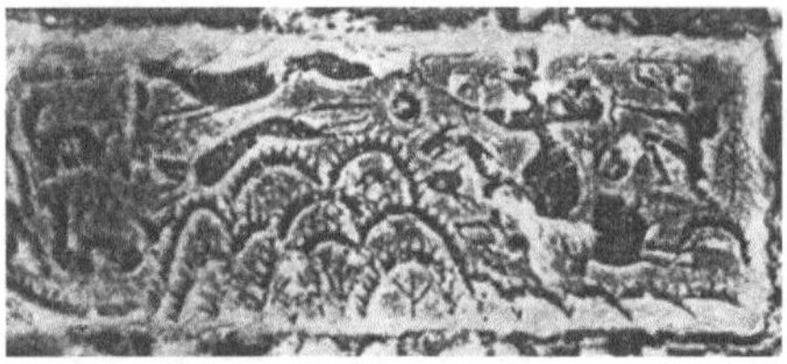

A. 密县出土《狩猎》画像砖
（引自《密县汉画像砖》）

B. 成都出土《盐井》画像砖
（引自《四川汉画像砖》）

图4-27　鱼鳞状山

二、画像砖上的树木形象

两汉画像砖上的各类树木的外形差异较大，大致可以分为以下四种类型，每种类型树木又有细节差异。

第一种为三角形树，其造型特点是树干直立细长，树冠下部宽大，顶部尖锐，略呈弧形凸底三角形，看上去类似一枚带柄的树叶。一般以减地的方法刻画树的轮廓，并用对称的阴线刻画树枝。根据此型树的下角形状不同，又可以分为两种形式。

其一，树冠轮廓为锐角三角形，底部平直或向内凹，状如箭镞。典型例子如河南新密市出土的《骖驾出行铺首衔环》画像砖。该画像砖为竖长方形空心大砖，边框饰菱形和斜绳纹图案，左右内框用小印模绘轺车出行，图案连续捺印成装饰带，画像内容有车驾出行、持棨戟小吏、铺首衔环、骑、鱼、鹤、长青树以及甘露纹、方块圆乳丁纹等图案。画面中的树，树干细直，两边对生树枝，树冠呈锐角三角形，底部较平直（图4–28A）。河南新密市出土《跽坐小吏轺车迎驾》画像砖，用小印模捺印，内容有双阙、持戟小吏、兕虎斗、铺首衔环、蝉等。下部为方块乳丁纹和甘露纹组成的图案（图4–28B）。郑州出土《门阙乐舞轺车骑射铺首枭》画像砖，画面由门阙、七盘舞、建鼓舞、轺车出行、铺首衔环、伎乐、骑射、鹗、蝉九种小印模画像压印而成，间饰缠龙纹、水波纹图案（图4–28C）。

A.新密市出土《骖驾出行铺首衔环》画像砖

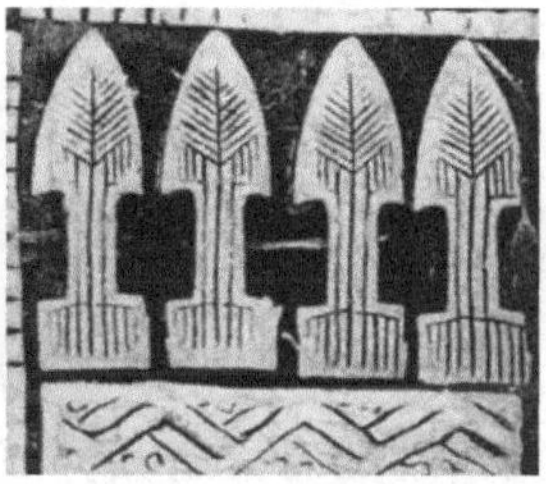

B.新密市出土《跽坐小吏轺车迎驾》画像砖

C.郑州出土《门阙乐舞轺车骑射铺首枭》画像砖

图4–28　一式三角形树（引自《郑州汉画像砖》）

其二，树干与前者相同，树冠也呈三角形，但是树冠底部两角呈圆弧状，直观上较为圆润柔和。如河南新密市出土的《苍龙铺首衔环斗牛》画像砖，该画像砖为竖长方形空心大砖，两端皆残。边框饰斜绳纹，画像两边饰直绳纹和席纹，下部饰方块乳丁纹及圆形螺旋纹图案。画像分四层，均为小印模捺印，自上而下第一层为苍龙，第二层为相同的两个铺首衔环，第三层为二牛相斗，第四层为四株高大的长青树，画像之间用圆形螺旋纹点缀。树采用减地阳线刻法，树干粗壮，树干上部对生细枝，树冠轮廓线略微外凸，底部两角圆滑（图4-29A）。郑州出土《凤阙射虎》画像砖。右上角稍残，外框饰斜绳纹和水波纹，中部为方块乳丁纹和圆形乳丁纹图案。在砖之上端有两座凤阙，两阙之间有一株枝叶繁茂的长青树。其下有一骑马射虎画像（图4-29B）。河南新密市出土《持棨小吏跽坐官吏》画像砖，该画像砖为墓门之侧柱，上端有凹槽，以置门额。外框饰斜绳纹，下部饰方块乳丁纹、螺旋纹组成的图案。上部画像分六层，内容有持棨小吏、骑马射虎、轺车迎驾、铺首衔环、佩剑跽坐官吏，双阙和执盾门吏等（图4-29C）。

A.新密出土《苍龙铺首衔环斗牛》画像砖

B.郑州出土《凤阙射虎》画像砖

C.新密出土《持棨小吏跽坐官吏》画像砖

图4-29　二式三角形树(引自《中国画像砖全集》卷2)

第二种为写实性的树，此型树因树种的差异而在外形上呈现出多种形态。但我们仍然可以根据树叶的有无将其分成两式。

其一为无叶树，其普遍的特征是，树干树枝较为写实，粗细比例较合理，干枝弯曲程度不太夸张。树枝的顶部没有树叶。如四川彭山县凤鸣镇出土的《六博》画像砖。该画像砖上部以线刻的方式刻一双檐阙式楼，阙式楼结构清晰，顶部左右各有一只相对而立的凤鸟。阙楼之外有两棵对称的树，树干细直挺拔，上部有弯曲交错的细枝，枝头栖有三只飞鸟。屋内有四人席地而坐，饮酒博弈，状甚兴奋（图4-30A）。南阳市新野县樊集乡出土的《射鸟》画像砖，画面分三部分：上为射鸟图，画面中间为一株高大的树，数只小鸟正在枝头栖息，一只猴子在树枝上下攀爬。树下左右两侧各有一人，右侧一人用力拉满弓，仰面向上射鸟，左侧一人右手提着猎物，左手指向树上，似乎在示意弯弓人射击。左侧之人的身旁蹲坐一只猎犬，正昂首注视着树上的猎物（图4-30B）。

A.彭山出土《六博》画像砖
（引自《四川汉画像砖》）

B.南阳市新野县樊集乡出土《射鸟》画像砖
（引自《南阳汉画像砖》）

图4-30　写实性的树（无叶）

其二为有叶树，其特征是，树的干枝较为写实，每个枝头一般都有一片树叶。如南阳市新野县樊集乡出土《射鸟乐舞百戏》画像砖，画面分两部分。上为《射鸟图》，画面中间为一株高大的树，数只小鸟正在枝头栖息，一只猴子在树枝上下攀爬。树下左右两侧各有一人，右侧一人用力拉满弓，仰面向上射鸟，一人右手提着猎物，左手指向树上，似乎在示意弯弓人射击（图4-31A）。彭州征集的《采莲》画像砖，画面左边是一池塘，池内有荷叶，间有莲蓬，水鸟在池塘中游戏。其间泛着两条独木船。上面一条独木船上一人持竿撑船，船头伏一水獭，正注视水中。下面一条独木船，船上有两个人，一人撑船，另一人船头俯身采莲。右边为池岸，池岸的远处有连绵群山，近处为一棵树，树干弯曲，枝叶繁茂，一只猴子正在枝头跳荡，几只飞禽正在栖息，树下一人头戴帻、身穿长袍、足蹬靴，手持弓箭仰射树上的飞禽。其中一只飞禽正头冲下从树上往下坠，似被射中（图4-31B）。

A. 南阳市新野县樊集乡出土
《射鸟乐舞百戏》画像砖（引自《南阳汉画像砖》）

B. 彭州市义和乡征集《采莲》画像砖
（引自《四川汉画像砖》）

图4-31　写实性的树（有叶）

第三种树呈禾苗状，树的干枝均纤细弯曲，枝叶之间无过渡，浑然一体。例如四川德阳市征集的《西王母》画像砖，画面上西王母坐于龙虎座上，左端一株树，树的枝干与叶大小相若，弯曲婆娑，树顶端有一朵三瓣花。右端跪坐一侍者（图4-32A）。洛阳出土《木连理》画像砖的画面为两株高大的木连理，树下一匹白马昂首伫立。另有五只仙鹤在信步闲游（图4-32B）。四川地区出土的《仙人骑鹿》画像砖画面中刻一仙人身穿长服，手持嘉禾骑在仙鹿身上，左上角和左下角分别刻着三株禾苗状树（图4-32C）。

A. 德阳市征集《西王母》
画像砖（引自《四川汉画像砖》）

B. 洛阳出土《木连理》
画像砖（引自《河南汉代画像砖》）

C. 四川出土《仙人骑鹿》画像砖（引自《四川汉画像砖》）

图4-32　禾苗状树

第四种树主要出于河南洛阳至郑州地区，又被称为“扶桑树”，该型树的主要特征是树干笔直，树干中部以上对生树枝，树枝交错盘曲略呈网络状，在每个树枝的顶端有一片宽大的树叶，状如倒悬的水滴，树叶上有菱形纹的叶脉。如河南博物院藏《扶桑树朱雀》画像砖。该画像砖系横长方形空心大砖，上下边框绘菱形纹图案，画面上层为三只朱雀，头生羽冠，双翅微微张开，一腿直立，一腿提前，似在轻盈曼舞，两只仙鹤在半空中飞翔。下层左为一株高大的扶桑树，树干粗壮，树枝盘曲纠缠，树叶下垂，树顶平展如同华盖，不远处二小吏持戈，正向树的方向迈进，他们的身后各有一匹白马慢步随行（图4-33A）。洛阳出土《扶桑树白马》画像砖，外围饰一周席纹，画面为两株高大的扶桑树下，一匹白马昂首伫立，周围四只仙鹤在信步漫游（图4-33B）

A. 洛阳出土《扶桑树朱雀》画像砖

B. 洛阳出土《扶桑树白马》画像砖

图4-33　扶桑树（引自《河南汉代画像砖》）

小　结

两汉时期的用于构建墓葬的画像砖石，也是保存山水形象最为丰富的载体。从现有的资料来看，两汉时期的画像砖石最先出现于鲁南地区，随后向徐州、郑州、洛阳及其周边地区发展，成为上层贵族的流行墓葬形式，降至东汉，则进一步扩散至南阳、陕北晋西以及四川地区，在此过程中，画像砖石出现了明显的区域性差异。与之相应，画像砖石上的山水树木形象存在着一定的时间和空间上的差异性，这种差异性与规律性，固然与图像的粉本、制作方式、工匠师承等因素有关，并与图像的母题之间存在着一定的关联，但更重要的是受区域文化观念之间的差异性所影响。

第五章　汉代山水的社会背景和观念内涵

第一节　山水形象的社会背景

一、胡汉战争与山水形象

两汉时期，中原王朝周边居住着诸多少数民族，即史书中所谓的“四夷”。西北有氐羌，“燕北有东胡、山戎”，西南夷“君长以十数”，南方则有“百越诸族”和“南方诸蛮”等，这其中对汉朝政治军事生活影响最大的则是北方的匈奴。

匈奴起源于荤粥、猃狁，以游牧为业，居无定所，“逐水草迁徙，毋城郭常处耕田之业”[①]。公元前2世纪以后，匈奴逐渐发展出自己的冶铁业，青铜器亦与此同时发展起来[②]。大约在秦汉之际，匈奴已广泛使用铁器。

刘邦建立汉王朝，百废待兴之时，也正是冒顿单于一统辽阔草原，“控弦三十万”，初露锋芒之时。故到景帝时的六十余年间，双方形成以和亲政策相维系的对峙局面。到了武帝时，双方进行了长时间的、大规

① ［汉］司马迁撰，［宋］裴骃集解，［唐］司马贞索隐，［唐］张守节正义：《史记》，中华书局1959年版，第2879页。

② 林斡：《匈奴社会制度初探》，载《匈奴史论文集》，中华书局1983年版，第278—321页。

模的具有决战性质的战争，将匈奴势力逐出漠南，取得了决定性胜利，宣帝年间又遣五将军与乌孙联合出击匈奴，夺取了对西域地区的控制权。新莽时期，由于错误的民族政策，汉匈之间战火复燃，双方之间的战争持续将近一个世纪，直至永元元年（89年）大将军窦宪与耿秉等率汉军出塞三千余里，联合南匈奴军大破北匈奴，穷追至燕然山，从此北匈奴一蹶不振，开始走上辗转西迁的道路。

汉朝军队和匈奴军队长时间大规模的战争，自然也反映到画像上来。迄今为止已经发现的胡汉战争画像石（砖），总数约53幅[①]。还有一例为墓室壁画。

纵观各地出土的汉画图像，有关胡汉战争的场景，绝大多数是发生在山间，即便是发生在桥上的战斗，匠师也会在其附近刻绘山的形象。为什么会出现这种情况，我们认为，这应该与匈奴民族的居住环境，以及战争发生地区的环境有关。《汉书·匈奴传》记载：匈奴所居住的地方，“北边塞至辽东，外有阴山，东西千余里，草木茂盛，多禽兽”[②]。匈奴的发祥地就在蒙古高原南缘，蒙古高原名为高原，实际上境内大小山脉众多，南缘的阴山山脉，其西段当时被称作狼山，东段被称作大青山。这个地区当年依山傍水，草木繁茂，禽兽众多，适合牧猎，是匈奴人生息繁衍的主要处所，同时也是匈奴人在军事上的屏障与隐蔽处所，而“自阴山而北皆大碛，碛东西数千里，南北数千里，无水草，不可驻牧”[③]。

① 邢义田《汉代画像胡汉战争图的构成、类型与意义》一文中统计了32幅胡汉战争画像石，上海大学朱浒在其博士学位论文《汉画像胡人图像研究》中，根据自己的调查，又增加了21幅，合计53幅。参见邢义田：《画为心声：画像石、画像砖与壁画》，中华书局2011年版，第393页；朱浒：《汉画像胡人图像研究》，上海大学博士学位论文，2012年。

② ［汉］班固撰，［唐］颜师古注：《汉书》，中华书局1962年版，第3803页。

③ ［清］顾祖禹撰，贺次君、施和金点校：《读史方舆纪要》卷61，中华书局2005年版，第2927页。

《史记·匈奴列传》："单于之庭直代、云中。"[①]意思是单于的王庭正面对着代和云中二郡。即是指汉代的云中郡，包括今内蒙古土默特右旗以东、大青山以南的广大地区；代郡则是包含了今河北西北部和山西东北部地区。这一地区以大青山、恒山、管涔山、熊耳山等为主体，燕山余脉向西一直延伸至此，还有很多大大小小的山脉散布其间，匈奴人在此依山傍水，逐水草而居。

《汉书·匈奴传》又记载：征和三年"单于闻汉兵大出，悉遣其辎重，徙赵信城北邸郅居水。左贤王驱其人民度余吾水六七百里，居兜衔山。单于自将精兵左安侯度姑且水"[②]。这段史料中提到"郅居水""余吾水""姑且水"和"兜衔山"，从侧面反映了匈奴人居住的环境特点，一是近山，一是临水。还有学者考证，匈奴北单于王庭龙城即位于今蒙古国境内巴彦鲁集克山下。综上所述，汉代的匈奴人基本上是居住在蒙古高原山地草原之中，大致以大兴安岭、阴山、阿尔泰山等山系与中原汉民族分隔，正因为境内多山，所以古诗中有"望胡地，何险侧"之说，意为匈奴人居住的地方，群山纵横，山势险峻。

汉匈之间的战争也多为山地作战，史书中记载的汉匈两军作战，大多数是在山间。例如《史记·匈奴列传》记载的重要战役，"其明年春（前121），汉使骠骑将军去病将万骑出陇西，过焉支山……其夏，骠骑将军复与合骑侯数万骑出陇西、北地二千里，击匈奴。过居延，攻祁连山"[③]。"其明年（前119）春……令大将军青、骠骑将军去病中分军，大将军出定襄，骠骑将军出代，咸约绝幕击匈奴……行斩捕匈奴首虏万九千级，北至阗颜山赵信城而还……汉骠骑将军之出代二千余里……封于

① ［汉］司马迁撰，［宋］裴骃集解，［唐］司马贞索隐，［唐］张守节正义：《史记》，中华书局1959年版，第2891页。

② ［汉］班固撰，［唐］颜师古注：《汉书》，中华书局1962年版，第3778页。

③ ［汉］司马迁撰，［宋］裴骃集解，［唐］司马贞索隐，［唐］张守节正义：《史记》，中华书局1959年版，第2908页。

狼居胥山，禅姑衍，临翰海而还。”[①]“其明年（前103）春，汉使浞野侯破奴将二万余骑出朔方西北二千余里，期至浚稽山而还。”[②]后因援军不至，赵破奴在浚稽山激战中被俘。“其明年（前99），汉使贰师将军广利以三万骑出酒泉，击右贤王于天山……汉复使因杅将军敖出西河，与强弩都尉会涿涂山。”[③]

到东汉初期，匈奴经过长期休养生息，国力恢复，又开始了对中原地区的进攻态势，双方军队交战的前沿仍然是多山地形。《后汉书·南匈奴传》有多处记载，如：“（建武）二十一年（45年）冬，复寇上谷、中山，杀略钞掠甚众，北边无复宁岁。”[④]“（永平）十六年（73年），乃大发缘边兵，遣诸将四道出塞，北征匈奴。南单于遣左贤王信随太仆祭彤及吴棠出朔方高阙，攻皋林温禺犊王于涿邪山。”[⑤]“（永元）二年（90年）春……遣左谷蠡王师子等将左右部八千骑出鸡鹿塞……左部北过西海至河云北，右部从匈奴河水西绕天山，南度甘微河，二军俱会，夜围北单于。”[⑥]尤其是东汉和帝永元元年（89年），车骑将军窦宪率领汉军对北匈奴发动进攻，在一个多月的时间内，汉军横扫北匈奴，取得了巨大的胜利。在这次战役中，与山有关的地点包括鸡鹿塞、稒阳塞、满夷谷、涿邪山、稽落山等，最后窦宪在燕然山刻石记功[⑦]。

上述作战地域都是高原，作战地点无一不与山地有关。正因为汉军与匈奴军队进行山地作战，所以匠师们在刻画胡汉战争场面时，将交战

① ［汉］司马迁撰，［宋］裴骃集解，［唐］司马贞索隐，［唐］张守节正义：《史记》，中华书局1959年版，第2910—2911页。

② ［汉］司马迁撰，［宋］裴骃集解，［唐］司马贞索隐，［唐］张守节正义：《史记》，中华书局1959年版，第2915页。

③ ［汉］司马迁撰，［宋］裴骃集解，［唐］司马贞索隐，［唐］张守节正义：《史记》，中华书局1959年版，第2917—2918页。

④ ［宋］范晔撰，［唐］李贤等注：《后汉书》，中华书局1965年版，第2940页。

⑤ ［宋］范晔撰，［唐］李贤等注：《后汉书》，中华书局1965年版，第2949页。

⑥ ［宋］范晔撰，［唐］李贤等注：《后汉书》，中华书局1965年版，第2953页。

⑦ ［宋］范晔撰，［唐］李贤等注：《后汉书》，中华书局1965年版，第814页。

双方放在山地之中，用群山作为掩护调动兵力、发起冲锋，是顺理成章的事情。

汉王朝与匈奴之间的战争前后持续了一个多世纪，对汉王朝的政治、经济、文化乃至现实生活都产生了极其深刻的影响，这是不言而喻的。我们注意到，作为表现胡汉战争背景的山形象，具有相当独特的个性，它既不同于狩猎图像中如同细波一样的山峦起伏，也不同于盐井图像中作为背景的层峦叠嶂，占据了整个画面。胡汉战争中的山基本上都居于画面的一侧，互相间密集层叠。不同的画像砖石上的山体刻画不尽相同，有的被刻画为小丘陵，如弧边三角形（图5-1），有的则如鱼鳞状，山体略呈圆形，山体的轮廓多用较粗的线条刻画，山体上刻画纵横交错的线条，用来表现山上的草木，和山体的凹凸不平，为了表现山与山之间的距离感，山与山之间留有空隙，通过前后山体数量的增减，来体现群山之间的深远感（图5-2）。

图5-1　邹城郭里乡高李村《胡汉交战图》画像石（引自《山东画像石选集》）

图5-2　徐州汉画像石馆藏《胡汉交战献俘图》画像石（引自《徐州汉画像石》）

二、山水形象与田猎

田猎，又称畋猎、羽猎、校猎，是指由天子或者诸侯组织的四时狩猎活动，《左传·隐公五年》：“故春蒐夏苗，秋狝冬狩，皆于农隙以讲事也。”[①]《周礼·夏官司马》中则对四季的狩猎方式有明确说明：“中春，教振旅，司马以旗致民，平列陈，如战之陈。辨鼓铎镯铙之用……以教坐作进退疾徐疏数之节，遂以蒐田……中夏，教茇舍，如振旅之陈。群吏撰车徒，读书契，辨号名之用……以辨军之夜事。其他皆如振旅。遂以苗田……中秋，教治兵，如振旅之陈。辨旗物之用……各书其事与其号焉。其他皆如振旅。遂以狝田……中冬，教大阅：前期，群吏戒众庶修战法……遂以狩田。”[②]蒐、苗、狝、狩虽然都是利用农闲时间教民演习战阵，但重点各有不同，比如春蒐的演习重点在于进退一致，夏苗的重点在于辨别旗号，秋狝的重点在于识别旌旗的用处，冬狩的重点在于训练士卒的步调一致。此外，田猎的方式也有所不同，“蒐田”用火，“苗田”用车，“狝田”用网，“狩田”用车[③]。

郑玄称：“古者因田习兵，阅其车徒之数。”贾公彦对此解释为：

> 此谓天子诸侯亲自四时田猎。简，阅也，谓阅其车徒之数也。云“古者因田习兵”者，案《书传》云：“战者，男子之事，因蒐狩以阅之。”阅之者串之。《大司马》田法引《论语》“不教民战，是谓弃之”，以证因田猎为习兵之事。云“阅其车徒”者，田猎之时，有

① ［春秋］左丘明著，蒋冀骋点校：《左传》，岳麓书社2006年版，第6页。

② ［汉］郑玄注，［唐］贾公彦疏，赵伯雄整理，王文锦审定：《周礼注疏》，北京大学出版社1999年版，第765—779页。

③ 杨宽：《古史新探》，中华书局1965年版，第261页。

车徒旗鼓甲兵之事，故云阅其车徒也。[①]

商周时期的天子诸侯亲自参加春蒐、夏苗、秋猕、冬狩四时田猎活动，不仅是练军备战的需要，也是将其视为校阅军队的时机，因而具有明显的礼仪性质。《礼记·仲尼燕居》曰："以之田猎有礼，故戎事闲也。"[②]孔子认为，正是因为田猎中包含了很强的礼仪意味，所以才能有效发挥其军事功能。由天子主持的田猎活动，声势浩大，内容繁杂。《礼记·月令》中记载："（季秋之月）天子乃教于田猎，以习五戎，班马政。命仆及七驺咸驾，载旌旐，授车以级，整设于屏外。司徒搢扑，北面誓之。天子乃厉饰，执弓挟矢以猎。"[③]天子指挥着士兵手持不同兵器，驾着不同颜色的马拉着战车，车上树立不同的旌旗加以区别不同等级的贵族，列好军阵。司徒面向北宣誓军法，天子则身穿戎服，手持弓矢参加田猎。从文中的描述来看，天子参加的季秋之月田猎，除了军事功能之外，还具有明显的检阅性质，其礼仪属性也就不言自明了。

两汉田猎，气象壮观，在当时的文学作品中多有描写。《昭明文选》中收录赋文56篇，分为十五个主题类型，其中"畋猎"一类中包括《子虚》《上林》《长杨》《射雉》《羽猎》等赋，虽托付子虚，但其中关于天子田猎的描绘应该较为真实地反映了当时的情景。如《上林赋》中描写：

于是乎背秋涉冬，天子校猎。乘镂象，六玉虬，拖蜺旌，靡云旗，前皮轩，后道游。孙叔奉辔，卫公参乘，扈从横行，出乎四校之中。鼓严簿，纵猎者，河江为阹，泰山为橹。车骑雷起，殷天动地，先后陆离，离散别追。淫淫裔裔，缘陵流泽，云布雨施。生貔豹，搏豺狼，手熊罴，足野羊。蒙鹖苏，绔白虎。被班文，跨野马。

① [汉] 郑玄注，[唐] 贾公彦疏，赵伯雄整理，王文锦审定：《周礼注疏》，北京大学出版社1999年版，第467页。

② 杨天宇：《礼记译注》（下册），上海古籍出版社1997年版，第866页。

③ 杨天宇：《礼记译注》（下册），上海古籍出版社1997年版，第281页。

凌三嵕之危，下碛历之砥。径峻赴险，越壑厉水。椎蜚廉，弄獬豸。格蝦蛤，鋋猛氏。羂騕褭，射封豕。箭不苟害，解脰陷脑。弓不虚发，应声而倒。

于是乎乘舆弭节徘徊，翱翔往来。睨部曲之进退，览将帅之变态。然后侵淫促节，倏敻远去。流离轻禽，蹴履狡兽。轊白鹿，捷狡兔。轶赤电，遗光耀。追怪物，出宇宙。弯蕃弱，满白羽，射游枭，栎蜚遽。①

天子校猎不仅声势浩大，车骑纵横，猎物众多，而且天子在田猎过程中“睨部曲之进退，览将帅之变态”，明显具有校阅军队和考察将帅智慧才能的意图。

其实，较上述赋篇更早描写天子田猎的还有《七发》，其中对楚太子田猎的场景有相当精彩的描写：

将为太子驯骐骥之马，驾飞軨之舆，乘牡骏之乘；右夏服之劲箭，左乌号之雕弓。游涉乎云林，周驰乎兰泽，弭节乎江浔。掩青蘋，游清风。陶阳气，荡春心。逐狡兽，集轻禽。于是极犬马之才，困野兽之足，穷相御之智巧。恐虎豹，慑鸷鸟。逐马鸣镳，鱼跨麋角；履游麕兔，蹈践麖鹿。汗流沫坠，冤伏陵窘，无创而死者，固足充后乘矣。此校猎之至壮也。②

枚乘在文中用纵横驰骋的辞令和恢奇夸张的想象勾勒出楚太子田猎的壮观场面：在广袤的云梦大泽中，楚太子装束齐整，持弓囊箭，乘着驷马拉着的装饰华丽的车，带着猎犬追逐野兽飞禽，攒弓射箭，鸟兽奔逃，猎物装满了车。与《上林》等赋不同的是，《七发》描写的是纯粹的狩猎活动，楚太子并没有在田猎的过程中校阅军队，显示了田猎的基本

① 王友怀、魏全瑞主编：《昭明文选注析》，三秦出版社2000年版，第19页。

② 瞿蜕园选注：《汉魏六朝赋选》，上海古籍出版社2019年版，第17页。

特性。

要言之，天子诸侯组织的田猎活动，在两汉时期十分流行。

但是迄今为止，汉画中表现田猎的画像很少，究其原因，一种可能是，田猎是天子诸侯组织的高规格军事训练活动，普通贵族难以染指，自然不能在墓葬图像中使用；另一种可能，则是由于田猎活动与一般的战争图像或狩猎图像较为相似，今人在释读过程中将其混为一谈，误认作战争图像或者狩猎图像。值得注意的是，一些被今人认作是胡汉战争图的画像，很有可能与田猎有关。如1958年滕州东桑村公社西湖口汉画像石墓中出土的被认为是胡汉战争的画像石①，画面右侧为一座三层楼阁，楼阁左前方立一人手执劲弓，弯弓欲射，射手前方画面漫漶，但是从前方并列的四匹马来看，应为马车，马车前方为骑兵向画面左方冲击，画面左侧为鱼鳞状层叠的山峦，山上用阴线表现茂密的山林，山中有人出入。从服饰看，左右两侧的士卒无太大差别，应均属于汉军，画面的核心显然是驷马拉车，乘车者为天子或者诸侯，故而可以认定，这幅画面表现的是田猎场景。

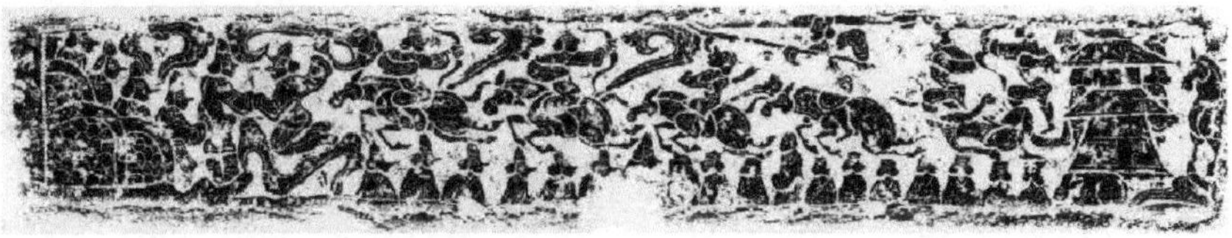

图5-3　滕县东桑村公社西湖口出土被认为是《胡汉战争》画像石
（引自《中国画像石全集》卷3）

值得注意的是，南阳针织厂汉墓出土过若干画像石，其中有两块被命名为《校猎》（编号31、41）、一块被命名为《田猎》（编号29），从画面上看，都是较为常见的狩猎形象。倒是一块被称为《车骑出行图》（编号18）的画像石值得注意。画面从左至右，前有两导骑，骑者手执弩，后有两辆轺车，前车树建鼓，鼓上有羽葆，二人击鼓；后车撑伞盖，乘

① 朱浒：《汉画像胡人图像研究》，上海大学博士学位论文，2012年。

有驭夫和主人，主人戴进贤冠；车后一人持长矛护卫①。从画面上看，与汉画像石常见出行图中导骑队伍规矩严整的形态不同，这幅出行图中的前导手举劲弩，前后顾盼，很可能表现的是田猎过程中，士卒紧张寻找猎物的形象。

图5-4　南阳针织厂出土《车骑出行图》画像石
（引自《唐河针织厂汉画像石墓的发掘》）

田猎活动基本上是在山林旷野中举行，一方面是这些地方猎物较多，另一方面是便于列开众多士卒队伍，而且旌旗猎猎，可以更好体现天子诸侯等人的威严气势。汉代文学作品在描写田猎场景之前，都会尽情铺陈周围的山形地势，如前引《子虚赋》，开篇就有大段关于云梦大泽的形势描写：

其山则盘纡岪郁，隆崇嵂崒，岑崟参差，日月蔽亏，交错纠纷，上干青云，罢池陂陀，下属江河。其土则丹青赭垩，雌黄白坿，锡碧金银，众色炫耀，照烂龙鳞。其石则赤玉玫瑰，琳瑉昆吾，瑊玏玄厉，碝石碔玞。②

云梦大泽中的山，不仅参差高耸直入云霄，山上茀郁葱茏，山边陂池星罗，江河环绕，山中各种物产，琳琅入目。

汉画像石中的田猎形象，一般都有山形象，以作为故事发生的场景或者背景，如南阳汉画像石馆收藏的一块被命名为《车骑出行》的画像

①周到、李京华：《唐河针织厂汉画像石墓的发掘》，《文物》1973年第6期。
②王友怀、魏全瑞主编：《昭明文选注析》，三秦出版社2000年版，第2页。

石，应该也是表现田猎情形的，画面中一前一后两辆骖驾轺车，轺车前后共有六组十一人骑马作为导骑或随从。画面右侧的两组三骑乘马人，两人乘马向左侧奔驰，骑手回身引弓向一头狂扑撕咬的猛虎射箭，虎身后一人骑马直追，手持长矛向老虎的头颈处猛刺。射箭骑手下方刻有起伏的山峦[①]。

图5-5　南阳汉画像石馆藏《车骑出行》画像石（引自《中国南阳汉画像石大全》卷5）

另一块同样征集而来收藏于南阳汉画像石馆的《田猎》画像石，画面中刻一轺车，车后有三驺从，其中两人肩上扛着木棒，车马前为二骑猎者，正纵马追逐野兽，马前有猎犬追逐逃跑的野兔，画面下方为连绵的山峦[②]。

图5-6　南阳汉画像石馆藏《田猎》画像石（引自《中国南阳汉画像石大全》）

三、山水形象与渔猎生活

渔猎是两汉时期生活资料的重要获取方式，两汉时期作为生产方式的狩猎虽然仍然存在，但已不占主要地位，《后汉书·任延传》提到“九真俗以射猎为业，不知牛耕，民常告籴交阯，每致困乏。延乃令铸作田

① 凌皆兵、王清建、牛天伟主编：《中国南阳汉画像石大全》第5卷，大象出版社2015年版，第164页。

② 凌皆兵、王清建、牛天伟主编：《中国南阳汉画像石大全》第5卷，大象出版社2015年版，第192页。

器，教之垦辟。田畴岁岁开广，百姓充给”[①]。推而可知，两汉时期，广大中原地区的经济重心在农耕，狩猎在人们的经济生活中主要是作为获得生活资料的补充手段。相比之下，渔业生产则广泛分布，是最为常见的生产活动之一，“民资渔来以助口实”[②]。据考察，汉代已经出现了几个重要的渔业产区。

其一为沿海地区，这一地区沿北起上谷和辽东，南到南海的广大区域，以近海捕捞为主，其中山东沿海的齐鲁地区最为著名，《盐铁论·通有篇》记载了汉代这一地区是“江、湖之鱼，莱、黄之鲐，不可胜食”[③]。《盐铁论·本议篇》说：“燕、齐之鱼盐……待商而通。”[④]可见其渔业发展的盛况。滨海地区的渔获，不仅供给自己食用，还被输往内陆地区，在一定程度上促进商品流通和社会经济的发展。西汉政府曾为缓解财政压力实行官营，垄断渔业生产，《汉书·食货志》中记载：“武帝时县官尝自渔，海鱼不出，后复予民，鱼乃出。”[⑤]这种情况从一个侧面反映了滨海地区渔业生产的发达。

其二为江汉地区，这一地区江河纵横，水网密布，鱼类资源丰富，先秦时期的《墨子》一书就称“江汉之鱼鳖鼋鼍为天下富”，《盐铁论·通有篇》也有类似的记载，司马迁在《史记·货殖列传》中记载说：“楚越之地，地广人稀，饭稻羹鱼”[⑥]，而且“通鱼盐之货，其民多贾”[⑦]。

---

① ［宋］范晔撰，［唐］李贤等注：《后汉书》，中华书局1965年版，第2462页。

② ［宋］范晔撰，［唐］李贤等注：《后汉书》，中华书局1965年版，第1305页。

③ ［汉］桓宽著，王利器校注：《盐铁论校注》，天津古籍出版社1983年版，第39页。

④ ［汉］桓宽著，王利器校注：《盐铁论校注》，天津古籍出版社1983年版，第3页。

⑤ ［汉］班固撰，［唐］颜师古注：《汉书》，中华书局1962年版，第1141页。

⑥ ［汉］司马迁撰，［宋］裴骃集解，［唐］司马贞索隐，［唐］张守节正义：《史记》，中华书局1959年版，第3270页。

⑦ ［汉］司马迁撰，［宋］裴骃集解，［唐］司马贞索隐，［唐］张守节正义：《史记》，中华书局1959年版，第3267页。

可见，江汉地区的居民不仅将其视为重要的食物来源，并且也作为经商逐利的重要手段。成都百花潭出土的战国铜壶上有多处描写捕鱼和狩猎的画面，正是当时巴蜀地区人民渔猎生活的生动写照。

其三为巴蜀地区，以四川盆地为中心的巴蜀地区，自古以来就物产丰饶。《汉书·地理志》记载说："巴、蜀、广汉……土地肥美，有江水沃野，山林竹木疏食果实之饶……民食稻鱼，亡凶年忧。"[①]可见，这一地区早有从事渔业生产的传统。

除此之外，在中原及其它地区，捕鱼也是获取生活资料的重要方式。

狩猎和捕鱼业的发展，也促进了工具的进步。弓箭是狩猎的主要武器，包括弹射型武器如弓、弩、弹弓等，除了普通的箭矢之外，还有弹丸、矰缴等，尤其是后者，为一种系有丝绳、专门用于弋射飞鸟的短箭，射中猎物之后，可以避免猎物带伤逃脱，狩猎者也可以顺着丝绳寻获猎物，还便于回收和重复使用箭矢。矰缴发明的时间较早，战国时期曾侯乙墓出土漆衣箱上的漆绘[②]、战国时期的青铜器上就有使用矰缴射击飞鸟的画面[③]，《战国策·楚策》中有："（黄鹄）不知夫射者，方将修其碆卢，治其缯缴，将加己乎百仞之上，彼礛磻，引微缴，折清风而抎矣。"[④]《吕氏春秋·功名篇》："善弋者，下鸟乎百仞之上，良弓也。"[⑤]《史记·楚世家》："若王之于弋诚好而不厌，则出宝弓，碆新缴，射嘱鸟于东海，还盖长城以为防。"[⑥]弋射所用的弓似较作战用的弓为小。《列子·汤问》："蒲且子之弋也，弱弓纤缴，乘风振之，连双鸧于青云之际。"[⑦]这些例子都说明在战国初矰缴已经成为弋射飞禽的主要工具。

① ［汉］班固撰，［唐］颜师古注：《汉书》，中华书局1962年版，第1645页。

② 湖北省博物馆编著：《曾侯乙墓文物艺术》，湖北美术出版社1992年版，图版188。

③ 四川省博物馆：《成都百花潭中学十号墓发掘记》，《文物》1976年第3期。

④ ［汉］刘向编集，贺伟、侯仰军点校：《战国策》，齐鲁书社2005年版，第174页。

⑤ ［战国］吕不韦编，［汉］高诱注：《吕氏春秋》，上海书店1986年版，第21页。

⑥ ［汉］司马迁撰，［宋］裴骃集解，［唐］司马贞索隐，［唐］张守节正义：《史记》，中华书局1959年版，第1730页。

⑦ ［战国］列御寇著，［晋］张湛注：《列子》，上海书店1986年版，第58—59页。

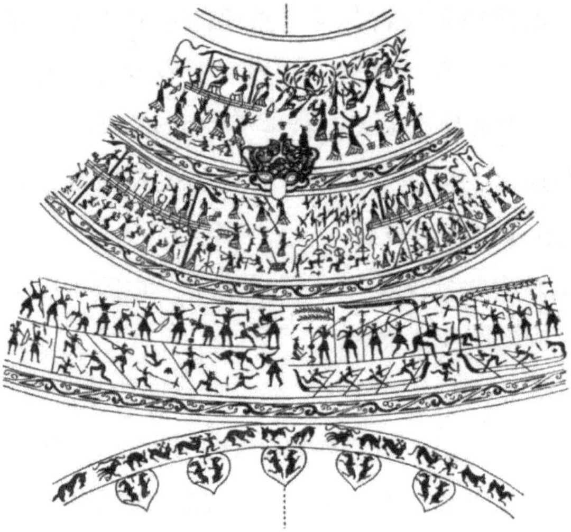

图5-7　成都百花潭战国墓出土的宴乐赏功宴乐铜壶纹饰展开图
（引自《成都百花潭中学十号墓发掘记》）

汉代的弋射形象，以成都地区出土的《弋射收获》画像砖最为典型。弋射图以山林水岸为背景，画面右边是一个水池，池中荷叶漂浮，荷花摇曳，水下有大鱼数尾，水面野鸭游泳。莲池上空，一群大雁惊起疾飞，画面左边为一条山下的濒水林间小路，树荫下隐蔽着两个猎人，一人斜对往东飞去的雁，一人仰对往西飞去的雁，均张弓欲射。画面紧张中不失宁静气氛，为观者呈现了一幅别样的世外桃源图景。

图5-8　四川成都出土《弋射收获》画像砖（引自《四川汉代画像砖》）

类似的画面不仅出现在汉代画像砖中，在汉代文本文献中，也有很多描写弋射的文字，如扬雄《蜀都赋》中有“若其游怠渔弋郤公之徒，相与如平阳，颓巨沼，罗车百乘，期会投宿”[①]的句子，描写的是蜀地贵族举行的大型弋射活动，弋射不仅是贵族们喜爱的娱乐活动，也是他们乘机进行社交聚会的最佳时机。这种弋射活动也会给当地百姓带来诸多烦扰，文献记载：“世家子弟富人或斗鸡走狗马，弋猎博戏，乱齐民。”[②]

弓弩之外，常用的狩猎工具还包括矛、戟、箄、网等。箄的本义是用荆条、竹子等编成的篱笆或其他遮拦物。《说文》：“潘落也。”段玉裁注：“潘落尤俗云篱落也，箄之言蔽也。”[③]但是在汉代的狩猎活动中，也经常使用荆条或竹条编成的网兜，用于网罗体型较小的动物。例如南阳英庄征集，现藏于南阳汉画像石馆的一块《狩猎》画像石，画面右侧山峦起伏，山上的小兽正一边惊恐奔逃，一边回头张望，兽身后为三条从不同方向扑过来的猎犬，拔足追赶，模样凶猛，在画面左侧两个猎人则好整以暇，神态悠闲，其中一人手持的棒状物就是箄。

图5-9　南阳汉画像石馆藏《狩猎》画像石（引自《南阳两汉画像石》）

狩猎的方式以单人狩猎最为常见，如新郑出土的两块《狩猎》画像砖，画面左右各有一座尖耸的高山，山上有高大的乔木，在两山之间的谷地上，一人身上背着箭箙，腰间插着刀或剑，弓步而立，双手引弓，正在向猎物瞄准；与之不同的是，另一块狩猎纹画像砖上的猎手则是骑

① 龚克昌等评注：《两汉赋评注》，山东大学出版社2011年版，第202页。

② ［汉］班固撰，［唐］颜师古注：《汉书》，中华书局1962年版，第1171页。

③ ［汉］许慎撰，［清］段玉裁注：《说文解字注》，上海古籍出版社1981年版，第198页。

马狩猎，骑手坐在马背上，身体前倾，双手用力弯弓瞄准，在其前方，一头鹿正在惊慌地向山上奔逃，边跑边回头张望。

也有结伴围猎。对付凶猛狡猾的野兽，有时个人的力量是不够的，要依靠集体的力量，从而也体现了一种团结合作的精神。如1981年在陕西省米脂县官庄征集的墓门楣石上就表现了大规模的狩猎场景。画面中共有十七位猎手，位于中间的一名猎手头戴平顶冠，手持弓箭端坐于马上，应该是这场狩猎活动的指挥者。在他的左右各有一位扛着旋旗的骑手，另有十四位骑手，均坐于马上，手持不同的武器正在捕猎：多数人持弓箭，或者射向空中的飞鸟，或者射向地上奔驰的鹿、狐，画面左上方一猎手持长戟正在与熊格斗，画面右下方一人持长矛正在刺杀野猪，左上方一人持筚罩向飞鸟。猎手们均马头向左追逐鸟兽，但画面左侧有两位骑手则马头向右，逆向而行，两人均一手持短刀或短剑，一手持钩状物，可能是钩镶。

图5-10　新郑出土《狩猎》画像砖（引自《河南汉代画像砖》）

图5-11　新郑出土《狩猎》画像砖（引自《河南汉代画像砖》）

图5–12　米脂官庄墓门楣《狩猎》画像石(引自《中国画像石全集》卷5)

捕捞也是汉代人们生活的重要补充，捕捞的对象不仅有鱼，也有其它水生动物，如田螺等。四川彭山县出土的一块《拾田螺》画像砖，画面为一块泥泞的塘边滩涂上，有四个健壮的农人正弯着腰，双手插入泥土之中摸拾田螺，另外还有几只水鸟在其中往来觅食，池塘边的莲蓬摇曳，荷花含苞待放，水中还有大鱼和水鸟在游弋。

图5–13　四川彭山县出土《拾田螺》画像砖(引自《四川汉代画像砖》)

山东地区出土的带有捕鱼场景的画像石有二十多块，主要集中在滕州和济宁等地区，从画面上看，捕鱼的主要方式有钓鱼、网鱼、刺鱼、叉鱼、罩鱼、鱼鹰捕鱼等。

山东滕州黄家岭出土的一块捕鱼画像石，画面左侧有四个人正合力牵绳拉船，船上端坐着几个人，船后面的浅水处有三个人，腰间挎着鱼篓，手持鱼罩正在捕鱼。他们后面还有两人正徒手抓鱼，正要装入身上的鱼篓中，另外还有两个人合力捕捉一条大鱼。

图5-14　山东滕县黄家岭出土《捕鱼》画像石（引自《中国画像石全集》卷3）

此外，山东微山县两城镇出土的一块《水榭》画像石上则有罩鱼场面，画像石主体部分为一座由双跳偷心斗拱和立柱承托的四阿顶水榭。榭中有两人端坐赏景，楼梯上有数人正在登临观看。池苑中有鱼、鳗、鳖等各种鱼类及低头觅食的水鸟，两个渔夫正手持鱼罩捕鱼，另有一人正徒手抓鱼。

图5-15　山东微山县两城镇出土《水榭》画像石（引自《中国画像石全集》卷2）

第二节　山水形象与神仙信仰

一、山水形象与西王母信仰

西王母信仰起于何时已不可详考，但至少在战国时期已经相当流行，于战国至西汉之间成书的《山海经》中已经有多条关于西王母的记载。此时的西王母具有非常典型的神格特性，例如《山海经·西山经》就称："又西三百五十里，曰玉山，是西王母所居也。西王母其状如人，豹尾虎齿而善啸，蓬发戴胜，是司天之厉及五残。”[①]《大荒西经》记载：“有人，戴胜，虎齿，有豹尾，穴处，名曰西王母。”[②]无论是从外在形貌还是从其特殊的居所，乃至西王母掌管的职责来看，西王母都有诸多与凡人不同的特点，是一个面目狰狞、与凡人迥然相异的神的形象。

到了西汉中期，西王母已经几乎成为全民信仰的至高神祇，在民间有着深厚的信仰基础和广泛的影响，这一点从史书中的相关记载可以证明。《汉书・五行志》记载：“正月，民惊走，持稿或椒一枚，传相付与，曰行诏筹……经历郡国二十六，至京师。……又传书曰：‘母告百姓，佩此书者不死。不信我言，视门枢下，当有白发。’至秋止。”[③]一则关于西王母的无稽传闻，毫无征兆地就爆发起来，并且在广大的范围内造成群众动乱，“经历郡国二十六”，甚至造成了京师的混乱，可见西王母信仰在当时的流行程度，以及由此而带来的巨大影响。

西王母之所以短期内获得巨大的地位提升，是源于其本身神格力量的扩张。最突出的一点就是西王母由原来的“司天之厉及五残”变成能让人“不老不死”的神。早期神话中的西王母只负责天上的刑罚，到后来则逐渐演变成手握“不死之药”，这正迎合了人们对长生不死的追求。《淮南子・览冥训》中记载：“羿请不死之药于西王母，姮娥窃以奔月，怅然有丧，无以续之。”高诱注：“姮娥，羿妻，羿请不死之药于西王母，未及服之，姮娥盗食之，得仙，奔入月中，为月精也。”[④]可见，在战国至秦汉寻找“不死之药”以期长生的欲望驱使下，西王母神格得到了巨大的拓展和扩张，并由此衍生出一系列新的神话故事和信仰元素。

但是在西王母信仰中，还有一种伴生物，那就是昆仑山。道教产生以前，有关神仙的传说除了海上十洲三岛以外，又有崆峒山、姑射山。

① 袁珂校注：《山海经校注》，上海古籍出版社1980年版，第50页。

② 袁珂校注：《山海经校注》，上海古籍出版社1980年版，第407页。

③ ［汉］班固撰，［唐］颜师古注：《汉书》，中华书局1962年版，第1476页。

④ 刘文典撰，冯逸、乔华点校：《淮南鸿烈集解》（上），中华书局2013年版，第260页。

崆峒亦作空同、空桐，传为仙人广成子所居。姑射山，又作列姑射山、藐姑射山。《庄子·逍遥游》称："藐姑射之山，有神人居焉，肌肤若冰雪，绰约如处子。不食五谷，吸风饮露，乘云气，御飞龙，而游乎四海之外。"[①]值得注意的是昆仑山，昆仑山是中国古代神仙发源地之一，在这一点上它与海上十洲三岛齐名。但昆仑山又不同于海上十洲三岛，它更富于神秘气息。昆仑是众神的栖息之所，是上帝的下都，又是上天的通道。昆仑这座带有原始神话意味的神山，也受到后代道教的重视，使它成为仅次于诸天的道教神仙圣地，《云笈七签》卷二十六称其为西王母治所和"真官仙灵之所宗"的玄都。

昆仑见诸多种典籍，在战国晚期的《楚辞》中，经常出现这一神山的名字，如屈原《涉江》中有"登昆仑兮食玉英，与天地兮同寿，与日月兮同光"。《天问》中也多次提到昆仑山。如"昆仑县圃，其尻安在？增城九重，其高几里？四方之门，其谁从焉？西北辟启，何气通焉？"[②]这里提到的"县圃""增城"应当都是昆仑山上诸峰的名字。稍后又有《史记·大宛列传》引《禹本纪》："昆仑其高二千五百余里，日月所相避隐为光明也。其上有醴泉、瑶池。"[③]这些有关昆仑的记载，都显得比较零碎。但从这里已依稀可以领悟其中的神秘意味。

对昆仑山记载最为具体的是《山海经》。《海内西经》叙写的昆仑山是这样的：

> 海内昆仑之虚，在西北，帝之下都。昆仑之虚，方八百里，高万仞。上有木禾，长五寻，大五围。面有九井，以玉为槛。面有九门，门有开明兽守之，百神之所在。在八隅之岩，赤水之际，非仁羿莫能上冈之岩。……昆仑南渊深三百仞。开明兽身大类虎而九首，

① ［清］王先谦集解：《庄子集解》，上海书店1986年版，第4页。

② 闻一多：《天问疏证》，生活·读书·新知三联书店1980年版，第34页。

③ ［汉］司马迁撰，［宋］裴骃集解，［唐］司马贞索隐，［唐］张守节正义：《史记》，中华书局1959年版，第3179页。

皆人面，东向立昆仑上。开明西有凤凰、鸾鸟，皆戴蛇践蛇，膺有赤蛇。……皆操不死之药以距之。[①]

到西汉中期以后，昆仑山的形象变得更加清晰，《淮南子》中关于昆仑山有较为详细的描述：

禹乃以息土填洪水，以为名山。掘昆仑虚以下地，中有增城九重，其高万一千里百一十四步二尺六寸，上有木禾，其修五寻。珠树、玉树、琁树、不死树在其西，沙棠、琅玕在其东，绛树在其南，碧树、瑶树在其北。旁有四百四十门，门间四里，里间九纯，纯丈五尺。旁有九井，玉横维其西北之隅，北门开以内不周之风。倾宫、旋室、悬圃、凉风、樊桐，在昆仑阊阖之中，是其疏圃。疏圃之池，浸之黄水，黄水三周复其原。是谓（丹）［白］水，饮之不死。

河水出昆仑东北陬，贯渤海，入禹所导积石山。赤水出其东南陬，西南注南海丹泽之东。赤水之东，弱水出自穷石，至于合黎，余波入于流沙。绝流沙，南至南海。洋水出其西北陬，入于南海羽民之南。凡四水者，帝之神泉，以和百药，以润万物。

昆仑之丘，或上倍之，是谓凉风之山，登之而不死；或上倍之，是谓悬圃（之山），登之乃灵，能使风雨；或上倍之，乃维上天，登之乃神，是谓太帝之居。[②]

关于汉代艺术中仙山图像，很多学者以其出现的形式划分了几种类型。李锦山就画像石中出现的西王母的坐具进行了分类，以汉画像中可见西王母坐具分四种形制：（1）坐床，长方形或略呈元宝状，略高出地面，上面往往饰以雕纹；（2）“山”或“出”字形高台，西王母高居其上；（3）呈台状或类似须弥座；（4）巨树，枝干粗大扭曲，根部盘错，

① 袁珂校注：《山海经校注》，上海古籍出版社1980年版，第294—301页。

② ［汉］刘安编，［汉］高诱注：《淮南子》，世界书局1955年版，第57页。

树冠聚为平台，西王母高居其上[1]。

图5-16　嘉祥宋山小石祠（引自《中国画像石全集》卷2）

图5-17　武梁祠前室东壁（引自《中国画像石全集》卷2）

汉画中最为常见的是西王母坐在昆仑山上的形象。迄今为止发现的西王母坐于昆仑山上的各类画像共计有48处，其共同特点是：其一，画面的核心是西王母，西王母头上戴“工”字形胜，或头戴三山形冠饰，采用正面端坐的姿势，或四分之三侧面，或正侧面而坐。亦即巫鸿所称“偶像式”和“情节式”构图[2]。其二，所有的画面中，西王母都是坐在昆仑山最高处，突出显示了西王母的至高无上的地位。

但是，这些昆仑山的形象并不完全相同，为了更明白地呈现其间的区别，我们借用考古类型学的分类方法，将上述48处西王母和昆仑山分为三种类型。

① 李锦山：《西王母题材画像石及其相关问题》，《中原文物》1994年第4期，第62—63页。

② 〔美〕巫鸿著，柳扬、岑河译：《武梁祠——中国古代画像艺术的思想性》，生活·读书·新知三联书店2006年版，第150页。需要说明的是，“情节式”和“偶像式”构图及其所表达的内容的覆盖范围是有限的，并不能完全解释上表中的所有西王母形象，但为了表述的方便，笔者依然使用“情节式”和“偶像式”来区分侧面的和正面的西王母形象。

第一种为三角形山，山的轮廓线呈不规则的三角形，较为接近现实中的山的形象。此型山只见于河南郑州及周边地区的画像砖上，例如郑州附近出土的一块西王母画像砖，图中的西王母侧坐于山巅，头戴胜，面对玉兔，玉兔后腿站立，二前肢夹一杵作捣药状。山下有一只九尾狐，虽然其尾分叉未足九数，但仍是九尾狐无疑。山凹处有一女性，头梳高髻，一绺长发垂于脑后，身穿长裙，亭亭玉立，侧身面向西王母，双手托一只鸟，鸟有三足，有人解释这为托日的羲和。身后有山和长青树，天上有一鸟飞翔[①]。另一块出土于河南密县的西王母画像砖中，西王母端坐于山的一侧，山虽然只刻画了一半，但从形状推测，应该也是三角形山。西王母前方为玉兔，玉兔后肢蹲坐，身体直立，一双前肢夹持一根药杵向下方的碓窝插去，显然是在捣药，玉兔前方为一高足豆，豆盘内放置若干圆形的物品，似为不死之药，豆盘前方为一体形硕大的凤凰，凤凰作回首状，尾羽细长，双翅张开，双足一前一后正在行走[②]。根据相关墓葬材料，可以判断这两块画像砖的年代在西汉中晚期，最晚不会晚于东汉早期。

图5-18　郑州出土《西王母》画像砖（引自《河南汉代画像砖》）

图5-19　河南密县出土《西王母》画像砖（引自《密县汉画像砖》）

① 周到、吕品、汤文兴编：《河南汉代画像砖》，上海人民美术出版社1985年版，图版第87。

② 河南古代艺术研究会编：《密县汉画像砖》，中州书画社1983年版，第98页。

第二种为壶形山，此型山下半部分是近圆形的口袋状，由口袋底部向上生出三根亚腰形的柱子，柱子上刻满云气纹，底部边缘刻有锯齿状山峰。此型昆仑山一共发现两处，分别为沂南北寨村汉墓墓门东西柱石和沂南县界湖镇西独树画像石。两处画像石中的西王母、东王公、昆仑山及其它内容完全一致。画面中的西王母肩生双翼，戴胜，拱手正面端坐，身下为“山”字形高台，西王母居中而坐，其左右两侧各有一只兔子手持杵棒，正在捣药，座下有一虎，高台底部刻有卷云纹和山纹。东王公的形象大致与西王母相同，亦戴胜，有胡须，左右为戴冠羽人手持杵棒捣药，座中为一龙。

西独树画像石（YX3）已残，画面可以分为三格，下格所刻的是西王母，画面刻有三座山头形台座，居中坐一位神人，身生双翼，两侧各有一只玉兔，手执捣药之杵，在座下有两只神兽蜷伏，其形类犬。中格刻人物画像，居中二人形体略大，相对而坐，一人手略抬，似与对面之人相语，二人身后有三人，形体略小，应是侍从之属。上格则是一只九头人面兽，兽身扁长，从颈部生出九颈，每只颈上各有一首，皆为人面，但因此石断裂，只有三头尚在，其余缺失[1]。

图5–20　沂南北寨汉墓门东西立柱上的昆仑山
（引自《山东沂南县近年来发现的汉画像石》）

① 赵文俊、于秋伟：《山东沂南县近年来发现的汉画像石》，《考古》1998年第4期。

图5-21　西独树画像石(YX3)上的昆仑山
(引自《山东沂南县近年来发现的汉画像石》)

对于这一型山，学术界对其性质的认定存在着一定的分歧，例如李锦山将其定义为“山”字形高台，不认为是山[①]。高莉芬认为此仙山图像为水平横向并置的蓬莱三神山[②]。巫鸿认为是昆仑山，是综合了三峰式昆仑山和蘑菇状昆仑山的第三种变化形式[③]。日本学者小南一郎虽然没有完全否认其为昆仑三峰，但是更倾向于此仙山为蓬莱三神山或三壶山，并指出它兼具世界树的性格[④]。在另外一篇论文中，小南一郎更进一步认为，壶山的概念从西汉中期就已经出现了，他并引用了魏晋时期编纂的《神仙传》及《云笈七签》卷二八《云台治中录》中壶公与费长房的故事来说明在壶中有一个与现实世界不同的、另外一个世界的观点[⑤]。而马昌

① 李锦山：《西王母题材画像石及其相关问题》，《中原文物》1994年第4期。

② 高莉芬：《垂直与水平：汉代画像石中的神山图像》，《兴大中文学报》2008年第23期（增刊），第123—161页。

③〔美〕巫鸿著，柳扬、岑河译：《武梁祠——中国古代画像艺术的思想性》，北京：生活·读书·新知三联书店2006年版，第136页。

④〔日〕小南一郎著，孙昌武译：《中国的神话传说与古小说》，中华书局1993年版，第57—76页。

⑤〔日〕小南一郎：《壶形的宇宙》，《北京师范大学学报（社会科学）》1991年第2期。

仪则从民族学角度，说明壶形容器与古代先民宇宙观的联系[①]。

我们认为，在华夏民族的信仰传统中，确实有以壶作为宇宙的替代物，并将壶作为神仙世界的象征的现象。仙山作为仙人居住的世界，因而很自然地成为现实中创造“仙山”的参照对象。六朝时期王子年《拾遗记》里的仙山全都作壶形，称为“三壶”，“三壶，则海中三山也。一曰方壶，则方丈也；二曰蓬壶，则蓬莱也；三曰瀛壶，则瀛洲也。形如壶。此三山上广、中狭、下方，皆如工制，犹华山之似削成”[②]。

但是上述观念发生的时间，却并非是在画像石流行的两汉时期，而是在魏晋南北朝之后。两汉史籍中的“壶山”仅见于《汉书》和《后汉书》，《汉书·地理志》载：“壶山，浯水所出，东北入淮。”[③]浯水即今渠河，发源于山东安丘西北部的沂山东南麓，可以确定《汉书》中的壶山即沂山；《后汉书·方士列传》载：“樊英字季齐，南阳鲁阳人也……隐于壶山之阳，受业者四方而至。”[④]樊英隐居的壶山位于南阳鲁山县和方城区之间，也显然与蓬莱传说中的海上三山无关。

第三种外形特点是细腰阔顶，山顶部平坦。据《十洲记》记载：“（昆仑山）上有三角，面方，广万里，形如偃盆，下狭上广。”[⑤]这类昆仑山的特点与《十洲记》中所说的昆仑山的形状正好吻合。汉画像中的昆仑山多作此种形状，但是在细节上又略有区别。

其一为倒“工”字形昆仑山，特点是山底较窄，山顶部较宽，山腰细短且笔直，此型昆仑山迄今为止只有两例，分别为南阳宛城区熊营画像石《西王母和东王公》和郑州新通桥出土神话故事画像砖。两者在外

① 马昌仪：《壶形的世界——葫芦、魂瓶、台湾古陶壶之比较研究》，《民间文学论坛》1996年第4期。

② ［晋］王嘉撰，孟庆祥、商媺姝译注：《拾遗记译注》，黑龙江人民出版社1989年版，第23页。

③ ［汉］班固撰，［唐］颜师古注：《汉书》中华书局1964年版，第1585页。

④ ［宋］范晔撰，［唐］李贤等注：《后汉书》，中华书局1965年版，第2721页。

⑤ 《道藏》正统十年内刻刊本，第1829页。

形上略有差异，郑州新通桥的昆仑山山底和山顶部均平直[①]，而南阳熊营画像石中的昆仑山底部两端卷曲，更类似蘑菇，这也是其被学者们称为蘑菇形山的缘故。除了这一点差异之外，熊营画像石的昆仑山顶上为东王公和西王母并立对坐，采用的四分之三侧面构图，似乎在对语，周围也没有常见的玉兔捣药或羽人之属。而新通桥画像砖上的昆仑山则只有西王母一人，正面端坐，在昆仑山旁有一只兔子似人站立，一手持杵一手扶臼正在捣药。

图5-22　郑州新通桥汉墓画像中的昆仑山（引自《郑州新通桥汉代画象空心砖墓》）

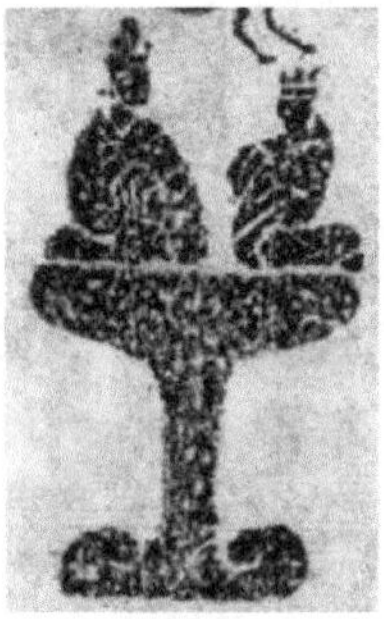

图5-23　南阳熊营汉墓画像石中的昆仑山（引自《中国画像石全集》卷5）

这两例画像中的昆仑山的基本特征一致，但是细节上的差别也是很明显的。究其原因，我们认为，一是时空差异导致的；二是材质的不同造成的差异。

另一型昆仑山为正“工”字形，其特点是山底变宽，等于甚至宽于山顶部，山腰笔直，山腰长度较前一种昆仑山有所增加。山底部的左右两端各有一略微弯曲的山石长出，部分山石上有草树纹样。这类形状的昆仑山发现于山西离石马茂庄汉墓中，共四处[②]。

① 郑州市博物馆：《郑州新通桥汉代画象空心砖墓》，《文物》1972年第10期。

② 中国画像石全集编辑委员会编：《中国画像石全集》第5卷，山东美术出版社、河南美术出版社2000年版，图版第292、293、300、301。

1　　　　2　　　　3　　　　4

图5-24　正“工”字形昆仑山（引自《中国画像石全集》卷5）
（从左至右：离石石盘村征集，马茂庄征集，马茂庄西出土，马茂庄M4南壁）

山东费县潘家疃画像石墓西王母画像下的昆仑山形态较为特殊，该画像系中室南壁西立柱画像①。画面中的昆仑山底部呈山丘状，宛如常见的钱树座或建鼓底座，山腰细长直立，整个山形呈三层连枝状，从下到上依次为：底座上为两只鹿在山林间徜徉，第一层山顶和第二层山顶均为两只毕方鸟，第一层的毕方鸟相背而立，第二层的毕方鸟相向而立，第三层上为端坐的西王母，头戴冠，双立耳，颔下有胡须，肩部生羽翼。

图5-25　山东费县潘家疃画像石墓中的西王母
（引自《山东费县刘家疃汉画像石墓发掘简报》）

① 需要说明的是，原发掘报告称山顶处为“东王公”，经判读图片，我们认为这是西王母。参见山东博物馆、费县博物馆：《山东费县刘家疃汉画像石墓发掘简报》，《文物》2018年第9期。

画像石中还有一种形状的昆仑山。山底宽大厚实，山腰弯曲（有一道弯和两道弯的差别），在山腰的弯曲处往往有结节，结节上生有草树，有神禽异兽在其间跳荡翔集。山顶宽大，顶部砥平。此型昆仑山在陕北地区最为常见，西王母和东王公对称分布，均采用正面端坐的构图方式，多位于墓门两边的立柱上端，部分西王母和东王公的头顶上方有华盖，山底部围绕山根生出若干山峰，一种是均为尖锐的三角形山，一种是均为顶部钝圆的豆芽状山，还有一种是三角形山和豆芽状山并存。这一式昆仑山数量最多，广泛分布于山东、陕北及晋西北地区。其中沂南县界湖镇北寨村汉墓后室立柱石上的西王母和东王公画像最具价值。画面最下为三峰山，山上复生出一蘑菇状山峰，山顶砥平。西王母头戴胜，肩生双翼，双手拢于胸前，居中正面端坐其上，头顶悬一华盖，华盖下缘垂流苏。东王公形象与西王母基本相同，唯三峰山下有巨鳌托举。

伪托西汉东方朔（实则六朝方士假托东方朔所著）的著作《十洲记》中，对昆仑山有过十分详尽的描述：

> 昆，号曰昆陵，在西海戌地，北海之亥地，去岸十三万里，又有弱水，周回绕帀。山东南接积石圃，西北接北户之室，东北临大活之井，西南至承渊之谷，此四角大山，实昆仑之支辅也。积石圃南头是王母告周穆王云，咸阳去此四十六万里，山高平地三万六千里。上有三角，方广万里，形似偃盆，下狭上广，故曰昆仑。山三角，其一角正北，干辰之辉，名曰阆风巅。其一角正西，名曰玄圃堂。其一角正东，名曰昆仑宫。其处有积金，为天墉城，面方千里。城上安金台五所，玉楼十二所，其北户山、承渊山，又有墉城，金台玉楼，相鲜如流精之阙，光碧之堂，琼华之室，紫翠丹房，景云烛日，朱霞九光，西王母之所治也，真官仙灵之所宗。①

除去这段记录中不经的内容，我们可以大致根据《十洲记》的描写

① 《道藏》正统十年内刻刊本，第1829页。

还原出六朝时期人们对于昆仑山形象的设定：昆仑山四周有“积石圃”“北户之室”“大活之井”“承渊之谷”等四座高山作为屏障，中间最高处为昆仑山，昆仑山顶部呈三角形，三角的顶端分别为“阆风巅”“玄圃堂”“昆仑宫”，西王母就住在昆仑宫北边的墉城。

《十洲记》中对于昆仑山形状的描述，实际上最接近两汉时期昆仑山最晚的也是最成熟的形态。在上述对于昆仑山形态的各种形象分析中，第三种最为符合《十洲记》当中的描述，因此我们推断，这一形式乃是两汉画像中有关昆仑山的最终形象。

二、山水形象与蓬莱信仰

列维·斯特劳斯曾指出：“神话使研究者面临着这种情况，初看起来似乎矛盾重重。一方面，在一个神话的进程中，似乎无事不可发生。它没有逻辑，没有连续性。任何特点可归因于任何原因；每一种可想象的关系都可以找到。对于神话，一切都变得可能了。然而，另一方面，从不同区域里广泛收集来的神话之间存在着惊人的相似，这就显示出：神话表面上的随意性是虚假的。”①

学者对于蓬莱神话的研究，大都采用顾颉刚的“东西两大仙乡神话说”，认为中国古代文化中的两大仙乡神话系统为东方蓬莱神话与西方昆仑神话。顾颉刚指出：“昆仑的神话发源于西部高原地区，它那神奇瑰丽的故事，流传到东方以后，又跟苍莽窈冥的大海这一自然条件结合起来，在燕、吴、齐、越沿海地区形成了蓬莱神话系统。”②

汉代的仙山信仰除了昆仑山，还有海上三仙山，战国时代，燕齐兴起东海神仙之说，蓬莱、方丈、瀛洲为东海三神山。关于此三仙山的记

① 叶舒宪编选：《结构主义神话学》，陕西师范大学出版社1988年版，第15页。

② 顾颉刚：《〈庄子〉和〈楚辞〉中昆仑和蓬莱两个神话系统的融合》，载檀作文选编：《20世纪中国文学研究论文选.先秦卷》，社会科学文献出版社2010年出版，第129页。

载也颇为丰富，《史记·封禅书》又云：

> 自威、宣、燕昭使人入海求蓬莱、方丈、瀛洲。此三神山者，其传在渤海中，去人不远；患且至，则船风引而去。盖尝有至者，诸仙人及不死之药皆在焉。其物禽兽尽白，而黄金银为宫阙。未至，望之如云；及到，三神山反居水下。临之，风辄引去，终莫能至云。①

《史记·秦始皇本纪》中也有相关记载：

> （秦始皇二十八年）齐人徐市等上书，言海中有三神山，名曰蓬莱、方丈、瀛洲，仙人居之。请得斋戒，与童男女求之。于是遣徐市发童男女数千人，入海求仙人。……二十九年，始皇东游。……登之罘，临照于海。……旋，遂之琅邪，道上党入。……三十二年，始皇之碣石，使燕人卢生求羡门、高誓（传说中的古仙人）。……因使韩终、侯公、石生求仙人不死之药。始皇巡北边，从上郡入。燕人卢生使入海还，以鬼神事，因奏录图书，曰"亡秦者胡也"。始皇乃使将军蒙恬发兵三十万人北击胡，略取河南地。……三十七年……并海上，北至琅邪。方士徐市等入海求神药，数岁不得，费多，恐谴，乃诈曰："蓬莱药可得，然常为大鲛鱼所苦，故不得至，愿请善射与俱，见则以连弩射之。"始皇梦与海神战，如人状。②

汉武帝也笃信神仙，向往海上神山。《史记·孝武本纪》载："其北治大池，渐台高二十余丈，名曰泰液池，中有蓬莱、方丈、瀛州、壶梁，

① ［汉］司马迁撰，［宋］裴骃集解，［唐］司马贞索隐，［唐］张守节正义：《史记》，中华书局1959年版，第1368—1369页。

② ［汉］司马迁撰，［宋］裴骃集解，［唐］司马贞索隐，［唐］张守节正义：《史记》，中华书局1959年版，第247—263页。

象海中神山龟鱼之属。”①

上述文献记载表明，蓬莱三山信仰主要是活跃在秦皇汉武时代，秦始皇和汉武帝都笃信神仙，渴望得到不死之药，为此都多次巡狩直至海边，他们的求仙行为影响了一大批上层贵族。但这种求仙方式需要有雄厚的财富和较高的社会地位才能施行，因而限制了蓬莱神仙信仰的传布，使之难以像昆仑神话那样成为一种广泛的民间信仰。这一缺陷也制约了海上三山形象的普及，在汉画的表现上远不及昆仑形象。

关于蓬莱三山形象的图像考古发掘成果也较少。其中最早的应为山东临沂金雀山汉墓出土的帛画。帛画中绘制了日、月的形象，中有动物装饰，其中就有三座仙山的形象，应该就是蓬莱、方丈、瀛洲三座仙山。

四川画像石棺上也常见神山形象，其中彭山县梅花村496号崖墓石棺上的神山形状虽然与常见的昆仑山形状近似，都是上广下狭，但三座山峰并列，大小相若，因此，其为蓬莱三山的可能性极大。

图5-26　金雀山9号墓帛画局部

（引自《山东临沂金雀山九号汉墓发掘报告》）

① ［汉］司马迁撰，［宋］裴骃集解，［唐］司马贞索隐，［唐］张守节正义：《史记》，中华书局1959年版，第482页。

图5-27　彭山县梅花村496号崖墓石棺侧面三仙山图
（引自《中国画像石全集》卷7）

小　结

两汉画像砖石和墓葬壁画的出现和发展是特定历史阶段的产物，也是两汉时期的一种特殊文化现象，其中的山水形象是对当时人们所处的社会背景以及观念思想的最直观反映。

从现有资料来看，附丽于画像砖石和墓葬壁画上的山水形象与现实社会生活关系最为密切，在各地发现的狩猎、耕作、渔作、庄园、出行、胡汉战争等图像中，山水树木都是其中不可或缺的元素，反映母题的场景，并起到填补画面空白的作用。山水形象也与人们的神仙观念密切相关，如各地大量出现的西王母形象，多表现为端坐于山顶，凡人跪地向其乞药，周围有玉兔捣药、羽人环伺，生动全面地反映了两汉时期流行的西王母信仰的内涵。

需要说明的是，不同区域、不同母题，山水形象也有所差别，例如南阳画像砖石中的山在画面中所占比例小，偏于画面下方，四川地区画像砖石中的山则占据画面主要部分，形象也更加写实。再如胡汉战争图像中的山，多鱼鳞状，层层叠叠密集排列，狩猎图像中的山，多用锯齿状或波浪状，高低起伏，突出狩猎环境的险恶和猎人的勇猛，而西王母所居的山则多为下狭上广的蘑菇状，契合文献中对于昆仑山的描述。这说明，两汉的山水观念中已经有了明显的审美意味。

第六章　山水的形塑

——汉代园林山水

中国古代的园林起源甚早，据史书记载，至少在商代就已经出现了皇家园林。商王朝最后一个国君纣王曾大兴土木，修建规模庞大的离宫别馆，“南距朝歌，北据邯郸及沙丘，皆为离宫别馆”[①]。鹿台和沙丘苑台是其中主要的两处，据《史记·殷本纪》：“（纣王）厚赋税以实鹿台之钱，而盈巨桥之粟，益收狗马奇物，充仞宫室。益广沙丘苑台，多取野兽蜚鸟置其中。”[②]《殷本纪》还记载纣王“大聚乐戏于沙丘，以酒为池，县肉为林，使男女裸，相逐其间，为长夜之饮。”[③]《史记》以沙丘之“苑”“台”并举，意味着这里不仅有供狩猎的“苑”，还有可供登高的台轩，这与后世的园林建筑有着异曲同工之处。

周朝建立后也兴建皇家园林，其中最为著名的为灵台、灵囿、灵沼。据《三辅黄图》：“周文王灵台，在长安西北四十里。”[④]“周文王灵沼，在长安西三十里。”[⑤]“文王灵囿，在长安县西四十二里。”[⑥]《大雅·灵台》对灵台的情况有较为细致的描写：

① 张守节《史记正义》注引《括地志》。见［汉］司马迁撰，［宋］裴骃集解，［唐］司马贞索隐，［唐］张守节正义：《史记》，中华书局1959年版，第106页。

② ［汉］司马迁撰，［宋］裴骃集解，［唐］司马贞索隐，［唐］张守节正义：《史记》，中华书局1959年版，第105页。

③ ［汉］司马迁撰，［宋］裴骃集解，［唐］司马贞索隐，［唐］张守节正义：《史记》，中华书局1959年版，第105页。

④ 陈直校证：《三辅黄图校证》，陕西人民出版社1980年版，第105页。

⑤ 陈直校证：《三辅黄图校证》，陕西人民出版社1980年版，第92页。

⑥ 陈直校证：《三辅黄图校证》，陕西人民出版社1980年版，第83页。

经始灵台，经之营之。庶民攻之，不日成之。经始勿亟，庶民子来。

王在灵囿，麀鹿攸伏。麀鹿濯濯，白鸟翯翯。王在灵沼，於牣鱼跃。

据刘向《新序》："周文王作灵台，及为池沼……泽及枯骨。"①可见灵沼是人工开凿的水体，水中养鱼。灵囿蓄养大量飞禽走兽，供文王狩猎之用，并设有专门的管理机构和专职管理人员，《周礼·地官司徒第二》记载："囿人……中士四人，下士八人，府二人，胥八人，徒八十人。"故相应地要修造一些建筑物。灵囿的面积，据《孟子》："文王之囿方七十里"，还说："刍荛者往焉，雉兔者往焉。与民同之。"可见囿内草木茂盛而且野兽很多，所以定期允许老百姓入内割草、猎野兔和野鸡。

春秋战国时期，各诸侯国都纷纷在都邑兴建规模广大的园林，而且大多数均以台为中心，尚保留着筑台以通神明的做法，但游赏的功能已经扩大了。其中最著名的当数楚灵王时期修建的章华台，这是一座结合了台、陂、郭（山）的综合性建筑群，专家称之为"楚国历史上最宏伟的王家园林化离宫"②。除此之外，还有吴王夫差修建的姑苏台，据《述异记》记载：

吴王夫差筑姑苏之台，三年乃成。周旋诘屈，横亘五里，崇饰土木，殚耗人力。宫妓数千人，上别立春宵宫，为长夜之饮，造千石酒钟。夫差作天池，池中造青龙舟，舟中盛陈妓乐，日与西施为水嬉。③

① ［汉］刘向撰，赵善诒疏证：《新序疏证》，华东师范大学出版社1989年版，第128—129页。

② 高介华：《楚国第一台——章华台》（续），《华中建筑》1989年第3期，第48页。

③ ［梁］任昉：《述异记》卷上，湖北崇文书局1875年版，第9页。

从《述异记》的描述来看，姑苏台已是一座以游赏功能为主的比较完备的园林了。

秦朝统一之后，开始以空前的规模兴建离宫别馆。根据文献记载，在秦朝统一后的短短十多年间，兴建的离宫有五六百处之多，仅在都城咸阳附近就有二百多处。《咸阳故城》记载：

> 咸阳北至九嵕甘泉，南至鄠、杜，东至河，西至汧、渭之交，东西八百里，南北四百里，离宫别馆，相望联属。木衣绨绣，土被朱紫，宫人不移，乐不改悬，穷年忘归，犹不能遍。[①]

尤其是秦始皇晚年时开始修建的阿房宫，“覆压三百余里，隔离天日”。《史记·秦始皇本纪》中对阿房宫有较为详细的描写：

> 先作前殿阿房，东西五百步，南北五十丈，上可以坐万人，下可以建五丈旗。周驰为阁道，自殿下直抵南山。表南山之巅以为阙，为复道，自阿房渡渭，属之咸阳，以象天极阁道绝汉抵营室也。[②]

《三辅黄图》对此也有较为详细的记载：

> 因北陵营殿，端门四达，以则紫宫，象帝居。渭水贯都，以象天汉；横桥南渡，以法牵牛。[③]

以天上星宿的方位来布局皇家宫苑，说明秦朝时期的园林建造已经有意识地“象天法地”，追求人间与天地的同构，以及建筑与自然相融的观念。

---

① 参见陈直校证：《三辅黄图校证》，陕西人民出版社1980年版，第7页。

② ［汉］司马迁撰，［宋］裴骃集解，［唐］司马贞索隐，［唐］张守节正义：《史记》，中华书局1959年版，第256页。

③ 陈直校证：《三辅黄图校证》，陕西人民出版社1980年版，第6页。

第一节　汉代帝王园囿

秦朝灭亡后，经过楚汉战争，刘邦战胜了项羽，建立了汉朝，定都长安，史称西汉。西汉末年，外戚大司马大将军王莽，篡夺西汉政权，改国号为新，不久又被农民起义推翻。西汉是我国历史上第一个长期统一的时代，共二百余年，以汉族为主体的统一的多民族国家，经济、文化繁荣，由先秦时期发展起来的宫殿与园囿相结合的皇家园囿建筑，渐趋成熟，由贵族富人修建的私家园林也方兴未艾。

汉高祖刘邦定都长安，曾在未央宫内开凿"沧池"，池中起建渐台，高十丈。但是由于经过长期的战争，百业凋敝，"自天子不能具钧驷，而将相或乘牛车，齐民无藏盖"[①]。国力所限，尚无更大规模的苑囿建设。嗣后，经过七十余年的恢复与发展，到汉武帝时，"国家无事，非遇水旱之灾，民则人给家足，都鄙廪庾皆满，而府库余货财。京师之钱累巨万，贯朽而不可校。太仓之粟陈陈相因，充溢露积于外，至腐败不可食。众庶街巷有马，阡陌之间成群，而乘字牝者宾而不得聚会"[②]。社会经济出现了繁荣的局面，宫苑的兴建也达到一个高潮。

据记载，建元三年（前138），"武帝广开上林，南至宜春、鼎胡、御宿、昆吾，旁南山而西，至长杨、五柞，北绕黄山，濒渭而东，周袤数百里。穿昆明池象滇河，营建章、凤阙、神明、馺娑，渐台、泰液象海水周流方丈、瀛洲、蓬莱"[③]。苑中有"离宫七十所，皆容千乘万骑……苑中养百兽，天子秋冬射猎取之……群臣远方，各献名果异卉三千余种

① ［汉］司马迁撰，［宋］裴骃集解，［唐］司马贞索隐，［唐］张守节正义：《史记》，中华书局1959年版，第1417页。

② ［汉］司马迁撰，［宋］裴骃集解，［唐］司马贞索隐，［唐］张守节正义：《史记》，中华书局1959年版，第1420页。

③ ［汉］班固撰，［唐］颜师古注：《汉书》，中华书局1962年版，第3541页。

植其中，亦有制为美名，以标奇异”[①]。《关中记》记载：“上林苑门十二，中有苑三十六，宫十二，观二十五。”[②]

上林苑中的三十六苑，其名见于记载的有甘泉苑、宜春苑、御宿苑、思贤苑、博望苑、昆吾苑等。甘泉苑全名为甘泉上林苑，或甘泉上林宫。《三辅黄图》称：“甘泉苑，武帝置。缘山谷行，至云阳三百八十一里，西入扶风，凡周回五百四十里。苑中起宫殿台阁百余所，有仙人观、石阙观、封峦观、鳷鹊观。御宿苑，在长安城南御宿川中。汉武帝为离宫别院，禁御人不得入。往来游观，止宿其中，故曰御宿。”[③]《三秦记》记载：“御宿园出栗，十五枚一胜。大梨如五胜，落地则破。其取梨，先以布囊承之，号曰含消，此园梨也。”[④]“思贤苑，思贤苑，孝文帝为太子立思贤苑，以招宾客。苑中有堂室六所，客馆皆广庑高轩，屏风帏褥甚丽。”[⑤]“博望苑，武帝立子据为太子，为太子开博望苑以通宾客。《汉书》曰：‘武帝年二十九乃得太子，甚喜。太子冠，为立博望苑，使之通声客从其所好。’又云‘博望苑在长安城南，杜门外五里有遗址。’”[⑥]宜春苑在京城东南隅，即曲江池，亦称宜春下苑。《汉书》记载：“（初元二年），诏罢……宜春下苑。”孟康注云：“宫名也，在杜县东。”颜师古注云：“宜春下苑即今京城东南隅曲江池是。”[⑦]《汉书·贡禹传》云：“省宜春下苑以与贫民。”[⑧]《太平寰宇记》卷二十五云：“曲江池，汉武帝所造，名为宜春苑。其水曲折有似广陵之江，故名之。”[⑨]

---

① 陈直校证：《三辅黄图校证》，陕西人民出版社1980年版，第83页。

② 陈直校证：《三辅黄图校证》注引《关中记》，陕西人民出版社1980年版，第87页。

③ 陈直校证：《三辅黄图校证》，陕西人民出版社1980年版，第88—89页。

④ 陈直校证：《三辅黄图校证》，陕西人民出版社1980年版，第89页。

⑤ 陈直校证：《三辅黄图校证》，陕西人民出版社1980年版，第89页。

⑥ 陈直校证：《三辅黄图校证》，陕西人民出版社1980年版，第90页。

⑦ ［汉］班固撰，［唐］颜师古注：《汉书》，中华书局1962年版，第281—282页。

⑧ ［汉］班固撰，［唐］颜师古注：《汉书》，中华书局1962年版，第3073页。

⑨ 陈直校证：《三辅黄图校证》，陕西人民出版社1980年版，第91页。

上林苑中的十二宫，宫名见于记载的有建章宫、承光宫、储元宫、包阳宫、望远宫、犬台宫、宣曲宫、昭台宫、葡萄宫、扶荔宫等。储元宫在长安城西，“信都太后与信都王，俱居储元宫”[①]。犬台宫在长安城西二十八里，“外有走狗观也”[②]。葡萄宫在上林苑西，可能是种植葡萄的宫室。“扶荔宫，在上林苑中。汉武帝元鼎六年（前111），破南越起扶荔宫，以植所得奇草异木：菖蒲百本；山姜十本；甘蕉十二本；留求子十本；桂百本；蜜香、指甲花百本；龙眼、荔枝、槟榔、橄榄、千岁子、柑橘皆百余本。”[③]由于南北气候条件不同，所种植的草木“岁时多枯瘁。荔枝自交趾移植百株于庭，无一生者，连年犹移植不息。后数岁，偶一株稍茂，终无华实，帝已珍惜之。一旦萎死，守吏坐诛者数十人，遂不复莳矣。”[④]“宣曲宫，在昆明池西。孝宣帝晓音律，常于此度曲，因以为名。”[⑤]

建章宫是上林苑中最重要也是规模最大的宫殿建筑群，始建于汉武帝太初元年（前104）。据记载，太初元年长安城西柏梁殿遭火灾被焚毁，有粤巫谓：“粤俗有火灾，复起屋，必以大，用胜服之。”汉武帝听信了粤巫之言，“于是作建章宫，度为千门万户，前殿度高未央。其东则凤阙，高二十余丈。其西则商中，数十里虎圈。其北治大池，渐台高二十余丈，名曰泰液，池中有蓬莱、方丈、瀛洲、壶梁，象海中神山龟鱼之属。其南有玉堂璧门大鸟之属。立神明台、井干楼，高五十丈，辇道相属焉”。颜师古注称，“《三辅故事》云：池‘北岸有石鱼，长二丈、高五尺，西岸有石龟三枚，长六尺。’……《汉宫阁疏》云：‘神明台高五十丈，上有九室，恒置九天道士百人。然则神明、井干俱高五十丈也。井干楼积木而高，为楼若井干之形也。井干者，井上木栏也，其形或四

① 陈直校证：《三辅黄图校证》，陕西人民出版社1980年版，第69页。

② 陈直校证：《三辅黄图校证》，陕西人民出版社1980年版，第69—70页。

③ 陈直校证：《三辅黄图校证》，陕西人民出版社1980年版，第75页。

④ 陈直校证：《三辅黄图校证》，陕西人民出版社1980年版，第75—76页。

⑤ 陈直校证：《三辅黄图校证》，陕西人民出版社1980年版，第77页。

角，或八角。’”[①]建章宫前殿“度高未央”，其西广中殿可“受万人”。建章宫正门“曰阊阖，高二十五丈，亦曰璧门”[②]。《水经注》记载：“（建章宫）南有‘璧门’三层，高三十余丈，中殿十二间，阶陛咸以玉为之，铸铜凤五丈，饰以黄金，楼屋上椽首，薄以玉璧。因曰玉璧门也。”[③]《三辅旧事》记载：“建章宫周回数十里，殿东别起阁，高二十五丈，凭高以望远。”[④]《庙记》记载：“建章宫北门高二十五丈，建章北阙门也。又有凤凰阙，汉武帝造，高七丈五尺。凤凰阙，一名别风阙。”又云：“嶕峣阙，在圆阙门内二百步。”[⑤]其中的神明台为“祭仙人处，上有承露盘，有铜仙人，舒掌捧铜盘玉杯，以承云表之露”[⑥]。

太液池在建章宫的北部，开凿于武帝元封元年（前110年），周四十顷，水源引自城北渭水。池中筑有渐台，高二丈，又起三山，以为蓬莱、方丈、瀛洲，刻金石为鱼龙、奇禽、异兽之类。“池北岸有石鱼，长二丈，高五尺，西岸有石鳖三枚，长六尺。”[⑦]汉成帝秋日常同赵飞燕在池上游玩，“以沙棠木为舟，以云母饰于鹢首，一名云舟。又刻大桐木为虬龙，雕饰如真，夹云舟而行。以紫桂为柁枻，及观云棹水，玩撷菱蕖。”[⑧]“太液池中有鸣鹤舟、容与舟、清旷舟、采菱舟、越女舟。”[⑨]“太液池边皆是雕胡、紫萚、绿节之类……其间凫雏、雁子布满充积，又多紫龟、绿鳖。池边多平沙，沙上鹈鹕、鹧鸪、鸡鹊、鸿鹊，动辄成

① ［汉］班固撰，［唐］颜师古注：《汉书》，中华书局1962年版，第1245页。

② 陈直校证：《三辅黄图校证》，陕西人民出版社1980年版，第42页。

③ ［北魏］郦道元原注，陈桥驿注释：《水经注》，浙江古籍出版社2001年版，第295页。

④ 陈直校证：《三辅黄图校证》，陕西人民出版社1980年版，第41页。

⑤ 陈直校证：《三辅黄图校证》，陕西人民出版社1980年版，第43页。

⑥ 陈直校证：《三辅黄图校证》，陕西人民出版社1980年版，第65页。

⑦ ［汉］班固撰，［唐］颜师古注：《汉书》，中华书局1962年版，第1245页。

⑧ 陈直校证：《三辅黄图校证》，陕西人民出版社1980年版，第99页。

⑨ ［晋］葛洪撰，周天游校注：《西京杂记》，三秦出版社2005年版，第264页。

群。”[1]20世纪70年代曾在建章宫遗址附近出土一石鲸，长一丈四尺，方嘴锐尾，形象古朴生动，当为太液池的遗物[2]，经勘查，太液池遗址中上有池渚和假山的遗迹。

《三辅黄图》记载，上林苑中有昆明观、茧观、远望观、燕升观、观象观、便门观、白鹿观、三爵观、阳禄观、阴德观、鼎郊观、樛木观、椒唐观、鱼鸟观、元华观、走马观、柘观、上兰观、郎池观、当路观等数十座。据《汉书·武帝纪》记载：“（元封）六年（前105年）夏，京师民观角抵于上林平乐馆。”[3]又记载：“上林苑有茧观，盖蚕茧之所也。”[4]据此可知，鱼鸟观大概是饲养各种珍禽鱼类的场所，走马观是饲养和观赏赛马的场所，观象观、白鹿观则是饲养和观赏大象、白鹿的场所。

上林苑中，创造有许多池沼，除了昆明池外，还有初池、麋池、牛首池、蒯池、积草池、东西陂池、当路池、大壹池、郎池等十处池沼。其中，“牛首池在上林苑中西头。蒯池生蒯草以织席……积草池中有珊瑚树，高一丈二尺，一本三柯，上有四百六十二条，南越王赵佗所献，号为烽火树，至夜光景常焕然”[5]。

昆明池开凿于元狩三年（前120年），在上林苑诸池中，昆明池的规模最大，也最为著名。昆明池在长安西南，周回四十里，原为联系水战而开凿的，文献记载：“时粤欲与汉用船战逐，乃大修昆明池”[6]，“（元狩三年）减陇西、北地、上郡戍卒半，发谪吏穿昆明池”[7]。后来，昆明池变成了泛舟游玩的场所。“池中有戈船、楼船各数百艘。楼船上建楼

① ［晋］葛洪撰，周天游校注：《西京杂记》，三秦出版社2005年版，第23页。

② 刘庆柱、李毓芳：《汉长安城》，文物出版社2003年版，第187页。

③ ［汉］班固撰，［唐］颜师古注：《汉书》，中华书局1962年版，第198页。

④ ［汉］班固撰，［唐］颜师古注：《汉书》，中华书局1962年版，第4031页。

⑤ 陈直校证：《三辅黄图校证》，陕西人民出版社1980年版，第101页。

⑥ ［汉］班固撰，［唐］颜师古注：《汉书》，中华书局1962年版，第1170页。

⑦ ［汉］班固撰，［唐］颜师古注：《汉书》，中华书局1962年版，第177页。

橹，戈船上建戈矛，四角悉垂幡旄，旍葆麾盖，照灼涯涘。”[①]“池中有豫章台及石鲸，刻石为鲸鱼，长三丈，每至雷雨，常鸣吼，鬣尾皆动。一说，甘泉宫南有昆明池，池中有灵波殿，皆以桂为殿柱，风来自香……池中有龙首船，常令宫女泛舟池中，张凤盖，建华旗，作櫂歌，杂以鼓吹。帝御豫章观临观焉。”[②]《关辅古语》记载：“昆明池中有二石人，立牵牛、织女于池之东西，以象天河。”张衡《西京赋》有：“昆明灵沼，黑水玄沚。牵牛立其右，织女居其左。”[③]现距离西安城西约十公里斗门镇南有一座庙，俗称石爷庙。庙东三里，北常家村附近田野另有一座小庙，俗称石婆庙。两座庙中各有一尊石像，皆属于汉代昆明池遗物。石爷即牵牛像，石婆即织女像[④]。

昆明池前后共使用一千多年，至唐代仍然是京畿巨浸，并有鱼捕之利。宋金之际，堤岸水闸逐渐遭破坏，池水干涸，成为耕地。现在池北岸尚保存有部分堤岸，厚约二十米，堤岸上有建筑遗迹。

西汉灭亡后，刘秀利用时局混乱，重建汉朝并定都洛阳，史称东汉。定都洛阳之后，东汉政府对都城进行了大规模的扩建，营造了南宫和北宫，还修建了不少苑囿、池沼，注入西苑、显阳苑、毕圭灵琨苑等。

西苑在洛阳城西承明门内御道以北，东连禁掖，建于顺帝阳嘉元年（132年），“是岁，起西苑，修饰宫殿”[⑤]。中平二年（185年）“造万金堂于西园”[⑥]。《拾遗记》记载：“灵帝中平三年（186年），游于西园。起裸游馆千间，采绿苔而被阶，引渠水以绕砌。周流澄澈，乘船以游漾，

① ［晋］葛洪撰，周天游校注：《西京杂记》，三秦出版社2005年版，第265—266页。

② 陈直校证：《三辅黄图校证》，陕西人民出版社1980年版，第94页。

③ 陈直校证：《三辅黄图校证》，陕西人民出版社1980年版，第95页。

④ 顾铁符：《西安附近所见的西汉石雕艺术》，《文物参考资料》1955年第11期。

⑤ ［宋］范晔撰，［唐］李贤等注：《后汉书》，中华书局1965年版，第262页。

⑥ ［宋］范晔撰，［唐］李贤等注：《后汉书》，中华书局1965年版，第352页。

使宫人乘之，选玉色轻体者，以执篙楫，摇漾于渠中。”[①]由此可见西园（苑）的规模及建筑情况。

显阳苑在洛阳城西，建于汉桓帝延熹二年（159年），文献记载，延熹二年“秋七月，初造显阳苑，置丞”[②]。

毕圭灵琨苑建于汉灵帝光和三年（180年）。文献记载，灵帝欲造毕圭灵琨苑，杨赐上疏进谏：“先帝之制，左开鸿池，右作上林，不奢不约，以合礼中。今猥规郊城之地，以为苑囿，坏沃衍，废田园，驱居民，畜禽兽，殆非所谓‘若保赤子’之义。今城外之苑已有五六，可以逞情意，顺四节也，宜惟夏禹卑宫，太宗露台之意，以尉下民之劳。”[③]汉灵帝不听，坚持造苑。毕圭苑有东西二处，“东毕圭苑周一千五百步，中有鱼梁台；西毕圭苑周三千三百步，并在洛阳宣平门外也”[④]。

汉王朝雄厚的经济实力培育着气势宏伟、雄浑壮观的审美情怀；西汉中期以后董仲舒的新儒学登上历史舞台，其“天人感应”的思想进一步延续了中国古代对天地自然的敬畏；而西安和洛阳相对平坦的地势以及理水修缮技术的发展也为皇家园林经纬阴阳、模山范水提供了支持。作为统一大帝国的象征，两汉皇家园林始终以广大的天地宇宙作为摹仿的对象，在宫苑布局与分布上法天象地，在具体的山水配备上也讲求模山范水。

“本来天上的阶级即是人间的阶级……个人既在政治上取得了权力……自然会想在生命上取得自由，脱离了上帝的羁绊。”[⑤]在人们心目中，上天神圣而崇高，它在空间上趋于无限，给人以浩瀚博大之感；“天上的阶级”尊卑分明，星宿的运行井然有序，它神秘莫测给人以神圣崇

① ［晋］王嘉撰，孟庆祥、商媺姝译注：《拾遗记译注》，黑龙江人民出版社1989年版，第175页。

② ［宋］范晔撰，［唐］李贤等注：《后汉书》，中华书局1965年版，第304页。

③ ［宋］范晔撰，［唐］李贤等注：《后汉书》，中华书局1965年版，第1782—1783页。

④ ［宋］范晔撰，［唐］李贤等注：《后汉书》，中华书局1965年版，第345页。

⑤ 顾颉刚：《秦汉的方士与儒生》，上海古籍出版社2005年版，第9页。

高之感；“君权神授”“天人合一”，封建统治者为了取得权力的合法地位无不崇尚天宫，并努力营造与上天同一的人间秩序。因此，天宫星宿便成为宫苑布局模仿的对象，这在西汉初年高祖一统江山和西汉中期武帝国力极盛时期表现得尤为突出，汉代皇家宫室设计大开大合，正所谓“体象乎天地，经纬乎阴阳。据坤灵之正位，仿太紫之圆方”[①]。西汉初期兴建的未央宫有“台殿四十三……池十三，山六……门闼凡九十五”[②]。从而形成一个巨大的宫殿建筑群，其中鳞次栉比的宫殿、台榭围绕着静穆宏伟的前殿呈现众星拱月之势，可谓“地上天宫”。西汉中期武帝扩建上林苑，宫苑繁多，其间驰道相连，布局上也多模仿天上星象，考古发现在西安城西昆明池有牵牛、织女两座石像[③]，也充分说明班固所描述的“左牵牛而右织女，似云汉之无涯”[④]并非虚语。其规矩制度，上应星宿，“荷天衢以元亨，廓宇宙而作京”[⑤]。鲁恭王的灵光殿在建制上亦是与天上星宿相对应。

实际上，西汉帝国仿照天象营建盛大宫苑的现象反映的正是其以规模庞大、格局统一的建筑群落为其强盛国家实力之象征的崭新要求。东汉建都洛阳，在宫室营造上依然是延续西汉的规制，建有未央宫与上林苑，但是相比于西汉，国家实力有所下降，因此宫室规模气势都不及西汉。但这一时期，洛阳城和园林的营建思想仍然是延续了西汉时期“法相天地”的规划理念，正如张衡所言，东都洛阳城“复庙重屋，八达九房。规天矩地，授时顺乡”[⑥]。

而在具体的山水配备上，东汉时期的皇家园林较西汉更注重借景自然、错落有致。西汉时期“武帝广开上林……穿昆明池象滇河，营建章、

① 龚克昌等评注：《西汉赋评注》，山东大学出版社2011年版，第466页。

② ［晋］葛洪撰，周天游校注：《西京杂记》，三秦出版社2005年版，第1页。

③ 顾铁符：《西安附近所见的西汉石雕艺术》，《文物参考资料》1955年第11期。

④ 龚克昌等评注：《西汉赋评注》，山东大学出版社2011年版，第467页。

⑤ 龚克昌等评注：《西汉赋评注》，山东大学出版社2011年版，第800页。

⑥ 龚克昌等评注：《西汉赋评注》，山东大学出版社2011年版，第641页。

凤阙、神明、馺娑，渐台、泰液象海水周流方丈、瀛洲、蓬莱”[1]。中国园林“一池三山”模式由此形成。西汉皇家园林在山水配备上讲求对自然山水的模仿，模山范水、亲近天人、以求升仙，并竭力收集自然资源以囊括天下万物，体现强盛帝国的威严、富庶。至东汉，洛阳城内的永安宫与濯龙园都以水景闻名，濯龙园里清水芙蓉、嬉戏池鱼点缀着各处水泽，永安宫中修竹冬青与清冽的泉水交相辉映，正所谓“濯龙芳林，九谷八溪。芙蓉覆水，秋兰被涯。渚戏跃鱼，渊游龟蠵。永安离宫，修竹冬青。阴池幽流，玄泉冽清”[2]。而位于洛阳城近郊的平乐苑、广成苑、西苑等虽在规模建制上不及西汉时期的苑囿，却能够巧妙地利用自然山水以创造优美的景致。西汉时期皇家园林“模山范水”以求广大、崇高，以展现帝国壮丽之景，这种看似功利化、政治化的审美追求也意外开出了园林审美的自然之花，至东汉，山水审美进一步发展，继而催生了园林艺术“有若自然”的审美理念。

西汉武帝时期，商品经济得到持续发展，出现了一大批富庶商人，民间造园活动由此活跃；而自西汉中期以来，自给自足的庄园经济萌发，至东汉这一经济形式不断发展，贵族豪贾纷纷广占田庄、侵占山泽、结坞自保，进一步催生了汉代私家造园活动。这一时期私家园林在选址和布局上往往依山傍水，在景观设置上也更加追求“自然而然”之美，由此形成了汉代园林“有若自然”的审美理念。

西汉武帝时期，茂陵富商袁广汉在北邙山下建有私园。作为茂陵豪贾，家资殷富，其园林规模亦大，但更引人注意的是袁广汉私园选址在北邙山下，依山傍水，这就为其模仿自然界的山水、岛屿提供了天然地理优势。园林借助自然地理环境“积沙为洲屿，激水为波涛”，成山水波涛的“天然之景”，又“构石为山”形成人工假山，已经显现出时人对自然山水的模仿。

东汉时期，外戚权臣梁冀在洛阳城近郊建有私园。其园林“采土筑

① ［汉］班固撰，［唐］颜师古注：《汉书》，中华书局1962年版，第3541页。

② 龚克昌等评注：《两汉赋评注》，山东大学出版社2011年版，第641页。

山，十里九阪，以象二崤，深林绝涧，有若自然，奇禽驯兽，飞走其间”①。梁冀私园采土筑山仿效的是自然界中实实在在的二崤，这种直接取法真山营造假山的方法完全突破了皇家园林求仙升天的山水模式，一改西汉时期那种对海上仙山、虚妄仙境的塑造，是对自然界客观存在之山水的如实再现。崤山多“峻阜绝涧”，与之相对应，梁冀园中亦有“峭坂”与“深林绝涧”，可以说梁冀私园的营造布局对客观摹仿对象的表现近乎到了一一对应、穷形尽相的程度，其目的便是要使园中假山与真山一样自然、逼真。除此之外，梁园中还广布树木摹仿自然植被，放养禽兽比拟山林间的生灵，这无疑都增强了园林中山水的真实感，从而达到了自然而然、有若自然的审美效果。

汉代私家园林远离皇宫，受到的政治制约和礼制束缚也相对减少，因此更具个人情趣。由西汉向东汉的时代转换，不仅蕴涵着社会历史文化的重大变化，而且也蕴涵着审美文化的重大变异。自东汉以来社会崇尚实用，不论是衣食起居还是习俗经验，乃至文学艺术，都表现出一种客观实用的社会风尚，汉代园林的审美理念也由崇尚宇宙天象而“体象天地”转变为摹仿客观山水以求“有若自然”，这无疑是对汉代园林审美文化的进一步丰富发展。自此以后，“有若自然”的审美理念始终贯穿中国后世几千年的园林发展史，由此而呈现出来的迷人风景也成为中国园林迥异于世界园林的闪光点。

东汉末的“士人园林”出现了迥异于皇家园林与私家园林的审美追求。文人对理想生活环境的想象式建构始于汉魏这一时代的交汇点，士人园林所蕴藏的“清旷乐志”之审美理念萌生于汉末并在魏晋时期全面绽放。这一审美理念的产生既是政局动荡、时代转换的产物，也是园林审美文化走向自觉的表现。

东汉末年独特的社会现实促进了“人的觉醒”。这一时期政局动荡、民不聊生，思想上儒学式微、经学衰弱、谶纬垮台，个人的观念和行为从儒学和谶纬的支配下逐渐解脱出来。两次“党锢之祸”又加速瓦解了

① ［宋］范晔撰，［唐］李贤等注：《后汉书》，中华书局1965年版，第1182页。

士人群体对朝廷的信心，士人将关注的重心由家国天下、社会政局、世俗生活等界域转向内在情绪、个体心理、生命感伤、自有意念等层面，显示出一种从外在之“实”向内在之“真”的朦胧向往和追求[①]。在东汉末期的文人五言诗《古诗十九首》中我们可以强烈地感受到作者清醒的生命意识“人生非金石，岂能长寿考”《回车驾言迈》），“人生天地间，忽如远行客”（《青青陵上柏》），这一时期文人们更加关注人生现实，认识到人生的短暂与莫测；又发出了“何不策高足，先据要路津”《今日良宵会》）的感慨，进而自我劝谏“不如饮美酒，被服纨与素”《驱车上东门》），人生缥缈幻灭，不如及时行乐，这是汉末文人对现实人生的留恋、对快意生活的追求。

东汉末年文人的山水审美意识得到进一步升华。人类自诞生以来就与自然山水有着不解之缘，一般认为中国古代人类与自然的关系大致经历了神化、比德、比情、畅神的发展历程[②]，这是一个审美由自在状态向自觉状态的转变过程。神化关系是指在人类社会的初期，人类无法理解神秘的大自然，认为万物有灵，从而神化自然，对自然抱有崇拜的心理；比德关系诞生于春秋战国时期，是指把自然物同人的道德观念联系起来，以自然之规律和特点来比附人之情操、道德；比情关系形成于汉代，是把自然现象与人的情感联系起来，以自然之规律和特点来类比人之情感；畅神关系是指把自然山水看作独立的审美对象，在人对自然的观照中获得情感的愉悦和精神的升华。同样，早在汉代就已经萌生了“畅神”自然审美观[③]，至东汉末年山水审美得到进一步的升华，钱钟书先生曾依据仲长统对田居生活的描写认为“山水方滋，当在汉季”[④]。当代学者余英

① 仪平策：《中国审美文化史·秦汉魏晋南北朝卷》，上海古籍出版社2013年版，第107页。

② 周均平：《中国古代“比情”自然审美观论纲》，《山东社会科学》2012年第12期。

③ 周均平：《汉代萌生“畅神”自然审美观刍论》，《东北师大学报（哲学社会科学版）》2004年第1期。

④ 钱钟书：《管锥编》第3册，中华书局1979年版，第1036页。

时也认为怡情山水成为士大夫生活中不可缺少的一部分是自仲长统始[①]。

仲长统因此成为东汉末年士人山水审美意识渐趋独立的标志性人物，而其对山水田园的理想式建构也催生了汉代士人园林萌芽。他终身未仕，“每州郡命召，辄称疾不就。常以为凡游帝王者，欲以立身扬名耳，而名不常存，人生易灭，优游偃仰，可以自娱，欲卜居清旷，以乐其志”[②]。无意于功名利禄，流连于清旷卜居，仲长统在《乐志论》中描绘了一幅美妙清旷的山水田园生活图景。肥沃的田地环绕园子，清旷的山脉伏卧窗外，潺潺溪水流经门前，青青竹林遍布四周；出门有舟车代步，居家有佳肴果腹，与自然万物相游戏，与达者智人相往来；弹奏《南方》以逍遥，抛却尘世之束缚，超乎宇宙之外。如此居所，已具备魏晋南北朝士人园林的雏形，园林结构回归自然，布局在高低俯仰、前后环匝中尽显空间之美感，环境清旷怡人；士人寓居于此，与文人雅士相往来，体悟自然之美，领悟人生之真谛，获得一种乐志怡神的审美体验。

时代的演进总会给艺术增添新的因素。士人遁迹于山林，在矛盾的夹缝中归园田居，同时将自己的意趣与追求熔铸进园林之中，用笔搭建起理想中的田园居所，描绘出园林生活的乐志怡神，形成了把自然风景山水浓缩于园林的艺术形式，士人园林正是萌芽于如此情势之中，并由此呼唤出园林审美文化的新趋向。自此，士人园林对“清旷乐志”的追求日渐清晰地显现出来，并在魏晋南北朝达到高峰，正如余英时所说，自汉末仲长统以来“流风愈广，故七贤有竹林之游，名士有兰亭之会。其例甚多，盖不胜枚举矣”[③]。“竹林七贤”的领袖人物嵇康矢志不与司马氏政权合作，言其志：“家有盛柳树，乃激水以圜之。”此种归隐田居、远离朝野的追求可谓与汉末士人如出一辙；而西晋石崇的金谷园“有清泉茂林，众果、竹柏、药草之属，莫不毕备。又有水碓、鱼池、土窟，

① 余英时：《士与中国文化》，上海人民出版社1987年版，第339页。

② ［宋］范晔撰，［唐］李贤等注：《后汉书》，中华书局1965年版，第1644页。

③ 余英时：《士与中国文化》，上海人民出版社1987年版，第339页。

其为娱目欢心之物备矣”[①]。如此园林，既有清旷优美的环境氛围，又兼备娱目欢心的自然之物，已然是将仲长统理想中的田园现实化，士人园林乐志怡神之功能尽览无余。

第二节　汉代贵族园林

经过汉初数十年的休养生息，农业生产日益发展，社会财富迅速增加，社会出现空前繁荣，这使得上层贵族和民间富豪生活逐渐淫侈，纵情享乐。《盐铁论》中提到当时的社会风气是：“富累于陶、卫，舆服僭于王公，宫室溢于制度，并兼列宅，隔绝闾巷，阁道错连，足以游观；凿池曲道，足以骋骛；临渊钓鱼，放犬走兔。”[②]一些显贵富豪开始仿效皇家苑囿，建立自己的私家园林。文献记载当时的情况：“富者积土成山，列树成林，台榭连阁，集观增楼。中者祠堂屏阁，垣阙罘罳。”[③]这种祖庙建筑在实际上开创了私人园林的先河。西汉有关于董仲舒“三年不窥园”的记载，东汉延光二年（123年）安帝“诏遣使者大为阿母修第”，太尉杨震上疏谏止，但安帝不听，中常侍樊丰及侍中周广、谢恽等人“见震连切谏不从，无所顾忌，遂诈作诏书，调发司农钱谷、大匠见徒材木，各起家舍、园池、庐观，役费无数”[④]。曲阳侯王根“行贪邪，臧累巨万，纵横恣意，大治室第，第中起土山，立两市，殿上赤墀，户青琐”[⑤]。类似的记载不胜枚举。在汉代的私家园林中，较有代表性的是西汉梁孝王兔苑和富民袁广汉园以及东汉大将军梁冀园。

① ［南北朝］刘义庆编撰，刘孝标注：《世说新语》，岳麓书社2016年版，第212页。

② ［汉］桓宽著，王利器校注：《盐铁论校注》，天津古籍出版社1983年版，第119—120页。

③ ［汉］桓宽著，王利器校注：《盐铁论校注》，天津古籍出版社1983年版，第355页。

④ ［宋］范晔撰，［唐］李贤等注：《后汉书》，中华书局1965年版，第1764页。

⑤ ［汉］班固撰，［唐］颜师古注：《汉书》，中华书局1962年版，第4028页。

一、梁孝王兔苑

梁孝王刘武为西汉文帝之子，景帝之弟。“七国之乱”时，梁孝王“城守睢阳”，又派韩安国、张羽等大将率军迎敌，双方在梁国境内对峙三个月，打破了吴楚叛军西进的企图，并最终导致了吴楚叛军的失败，史书记载，在这场平叛战争中，“梁（孝王）所破杀虏略与汉中分”[①]。由于梁孝王在平定“七国之乱”中的巨大功劳，汉景帝对他赏赐丰厚，“其后梁最亲，有功，又为大国，居天下膏腴地。地北界泰山，西至高阳，四十余城，皆多大县”[②]。从而使得梁孝王拥有了巨大的财力。因为梁孝王是窦太后的小儿子，深受太后宠爱，“赏赐不可胜道”。并准许他在睢阳城西二十里筑东苑，又称“兔苑”。“方三百余里，广睢阳城七十里。”兔苑的周长比睢阳城还要长七十里，苑中“大治宫室，为复道，自宫连属于平台三十余里”[③]。也就是说，从梁孝王宫城以东到平台的三十多里，是梁王离宫所在，也是兔苑的核心和最精华的部分，宋人王仲旉《南都赋》说兔苑“飞阁层楼，动以百数”[④]。据《西京杂记》记载：“梁孝王好营宫室苑囿之乐，作曜华之宫，筑兔园。”[⑤]南朝梁任昉《述异记》记载：“梁孝王筑平台，台至今存，有蒹葭洲、凫藻洲、梳洗潭，中有望秦山，商人望乡之处。”[⑥]汉代除皇室外，皇族中建筑达如此规模的园林并不多见，这或许是特例。但是从兔苑的构筑可知，在当时的园林中，

① ［汉］司马迁撰，［宋］裴骃集解，［唐］司马贞索隐，［唐］张守节正义：《史记》，中华书局1959年版，第2082页。

② ［汉］司马迁撰，［宋］裴骃集解，［唐］司马贞索隐，［唐］张守节正义：《史记》，中华书局1959年版，第2082—2083页。

③ ［汉］司马迁撰，［宋］裴骃集解，［唐］司马贞索隐，［唐］张守节正义：《史记》，中华书局1959年版，第2083页。

④ 刘万华、王红梅、张学勇主编：《商丘文萃》，大象出版社2018年版，第170页。

⑤ ［晋］葛洪撰，周天游校注：《西京杂记》，三秦出版社2005年版，第114页。

⑥ ［梁］任昉：《述异记》卷上，光绪湖北崇文书局1875年版，第28页。

构筑假山、挖掘池沼、堆积洲渚已经占有相当重要的地位。

二、袁广汉园

袁广汉是西汉茂陵的富民，“藏镪巨万，家僮八九百人”。袁氏曾“于北邙山下筑园，东西四里，南北五里，激流水注其内。构石为山，高十余丈，连延数里。养白鹦鹉、紫鸳鸯、牦牛、青兕，奇兽怪禽，委积其间。积沙为洲屿，激水为波涛，其中致江鸥海鹤，孕雏产鷇，延漫林池。奇树异草，靡不具植。屋皆徘徊连属，重阁修廊，行之，移晷不能遍也”[①]。其气魄之大，构制之巧，花木禽兽之众，令人惊叹。后来，袁广汉获罪被诛杀，园被没入官府，园中“鸟兽草木，皆移植上林苑中”。关于袁广汉园的所在，有人认为其既“于北邙山下筑园”，而北邙山在洛阳，因此该园一定在洛阳[②]。

但袁广汉是洛阳人之说较为可疑。茂陵位于陕西省咸阳市兴平，袁氏既为茂陵富民，不太可能舍近求远在洛阳建造私家园林。宋敏求《长安志》卷十四兴平县条下云：“始平原。在县北一里。东西五十里，南北八里。东入咸阳界，西入武功界。《三秦记》曰：‘长安城北有始平原数百里，其人井汲巢居，井深五十丈，汉时亦谓之北芒崖。’”[③]由此可见，兴平县北有始平原，西汉时称北芒崖。《西京杂记》中所称的“北邙山”，应该就是“北芒崖”之误。同一条下引《西京杂记》袁氏筑园事时，“北邙山”就写作“北芒崖”，可见宋敏求也认为《西京杂记》中所说的北邙山其实就是兴平的北芒崖。陈直在《三辅黄图校证》中说：“自咸阳北面高原起，至兴平一带，农民皆称为北邙坂，而《西京杂记》正用口头语，

① ［晋］葛洪撰，周天游校注：《西京杂记》，三秦出版社2005年版，第137页。

② 〔日〕冈大路著，常瀛生译：《中国宫苑园林史考》，农业出版社1988年版，第46页。

③ ［宋］宋敏求撰，［元］李好文撰，辛德勇、郎洁点校：《长安志·长安图志》，三秦出版社2013年版，第426页。

与洛阳‘北邙山’名同实异。”[①]凡此二例，皆可证辛氏《三秦记》所说不误。

袁广汉的私家园林规模相对于同时期的其它园林来说并不算大，但却有完备的园林要素，如其中的水面，“激流水注其内”，不仅有落差巨大的小河，还有非常开阔的池沼，人工造成的波浪冲刷着池沼中的人造沙洲，私园中饲养着各种名贵的动物，如白鹦鹉、紫鸳鸯、牦牛、青兕等。值得注意的是，这些动物来自四面八方，袁氏竟然能大费周章将它们搜罗到自己的园林中。

三、东汉梁冀园

梁冀为东汉大将军，“少为贵戚，逸游自恣”。史书记载梁冀“大起第舍”，历仕顺、冲、质、桓四朝，其为政二十年，“一门前后七封侯，三皇后，六贵人，二大将军，夫人、女食邑称君者七人，尚公主者三人，其余卿、将、尹、校五十七人。在位二十余年，穷极满盛，威行内外，百僚侧目，莫敢违命，天子恭己而不得有所亲豫”。[②]可谓是权势熏天。梁冀身为大将军，可以“入朝不趋，剑履上殿，谒赞不名，礼仪比萧何；悉以定陶、成余户增封为四县，比邓禹；赏赐金钱、奴婢、彩帛、车马、衣服、甲第，比霍光；以殊元勋。每朝会，与三公绝席。十日一入，平尚书事。宣布天下，为万世法。”[③]但梁冀不思报效君恩、勤于政事，每日沉溺于享乐之中。梁冀不仅压制百官，连皇帝也不放在眼里，“冲帝又崩，冀立质帝。帝少而聪慧，知冀骄横，尝朝群臣，目冀曰：‘此跋扈将军也。’冀闻，深恶之，遂令左右进鸩加煮饼，帝即日崩”[④]。梁冀最后落个灭顶之灾，也是罪有应得。骄奢横暴，及其被诛之日，“诸梁及孙氏

① 陈直校证：《三辅黄图校证》，陕西人民出版1980年版，第85页。

② ［宋］范晔撰，［唐］李贤等注：《后汉书》，中华书局1965年版，第1185页。

③ ［宋］范晔撰，［唐］李贤等注：《后汉书》，中华书局1965年版，第1183页。

④ ［宋］范晔撰，［唐］李贤等注：《后汉书》，中华书局1965年版，第1179页。

中外宗亲送诏狱，无长少皆弃市。……其它所连及公卿列校刺史二千石死者数十人，故吏宾客免黜者三百余人，朝廷为空……收冀财货，县官斥卖，合三十余万万，以充王府，用减天下税租之半”[①]。梁冀聚敛的财富可见一斑。

《后汉书》还记载，梁冀与自己的心腹孙寿邻街而居，彼此“殚极土木，互相夸竞”。而梁冀的住宅尤其豪华，“堂寝皆有阴阳奥室，连房洞户。柱壁雕镂，加以铜漆；窗牖皆有绮疏青琐，图以云气仙灵。台阁周通，更相临望；飞梁石蹬，陵跨水道。”[②]深宅大院，房间相连，屋柱墙壁都雕刻花纹，画漆装饰，并镶嵌着铜制的装饰，大小窗户都镂刻成空心花纹，装饰着宫廷样式的青色连环纹饰，并画上云气缭绕的仙灵图案。台阁相互呼应。长桥凌空高悬，石阶横跨水上。金玉珠宝，四方进献的珍奇怪物，堆满仓库。甚至有一些远方送来的汗血宝马。他还广开园林，取土成山。十里九坡，以仿效东西崤山。深林阴涧，仿佛天然真景。珍禽异兽在其中散布。

梁冀还“多拓林苑，禁同王家，西至弘农，东界荥阳，南极鲁阳，北达河、淇，包含山薮，远带丘荒，周旋封域，殆将千里。又起菟苑于河南城西，经亘数十里，发属县卒徒，缮修楼观，数年乃成”[③]。梁冀所筑林苑规模之大，建筑之豪华，堪比帝王的苑囿，为此前所少见。

《梁冀别传》中也有类似记载：“梁冀奢僭，四方调发，岁时贡献，皆先输上第于冀，乘舆乃其次焉。又广开园囿，采土筑山，十里九坂，以象二崤，深林邃涧，有若自然，奇禽怪兽，飞走其间。妻共冀乘辇，张羽盖饰以金银，游第内。”[④]后来梁冀乱杀朝臣，积怨日多，并意欲钳

① ［宋］范晔撰，［唐］李贤等注：《后汉书》，中华书局1965年版，第1186—1187页。

② ［宋］范晔撰，［唐］李贤等注：《后汉书》，中华书局1965年版，第1181—1182页。

③ ［宋］范晔撰，［唐］李贤等注：《后汉书》，中华书局1965年版，第1182页。

④ ［宋］李昉编撰，夏剑钦、王巽斋校点：《太平御览》第4卷，河北教育出版社1994年版，第1033页。

制桓帝。此举终于使龙颜震怒，不久，梁翼因罪被诛杀，其家产没官，宅邸、园林亦被全部拆除。

第三节　汉代园林中的山水

一、体象天地：皇家园林山水

两汉时期无论是皇家苑囿还是私人造园，都有一个显著的特征，即对山林川泽的占有和对自然山水的模仿，这一造园传统源自秦朝。以秦始皇修造的园林来说，“咸阳北至九嵕甘泉，南至鄠、杜，东至河，西至汧、渭之交，东西八百里，南北四百里，离宫别馆相望联属。木衣绨绣，土被朱紫，宫人不移，乐不改悬，穷年忘归，犹不能遍”①。在这“东西八百里，南北四百里”的苑囿区域，大量离宫别馆散布在山川林泽之间，显然不仅是为了皇帝畋猎或种植之用，也可以为宫馆里的人提供休闲的场所和游览的平台。

秦始皇时期的宫苑还有一个重要特点就是体象天地，以浩瀚的宇宙天地作为公园建筑的模仿对象，《史记》中记载：“（阿房宫）表南山之颠以为阙，为复道。自阿房渡渭，属之咸阳，以象天极阁道绝汉抵营室也。”②据专家考证，这是秦朝人根据他们对星座的理解：“在咸阳宫之南渭水上架设复道，过渭水之南建阿房宫，以形成天地譬喻的情况，天上是，从天极星通过阁道星渡过银河到达营室；地上是，从咸阳宫通过复道渡过渭水到达阿房宫。”③

① 陈直校证：《三辅黄图校证》，陕西人民出版社1980年版，第7页。

② ［汉］司马迁撰，［宋］裴骃集解，［唐］司马贞索隐，［唐］张守节正义：《史记》，中华书局1959年版，第256页。

③ 范振国、郑慧生：《当今书刊中古文误读误释举例》，《河南大学学报（哲学社科版）》1987年第4期，第66页。

这种体象天地的构园原则也在汉代苑囿中有所体现。如班固《西都赋》描写西汉宫苑："其宫室也，体象乎天地，经纬乎阴阳。据坤灵之正位，仿太紫之圆方。"[①]昆明池"左牵牛而右织女，似云汉之无涯"[②]。张衡《东京赋》："复庙重屋，八达九房。规天矩地，授时顺乡。"[③]王延寿《鲁灵光殿赋》："其规矩制度，上应星宿"[④]。

除了体象天地之外，秦汉时期宫苑中还筑造有大量的人工山水，《西京杂记》云："汉高帝七年，萧相国营未央宫。因龙首山制前殿，建北阙。未央宫周回二十二里九十五步五尺，街道周回七十里。台殿四十三，其三十二在外，其十一在后宫。池十三，山六，池一、山一亦在后宫。门闼凡九十五。"[⑤]其后宫南半部为苑囿，开凿有沧池，筑有渐台。《三辅黄图》引《旧图》曰"未央宫有沧池，言池水苍色，故曰沧池。"[⑥]"未央宫有沧池，池中有渐台，王莽死于此。"[⑦]《水经注》也有类似的记载："渠上承泬水于章门西，飞渠引水入城，东为仓池，池在未央宫西，池中有渐台。汉起兵，王莽死于此台。"[⑧]《三辅黄图》还记载："汉西郊有苑囿，林麓薮泽连亘，缭以周垣四百余里，离宫别馆三百余所。"[⑨]

需要说明的是，秦汉时期的皇家苑囿中的山水，相当一部分与秦始皇和汉武帝的神仙信仰和追求有关。所以西安、咸阳一带的皇家苑囿中，都兴建了象征海上三山的园林景观。如《秦记》记载："始皇都长安，引

---

① 龚克昌等评注：《两汉赋评注》，山东大学出版社2011年版，第466页。

② 龚克昌等评注：《两汉赋评注》，山东大学出版社2011年版，第467页。

③ 龚克昌等评注：《两汉赋评注》，山东大学出版社2011年版，第641页。

④ 龚克昌等评注：《两汉赋评注》，山东大学出版社2011年版，第800页。

⑤ ［晋］葛洪撰，周天游校注：《西京杂记》，三秦出版社2005年版，第1页。

⑥ 陈直校证：《三辅黄图校证》，陕西人民出版社1980年版，第97页。

⑦ 陈直校证：《三辅黄图校证》，陕西人民出版社1980年版，第107页。

⑧ ［北魏］郦道元原注，陈桥驿注释：《水经注》，浙江古籍出版社2001年版，第298页。

⑨ 陈直校证：《三辅黄图校证》，陕西人民出版社1980年版，第90页。

渭水为地，筑为蓬、瀛。”[①]汉武帝时修建的太液池，高岸环周，碧波荡漾，犹如“沧海之汤汤”。“池中有蓬莱、方丈、瀛洲、壶梁。”[②]以象征东海中的天仙胜境。并用玉石雕凿“鱼龙、奇禽、异兽之属”，使仙山更具神秘色彩。一幅美丽的天然图画，引人遐思，令人神往。池中备有鸣舟、清旷舟、采蔓舟、越女舟等，供皇帝嬉戏游玩。除此之外，汉武帝在上林苑中开凿的昆明池也具有象征海上三山的意味。“（汉武帝）穿昆明池象滇河，营建章、凤阙、神明、馺娑，渐台、泰液象海水周流方丈、瀛洲、蓬莱。”[③]

皇家苑囿中模仿海中三山，提高了水体在园林景观中的地位，使之成为与山体、建筑鼎足而立的基本景观要素。数量众多，相互映衬，而水面形态、大小又千姿百态的水体穿插于庞大宫苑建筑和山体之间，无疑大大开拓了园林的艺术空间，山体与水体之间的关系由过去长期的一水环一山、一池环一台变为一个庞大水体环绕三山，从而建立了以水体为襟带的山、水、建筑组合关系，这为园林艺术的大大丰富和发展提供了空间条件。

二、岩下之居：私人园林山水

《后汉书·方术列传》记载了东汉时期的方士费长房遇壶公之事，后者携带的壶中集各地山川人物、亭台楼阁、帆船舟车、树木河流于一处，“玉堂严丽”，别有洞天。《神仙传》则进一步发挥，称“房有神术，能缩地脉，千里存在，目前宛然，放之复舒如旧也”[④]。神仙传说虽然荒诞，

① ［汉］司马迁撰，［宋］裴骃集解，［唐］司马贞索隐，［唐］张守节正义：《史记》，中华书局1959年版，第251页。

② ［汉］班固撰，［唐］颜师古注：《汉书》，中华书局1962年版，第1245页。

③ ［汉］班固撰，［唐］颜师古注：《汉书》，中华书局1962年版，第3541页。

④ ［晋］葛洪原著，周国林译注：《神仙传全译》，贵州人民出版社1998年版，第129页。

但是费长房能够使“千里存在，目前宛然”的传说却代表了汉代社会的一般理想，那就是随着社会的发展，有许多具有一定地位的贵戚豪族，以能“置身于岩下与木石之中”为追求，这与秦汉皇帝筑造苑囿以“体象天地”、亲神近仙有着根本不同。

造成这一现象的原因主要在于，到东汉末，社会动荡不安，人们普遍流露出消极悲观的情绪。人们深感“浩浩阴阳移，年命如朝露，人生忽如寄，寿无金石固”（《驱车上东门》），因此滋长了及时行乐的思想，处在这样的时代思潮下，社会上逐渐形成了游山玩水的风气。为避免跋涉之苦、保证物质生活享受而又能长期占有大自然的山水风景，最理想的办法莫如营造“第二自然”——园林。于是，私家园林勃然兴起。当时的私家园林一般都小而精，造园的手法从单纯写实向写实和写意相结合过渡，开启了后世私家园林的先河。

造成这种现象的原因，很大程度上与两汉时期的隐逸思想流行有关。西汉之初，黄老思想盛行，造成了很多人身在朝堂、心居林壑。如曹参“不事事”“饮以醇酒”[①]，陈平“不治事，日饮醇酒”[②]。东方朔“所谓避世于朝廷间者也”[③]。降至西汉末年，统治危机日益加剧，刘汉王朝处于风雨飘摇之中，一些士人觉察到王莽篡权的野心，拒绝与其合作，逃遁不仕，出现了历史上第一次归隐高潮，并由此形成了社会广泛接受的隐逸文化。隐逸之士闭居岩壑，或潜心学术，或修道求仙，或借此表明不与当权者合作的态度，以一种别样的方式表达着自身的价值观念与人生姿态。

例如，梁孝王兴建兔苑就是其遭到汉景帝刻意打压，萌生出消极政治态度的一种表达。“七国之乱”之后，由于其在平叛过程中的巨大功绩，以及其母窦太后的溺爱，使得梁孝王逐渐有了觊觎皇位的野心，走

① ［汉］班固撰，［唐］颜师古注：《汉书》，中华书局1962年版，第2019页。

② ［汉］班固撰，［唐］颜师古注：《汉书》，中华书局1962年版，第2048页。

③ ［汉］司马迁撰，［宋］裴骃集解，［唐］司马贞索隐，［唐］张守节正义：《史记》，中华书局1959年版，第3205页。

上了与其兄汉景帝争夺皇权的道路，甚至派人刺杀朝中持反对意见的重臣。《史记·梁孝王世家》记载："上废栗太子，窦太后心欲以孝王为后嗣。大臣及袁盎等有所关说于景帝，窦太后义格，亦遂不复言以梁王为后嗣事由此……其夏四月，上立胶东王为太子。梁王怨袁盎及议臣，乃与羊胜、公孙诡之属阴使人刺杀袁盎及他议臣十余人。"[①]梁孝王最终没有反叛，但他觊觎皇位的野心和谋杀朝廷重臣的行为，已经触犯了法律，尽管汉景帝没有对梁孝王追责甚至诛杀，但汉景帝此后的种种作为也宣告了梁孝王政治生命的终结。正是在这种情况下，梁孝王开始了其兔苑的营建。

《西京杂记》对兔苑山水景观有如下描述："梁孝王好营宫室苑囿之乐，作曜华之宫，筑兔园。园中有百灵山，山有肤寸石、落猿岩、栖龙岫。又有雁池，池间有鹤洲凫渚。其诸宫观相连，延亘数十里，奇果异树，瑰禽怪兽毕备。王日与宫人宾客弋钓其中。"[②]按照《西京杂记》的描述，兔苑无疑是中国园林史上早期叠石为山的事例之一。所谓"肤寸石"，意即尺寸很小的石头，以小石为山，必然是结合了夯土而堆筑成的土石假山。同时，"肤寸"这一概念在春秋以来的文献中还代表"云起""出云"等意义。在后世文人的诗词中，可以找到很多将云纹与肤寸石相类比的例子。如晋张协的《杂诗》："虽无箕毕期，肤寸自成霖"；唐王昌龄《悲哉行》："长云数千里，倏忽还肤寸"；宋黄庭坚《放言》诗之五："微云起肤寸，大荫弥九州"；明江泓源："时含三素云，出自肤寸石"[③]等，表明"肤寸石"还是一种带有云纹的色泽斑斓的文石，这种大理石

① ［汉］司马迁撰，［宋］裴骃集解，［唐］司马贞索隐，［唐］张守节正义：《史记》，中华书局1959年版，第2084—2085页。

② ［晋］葛洪撰，周天游校注：《西京杂记》，三秦出版社2005年版，第114页。

③ 福建省文明市政协文史资料委员会编：《三明旅游诗词》，海潮摄影艺术出版社2003年版，第215页。

至今在园林假山构筑中仍是主要角色[①]。兔苑的“肤寸石”“落猿岩”“栖龙岫”等叠山形式所表现出的写意技巧，在以往叠山中极为少见。所以学术界一般认为，这是中国古代园林用土石相混合堆筑假山的先例。

权贵豪强建造的私家园林中，叠山理水将假山假石浓缩在园内，追求山野之趣、天然之美，也是极其重要的内容。东汉大将军梁翼在园内“采土筑山，十里九坂，以象二崤，深林邃涧，有若自然，奇禽怪兽，飞走其间”[②]。表明梁冀园假山是以自然界中的真实山川为蓝本，缩移摹写，追求“十里九坂”这种自然多变的恢宏气势，“深林邃涧，有若自然”的山林意境。此前，西汉茂陵富人袁广汉于北邙山筑园，构石为山，高十余丈，绵延数里。值得注意的是，兔苑“栖龙岫”可能是私家园林中人工构筑山洞的早期实例之一。参证司马相如《上林赋》中有关“夷嵕筑堂，累台增成，岩突洞房，頫杳眇而无见、仰攀橑而扪天”等描写[③]，以及东汉王延寿《鲁灵光殿赋》所描述的“岩突洞出，逶迤诘屈。周行数里，仰不见日”[④]的巨大山洞结构，可以看出，人工山洞结构是在西汉以后逐步普及的。这意味着两汉时期的私家园林已经改变了皇家苑囿中常见的一池三山模式，由追求神仙境界，一变而成为追求有若自然的真山意境。袁广汉、梁冀等人在构筑私家园林过程中追求的“有若自然”，成为以后中国造园艺术的基本原则。

汉代园林的一个重要现象是，无论是皇家苑囿还是私人园林，多在其中修建“土山渐台”。汉未央宫、长乐宫、明光宫、桂宫等均有大规模土山，山上构筑台观，架以复道跨越城墙。《三辅黄图》记载，未央宫中

① 也有学者认为，文中所说肤寸石、落猿岩、栖龙岫以及鹤洲、凫渚等，很可能都是唐宁王九曲池中的景物。参见曹汛：《中国造园艺术》，北京出版社2019年版，第56页注释3。但曹氏的说法只是一种臆测，并无文献资料支持，而且作者也指出“这个问题较复杂”。因此笔者仍然支持肤寸石就是带云纹的文石的观点。

② ［宋］李昉编撰，夏剑钦、王巽斋校点：《太平御览》第4卷，河北教育出版社1994年版，第1033页。

③ 龚克昌等评注：《两汉赋评注》，山东大学出版社2011年版，第91页。

④ 郑竞主编：《全汉赋》，之江出版社1994年版，第183页。

也有“东山台”“西山台”。表明先秦以来，宫苑高台榭、美宫室的传统与园林人工筑山的实践正进一步结合，园林的山水风格正逐步走向自然，或至少已经开始探索在传统的三山模式基础上，加入一些自然山水因素。西汉后期，王氏五侯之王根、王富等大筑宅第，“起土山渐台”[①]的记载则表明，私家园林对皇家的山水模式近乎亦步亦趋地模仿状态。这些园林的筑山除了规模略小，山水形式应与皇家园林无异[②]。

汉代以来的“土山渐台”之制促进了人工建筑与园林山水环境的结合，成为台苑山水向自然山水过渡的一个中间环节。但直接将宫苑建筑置于人工筑山之上，难免会使土筑假山退化为建筑台观的地基，而很难发展出人工叠山应有的面貌。因此，汉代皇家宫苑的筑山还只是宫殿建筑环境的点缀，并没有成为完整的、独立的审美对象。但汉代宫苑以人工叠山与池泉、高台和土山林园的组合，一改早期宫苑“一池三山”的模式化山水结构，开始形成全新的山水相连的景观结构和形态，为魏晋自然山水园的发展奠定了基础。

小 结

两汉时期是中国园林发展史上的第一次高潮。主要表现为：这一时期不仅涌现出大量见诸文献的著名园林，也出现了皇家园林和私家园林交相辉映、共同发展的时风。

两汉思想观念也充分投射到园林建筑上，自从汉武帝“尊崇儒术”政策之后，儒家思想中的“天人合一”观念广为流行，反映在两汉园林建筑上，就是在当时宇宙观念的指导下，遵循及“体象乎天地，经纬乎

① ［汉］班固撰，［唐］颜师古注：《汉书》，中华书局1962年版，第4023页。

② 《汉书·元后传》记载，曲阳侯王根治宅第，起“土山渐台似类白虎殿。于是上怒”。这些王公贵戚的宅园大也多以皇家宫苑为范本，以至“仿效无极，小异土制”。大有骄奢僭越，拟于人君之嫌。参见［汉］班固撰，［唐］颜师古注：《汉书》，中华书局1962年版，第4025页。

阴阳”的营建理念，公私园林无不反映出两汉帝国的豪情壮志、园林艺术的勃勃生机、经天纬地的磅礴气势。战国以来的神仙信仰也在园林建筑中多有表现。与画像砖石中最常表现的西王母和昆仑山形象不同的是，两汉园林建筑中多模仿“一池三山”的蓬莱仙境，造成这种差别的原因尚有待进一步讨论。

结　论

以上，我们从山水观念的实证研究入手，梳理其形成基础及形成过程，重点在于以两汉时期的文本和图像材料为立足点和出发点，系统梳理了山水观念在两汉时期的种种形态，以及两汉山水形态中所表现的自然物性、生命哲理、天人关系及审美意识。通过归类、分析、归纳、总结，勾勒出两汉山水观念的全景化轮廓，从而为中国独特的山水观念和山水文化系统建构提供了材料积累、分析路径和理论探讨。

笔者认为，正如玉器在中国文化史上被划分成神玉时代、礼玉时代和民玉时代一样。山水观念也经历了一个由神的山水、礼的山水到民的山水的转变。在“神的山水”时代，先民刚刚从蒙昧中走出，中国特有的地理形态，使得他们对山水产生了深深的依赖。山川不仅是先民赖以生存的栖息地，也是他们获得食物的主要来源地，更是他们了解宇宙世界的基本途径。所以《礼记·祭法》中说：“山林川谷丘陵，民所取材用也。”[①]“山者……出云导风，天地以成，国家以宁。”[②]山水被认为是神祇的居所或者作为神祇的标识，当原始宇宙观产生以后，山水就成了沟通天地人神的重要媒介和基本渠道，正如徐旭生先生所说：“按着当时人的思想，天地相隔并不太远，可以相通。交通的道路就是靠着‘上插云霄’的高山。”[③]

“礼的山水”阶段是自西周开始。西周的天命观是“天命靡常”，这

① ［清］阮元校刻：《十三经注疏》，中华书局1980年版，第1590页。

② ［汉］韩婴撰，许维遹校释：《韩诗外传》，中华书局1980年版，第111页。

③ 徐旭生：《中国古史的传说时代》，文物出版社1985年版，第79页。

从思想上就否定了殷商时期“我生不有命在天”[①]中所认为的君王的一切来自上天。周人的这一观念的转变也表现在对山川鬼神的信仰中，不再把山川神灵作为唯一的信仰对象，而是相对侧重于人的主观意识。人们逐渐从原始蒙昧时期敬畏自然的观念中脱离出来，开始亲近自然，认识到山水自然给人们带来的实用性，于是对于山川神灵的态度也发生了变化，不再是逢事必拜、逢灵必敬的态度。如《荀子·王制》云：“天之所覆，地之所载，莫不尽其美，致其用，上以饰贤良，下以养百姓而安乐之。”春秋时期郑国子产也有类似的观点：“山川之神，则水旱之灾禜之；日月星辰之神，则雪霜风雨不时禜之；若君疾，饮食哀乐女色所生也。”[②]正是这种对于山川自然的实用性的认识，使得自然山水中的“神格”在下降，而“人格”特征的砝码在逐渐加重。在他们看来，山川只有在对百姓有实际助益时，才应得到祭祀，如果对百姓没有帮助，则不应该享受祭祀，所以《国语·鲁语》中就有这样的记载：“加之以社稷、山川之神，皆有功烈于民者也……及九州名山川泽，所以出财用也。非是不在祀典。”[③]人本观念在祭祀文化中已经占据越来越重要的地位。

而在“人的山水”阶段，首先表现为人的审美自觉。鲁迅曾说过，建安时代是“文学的自觉时代”[④]，实际上，从更广阔的视域来审视，建安时期开始的整个魏晋南北朝都属于审美文化的自觉时代。这首先表现为“人的自觉”，其“核心便是在怀疑论哲学思潮下对人生的执着。在表面看来似乎是如此颓废、悲观、消极的感叹中，深藏着的恰恰是它的反面，是对人生、生命、命运、生活的强烈的欲求和留恋。而它们正是在对原来占据统治地位的意识形态——从经术到宿命，从鬼神迷信到道德

① 李民、王健：《尚书译注》，上海古籍出版社2004年版，第184页。

② ［汉］司马迁撰，［宋］裴骃集解，［唐］司马贞索隐，［唐］张守节正义：《史记》，中华书局1959年版，第1772页。

③ 徐元浩撰，王树民、沈长云点校：《国语集解》，中华书局2002年版，第161页。

④ 鲁迅：《而已集》，人民文学出版社1973年版，第84页。

节操的怀疑和否定基础上产生出来的”[①]。长期的社会动荡和由此带来的巨大社会反差，不仅给当时人们带去了深重灾难，也对意识形态和社会文化心理造成了巨大的冲击，两汉以来占据绝对统治地位的儒家思想和以谶纬为特征的经学，在巨大的社会变革面前不仅难以起到振衰起敝的现实功效，甚至连安抚情绪、慰藉心灵的作用都付诸阙如。因此，“非名教”“任自然”成为这一时期重要的思想特征，当时的人们从哲学的玄思中探索生命的意义，审美文化充满了标新立异和个性色彩，其不泥于传统、无所拘忌的创造意识和独立品格，使之在对艺术审美特性的理论把握中，有了一种历史性的开掘和突破。也正是这种理论层面的开掘与突破，使这一时期作为中国美学“大转折的关键”[②]，具有了更加坚实而突出的历史定位和意义。在实践上，他们将自身投入自然山水之中，试图从对自然山川之美的欣赏中寻索“玄远幽深的哲学意味”[③]。如宗白华所说：“晋人以虚灵的胸襟、玄学的意味体会自然，乃能表里澄澈，一片空明，建立最高的晶莹的美的意境！”[④]

正是因为这一变化，感物抒情成为魏晋南北朝时期流行的山水体验。这种体验不同于先秦时期以政治和社会秩序为旨归的、具有群体指向性的道德比附，而是一种以个性化、情感性为主要特征的审美经验。这种将情感与山水直接关联的审美活动中，自然山水开始挣脱了先秦时期的象征性道德政治目的，纯粹的审美性格逐步显现，从而进入“人的山水”的阶段。

而两汉时期恰好处在由“礼的山水”向“人的山水”的过渡阶段。这种过渡期间山水观念的种种变化和变革，从文本和图像等各种材料上凸显出来。

首先，汉代山水审美观念的变化开启了对山水形式美的欣赏。自然

---

① 李泽厚：《美的历程》，天津社会科学院出版社2002年版，第116页。

② 宗白华：《美学散步：插图本》，上海人民出版社2005年版，第55页。

③ 宗白华：《美学散步：插图本》，上海人民出版社2005年版，第361页。

④ 宗白华：《美学散步》，上海人民出版社2015年版，第254页。

山川的感性外表和形式是山水观念中的第一构成要素，是欣赏者用自己的身体感官直接感受到的自然原初的本相。正如艾尔多所说："我们在自然中感知特性的能力，总是从形式美开始，就和在艺术中一模一样。"[①] 在审美知识系统中，"形式"是位于首位的。从文本材料来看，汉赋固然是经学影响下的文学形式，其主要功能是为君王歌功颂德，或者是以劝诫、讽谏为主要目的，从观念的角度来看，山水尚未受到充分的重视，而事实上如前文所述，汉赋中有大量的关于山水的内容，对自然山川河流、飞禽走兽进行了细致的描绘，充满了热情的赞美。而从各种画像（墓葬壁画、画像石、画像砖）上，我们不仅能看到匠人根据画师的粉本精心勾画的各种形式的山川草木，我们甚至能从"采莲图""庄园图""狩猎图"等画面中，真切感受到墓主人对于自然山川的欣赏，以及徜徉山水之间带来的那份惬意和自得。

这一时期对于山水的刻画摹写已经超越了其外在形式，进入对山水社会属性和人文指喻的审美阶段。"一定自然形式具有审美意义是在它跟社会生活现象的客观联系中（有用与愉快并存的形态中）取得的，而且只有当这种联系具有普遍性而失去个别的具体联系的特征时，它才真正成为具有独立性的形式美这种特殊的审美对象。"[②]加拿大学者艾伦·卡尔松曾提出："形式主义的欣赏和评估不能说明那些被明显地忽略了的审美特性。这是因为，那些被忽略了的审美特性正是些自然环境的非形式审美特征，这些特征由环境自然之实际面貌，及其非形式特性而决定。"[③]汉代文本和图像材料中的审美观念中已经包涵有朦胧的客观认知因素，即便是有夸张和变形，甚至想象的成分，也是建立在对审美对象的认知基础之上的。通过梳理便不难发现，汉代山水观念中的审美内容

① Aldo Leopold, *A Sand Country Almanac: And Sketches Here and There* , New York: Oxford University Press,1949, p.102.

② 吴世常、陈伟等主编：《新编美学辞典》，河南人民出版社1987年版，第18页。

③ Allen Carlson, *On the Possibility of Quantifying Scenit Beauty*, Landscape Planning 1977,(4): 131—172.

中，既包含了对山川景物的客观认知成分，也包含了山水自然中所蕴藏的人文内涵。

需要说明的是，两汉时期山水观念的深层涵义在于其所蕴含的丰富汉代文化因素，而人们也试图从中寻找“天人之际”的理想相处方式。两汉山水观念深受汉代宇宙观的影响，始终贯穿着“生命”的主线。在两汉的观念中，山水之美不仅仅是因为其外在的形式，更因为山水中孕育的生命构成了一个和谐的、有规律的整体，体现了“天”“道”的生养之大德。换言之，两汉山水观念中深刻反映了汉代宇宙论的创生化育之说，将欣赏对象由自然山川上升到整个宇宙万物背后的造化之力，欣赏的是那看不见的、触摸不到的“天”“道”“阴阳之气”，这才是山水观念的精髓所在。

两汉山水观念还传达出紧密的天人相通相连的天人关系。这种天人关系，基于汉代杂糅的宇宙论基础之上，既有人对自然世界的依赖，也有人和自然世界的感情相连，还有人对自然的崇拜，以及人与自然的和谐相处。连同山水在内的大自然提供的客观物质资源是天人关系的根本，人类的繁衍生长都依赖于自然。因此，山水观念中体现的人对自然的欣赏、依赖是自然山水特性中的应有之义。

从上述分析可以看出，山水观念对自然对象的欣赏有四个层次：自然对象的外在形式美和天然特性美，自然对象体现出的生命创造化育之美，自然山水体现的“自然而然”之美和两汉山水中传达出的丰富的天人关系。这可以说是山水观念的核心所在，全面把握两汉时期的山水观念，不仅为中国审美观念史补充了材料，也为更完整地描绘出整个中国审美观念和审美文化的历史发展进程提供了借鉴。

主要参考文献

一、古代文献

1. [春秋] 左丘明著，蒋冀骋点校：《左传》，岳麓书社2006年版。

2. [战国] 吕不韦编，[汉] 高诱注：《吕氏春秋》，上海书店1986年版。

3. [战国] 列御寇著，[晋] 张湛注：《列子》，上海书店1986年版。

4. [汉] 刘安著，[汉] 高诱注：《淮南子注》，上海书店1986年版。

5. [汉] 司马迁撰，[宋] 裴骃集解，[唐] 司马贞索隐，[唐] 张守节正义：《史记》，中华书局1959年版。

6. [汉] 刘向编集，贺伟、侯仰军点校：《战国策》，齐鲁书社2005年版。

7. [汉] 班固撰，[唐] 颜师古注：《汉书》，中华书局1962年版。

8. [汉] 刘熙：《释名》，中华书局1985年版。

9. [汉] 郑玄注，[唐] 孔颖达等正义：《礼记正义》，上海古籍出版社1990年版。

10. [汉] 王充著，张宗祥校注，郑绍昌标点：《论衡校注》，上海古籍出版社2010年版。

11. [汉] 王逸撰，黄灵庚点校：《楚辞章句》，上海古籍出版社2017年版。

12. [汉] 许慎撰，[清] 段玉裁注：《说文解字注》，上海古籍出版社

1988年版。

13.［汉］班固：《白虎通德论》，四部丛刊景元大德覆宋监本。

14.［汉］郑玄注，［唐］贾公彦疏：《周礼注疏》，北京大学出版社1999年版。

15.［汉］桓宽：《盐铁论》，上海人民出版社1974年版。

16.［晋］崔豹撰，牟华林校笺：《〈古今注〉校笺》，线装书局2015年版。

17.［晋］王嘉撰，孟庆祥、商孅姝译注：《拾遗记译注》，黑龙江人民出版社1989年版。

18.［宋］范晔撰，［唐］李贤等注：《后汉书》，中华书局1965年版。

19.［南朝梁］刘勰著，詹锳义证：《文心雕龙义证》，上海古籍出版社1989年版。

20.［梁］沈约：《宋书》，中华书局1974年版。

21.［唐］陆德明：《经典释文》，上海古籍出版社1985年版。

22.［唐］刘肃撰，许德楠、李鼎霞点校：《大唐新语》，中华书局1984年版。

23.［唐］徐坚等：《初学记》，中华书局1962年版。

24.［唐］欧阳询撰，汪绍楹校：《艺文类聚》，上海古籍出版社1965年。

25.［宋］洪兴祖撰，黄灵庚点校：《楚辞补注》，上海古籍出版社2015年版。

26.［宋］朱熹集注：《诗集传》，上海古籍出版社1980年版。

27.［宋］李昉编纂，夏剑钦校点：《太平御览》，河北教育出版社1994年版。

28.［清］恽敬：《大云山房文稿》，清同治八年刻本。

29.［清］孙诒让：《周礼正义》第三册，光绪三十一年玉海楼刻本。

30.［清］王先谦集解：《庄子集解》，上海书店1986年版。

31.［唐］张彦远撰，周晓薇点校：《历代名画记》，辽宁教育出版社

2001年版。

32.［清］纪昀、陆锡熊、孙士毅等：《钦定四库全书总目（整理本）》，中华书局1997年版。

33.［唐］孔颖达：《周易正义》，中国书店1987年版。

34.［清］孙星衍：《尚书今古文注疏》，中华书局1986年。

35.［清］王士祯著，张宗楠纂集，戴鸿森点校：《带经堂诗话》，人民文学出版社1963年版。

36.［清］方润玉撰，李先耕点校：《诗经原始》，中华书局1986年版。

37.［清］王夫之：《船山遗书》，北京出版社1999年版。

38.［清］苏舆撰，钟哲点校：《春秋繁露义证》，中华书局1992年版。

39.［清］孙希旦撰，沈啸寰、王星贤点校：《礼记集解》，中华书局1989年版。

40.［清］顾祖禹撰，贺次君、施和金点校：《读史方舆纪要》，中华书局2005年版。

二、学术著作

1.〔德〕恩格斯著，张仲实译：《家庭、私有制和国家的起源》，人民出版社1954年版。

2.北京历史博物馆、河北省文物管理委员会编：《望都汉墓壁画》，中国古典艺术出版社1955年版。

3.南京博物院、山东省文物管理处编：《沂南古画像石墓发掘报告》，文化部文物管理局1956年版。

4.河南省文化局文物工作队编：《郑州二里冈》，科学出版社1959年版。

5.杨宽：《古史新探》，中华书局1965年版。

6. 内蒙古自治区博物馆文物工作队编：《和林格尔汉墓壁画》，文物出版社1978年版。

7. 钱钟书：《管锥编》，中华书局1979年版。

8. 郑奠、谭全基编：《古汉语修辞学资料汇编》，商务印书馆1980年版。

9. 刘志远、余德章、刘文杰编：《四川汉代画像砖与汉代社会》，文物出版社1983年版。

10. 翦伯赞：《秦汉史》，北京大学出版社1983年版。

11. 郑临川述评：《闻一多论古典文学》，重庆出版社1984年版。

12. 楼宇烈整理：《康有为学术著作选·论语注》，中华书局1984年版。

13. 吕子方：《中国科学技术史论文集》，四川人民出版社1983年版。

14. 倪其心、费振刚等选注：《中国古代游记选》（上册），中国旅游出版社1985年版。

15. 冯友兰：《中国哲学史新编》，人民出版社1985年版。

16. 周到、吕品、汤文兴编：《河南汉代画像砖》，上海人民美术出版社1985年版。

17. 〔英〕R·G. 柯林武德著，何兆武、张文杰译：《历史的观念》，中国社会科学出版社1986年版。

18. 冯契：《中国古代哲学的逻辑发展》，上海人民出版社1987年版。

19. 汪子嵩等：《希腊哲学史》（第一卷），人民出版社1988年版。

20. 叶舒宪编选：《结构主义神话学》，陕西师范大学出版社1988年版。

21. 万光治：《汉赋通论》，巴蜀书社1989年版。

22. 河北省文物研究所编：《安平东汉壁画墓》，文物出版社1990年版。

23. 钱林森编：《牧女与蚕娘——法国汉学家论中国古诗》，上海古籍出版社1990年版。

24.〔波〕耶日·托波尔斯基著，张家哲等译：《历史学方法论》，华夏出版社1990年版。

25.陕西省考古研究所、西安交通大学编：《西安交通大学西汉壁画墓》，西安交通大学出版社1991年版。

26.刘泽华主编：《士人与社会 秦汉魏晋南北朝卷》，天津人民出版社1992年版。

27.叶舒宪：《中国神话哲学》，中国社会科学出版社1992年版。

28.湖北省博物馆编：《曾侯乙墓文物艺术》，湖北美术出版社1992年版。

29.〔日〕小南一郎著，孙昌武译：《中国的神话传说与古小说》，中华书局1993年版。

30.罗永麟：《中国仙话研究》，上海文艺出版社1993年版。

31.中国社会科学院考古研究所编：《汉杜陵陵园遗址》，科学出版社1993年版。

32.河南省文物研究所：《密县打虎亭汉墓》，文物出版社1993年版。

33.罗宗真：《六朝考古》，南京大学出版社1994年版。

34.山东石刻艺术博物馆编：《山东汉画像石精萃》，齐鲁书社1994年版。

35.何星亮：《中国自然神与自然崇拜》，生活·读书·新知三联书店上海分店1995年版。

36.张岱年：《张岱年全集》，河北人民出版社1996年出版。

37.罗根泽：《乐府文学史》，东方出版社1996年版。

38.河南省文物考古研究所编：《永城西汉梁国王陵与寝园》，中州古籍出版社1996年版。

39.洛阳市第二文物工作队、黄明兰、郭引强编：《洛阳汉墓壁画》，文物出版社1996年版。

40.陕西省地方志编纂委员会编：《茂陵志》，三秦出版社1997年版。

41.〔德〕夏瑞春编，陈爱政等译：《德国思想家论中国》，江苏人民出版社1997年版。

42. 内蒙古文物考古研究所编：《内蒙古中南部汉代墓葬》，中国大百科全书出版社1998年版。

43. 葛兆光：《中国思想史》，复旦大学出版社1998年版。

44. 李泽厚：《美学三书》，安徽文艺出版社1999年版。

45. 〔美〕柯文著，杜继东译：《历史三调：作为事件、经历和神话的义和团》，江苏人民出版社2000年版。

46. 安徽省文物考古研究所编：《凌家滩玉器》，文物出版社2000年版。

47. 中国画像石全集编辑委员会编：《中国画像石全集》，山东美术出版社、河南美术出版社2000年版。

48. 河南省商丘市文物管理委员会等编：《芒砀山西汉梁王墓地》，文物出版社2001年版。

49. 冯时：《中国天文考古学》，社会科学文献出版社2001年版。

50. 蒋英炬、杨爱国：《汉代画像石与画像砖》，文物出版社2001年版。

51. 贺西林：《古墓丹青：汉代墓室壁画的发现与研究》，陕西人民美术出版社2001年版。

52. 余英时：《士与中国文化》，上海人民出版社1987年版。

53. 浙江省文物考古研究所编：《瑶山》，文物出版社2003年版。

54. 〔英〕昆廷·斯金纳著，李宏图译：《自由主义之前的自由》，上海三联书店2003年版。

55. 游琪、刘锡诚主编：《山岳与象征》，商务印书馆2004年版。

56. 陈静：《自由与秩序的困惑：〈淮南子〉研究》，云南大学出版社2004年版。

57. 顾颉刚：《秦汉的方士与儒生》，上海古籍出版社2005年版。

58. 〔美〕巫鸿著，柳扬、岑河译：《武梁祠——中国古代画像艺术的思想性》，生活·读书·新知三联书店2006年版。

59. 张朋川：《黄土上下：美术考古文萃》，山东画报出版社2006年版。

60. 徐波选注：《中国古代海洋散文选》，海洋出版社2006年版。

61.〔美〕史华兹著，程钢译：《古代中国的思想世界》，江苏人民出版社2008年版。

62. 陕西省考古研究院编：《壁上丹青：陕西出土壁画集》，科学出版社2009年版。

63. 中国社会科学院考古研究所、安徽省蒙城县文化局编：《蒙城尉迟寺.第二部》，科学出版社2007年版。

64. 金观涛：《观念史研究：中国现代重要政治术语的形成》，法律出版社2009年版。

65. 徐振韬主编：《中国古代天文学词典》，中国科学技术出版社2009年版。

66. 刘宗迪：《失落的天书：〈山海经〉与古代华夏世界观》，商务印书馆2006年版。

67. 徐复观：《中国艺术精神》，华东师范大学出版社2001年版。

68. 邢义田：《画为心声：画像石、画像砖与壁画》，中华书局2011年版。

69. 李国新：《浙江省汉晋画像经典图像赏析》，河南大学出版社2013年版。

70. 蒋波：《秦汉隐逸问题研究》，湘潭大学出版社2014年版。

71. 何驽：《怎探古人何所思：精神文化考古理论与实践探索》，科学出版社2015年版。

72. 凌皆兵、王清建、牛天伟主编：《中国南阳汉画像石大全》，大象出版社2015年版。

73. 鲍永玲：《德国早期教化观念史研究》，上海人民出版社2018年版。

三、学术论文

1. 姚鉴：《河北望都县汉墓的墓室结构和壁画》，《文物参考资料》1954年第12期；

2. 关天相、冀刚：《梁山汉墓》，《文物参考资料》1955年第5期。

3. 李文信：《辽阳发现的三座壁画古墓》，《文物参考资料》1955年第5期。

4. 河南文物工作队第一队：《郑州岗杜附近古墓葬发掘简报》，《文物参考资料》1955年10期。

5. 顾铁符：《西安附近所见的西汉石雕艺术》，《文物参考资料》1955第11期。

6. 罗福颐：《内蒙古自治区托克托县新发现的汉墓壁画》，《文物参考资料》1956年第9期。

7. 山西省文物管理委员会：《山西平陆枣园村壁画汉墓》，《考古》1959年9期。

8. 甘肃省文物管理委员会：《酒泉下河清第1号和第18号墓发掘简报》，《文物》1959年第10期。

9. 王增新：《辽宁辽阳县南雪梅村壁画墓及石墓》，《考古》1960年第1期。

10. 王增新：《辽阳市棒台子二号壁画墓》，《考古》1960年第1期。

11. 华觉明、杨根、刘恩珠：《战国两汉铁器的金相学考查初步报告》，《考古学报》1960年第1期。

12. 曹雨群：《读〈山海经〉》，《上海师范大学学报（哲学社会科学版）》1960年第2期。

13. 河南省文化局文物工作队：《河南密县打虎亭发现大型汉代壁画墓和画象石墓》，《文物》1960年第4期。

14. 罗哲文：《孝堂山郭氏墓石祠》，《文物》1961年第Z1期。

15.湖南省博物馆：《长沙砂子塘西汉墓发掘简报》，《文物》1963年第2期。

16.河南省文化局文物工作队：《洛阳西汉壁画墓发掘报告》，《考古学报》1964年第2期。

17.安金槐、王与刚：《密县打虎亭汉代画象石墓和壁画墓》，《文物》1972年第10期。

18.任日新：《山东诸城县前寨遗址调查》，《文物》1974年第1期。

19.洛阳博物馆：《洛阳西汉卜千秋壁画墓发掘简报》，《文物》1977年第6期。

20.临沂金雀山汉墓发掘组：《山东临沂金雀山九号汉墓发掘简报》，《文物》1977年第11期。

21.周到、李京华：《唐河针织厂汉画像石墓的发掘》，《文物》1973年第6期。

22.内蒙古文物工作队、内蒙古博物馆：《和林格尔发现一座重要的东汉壁画墓》，《文物》1974年第1期。

23.四川省博物馆：《成都百花潭中学十号墓发掘记》，《文物》1976年第3期。

24.陈少丰、宫大中：《洛阳西汉卜千秋墓壁画艺术》，《文物》1977年第6期。

25.秦都咸阳考古工作站：《秦都咸阳第一号宫殿建筑遗址简报》，《文物》1976年11期。

26.安徽省亳县博物馆：《亳县曹操宗族墓葬》，《文物》1978年第8期；

27.辽阳市文物管理所：《辽阳发现三座壁画墓》，《考古》1980年第1期。

28.郑文：《〈汉安世房中歌〉试论》，《社会科学》1985年第2期。

29.余德章、刘文杰：《试论四川汉代画像砖的分布地区、刻塑技法及其史料价值》，《考古与文物》1986年第5期。

30.辽宁省博物馆、辽阳博物馆：《辽阳旧城东门里东汉壁画墓发掘报告》，《文物》1985年第6期。

31.徐进、张蕴：《西安南郊曲江池汉唐墓葬清理简报》，《考古与文物》1987年第6期。

32.南阳市博物馆：《南阳市王庄汉画像石墓》，《中原文物》1985年第3期。

33.南阳地区文物工作队、南阳县文化馆：《河南南阳县英庄汉画像石墓》，《文物》1984年第3期。

34.成都市文物管理处：《四川成都曾家包东汉画像砖石墓》，《文物》1981年第10期。

35.傅熹年：《陕西扶风召陈西周建筑遗址初探——周原西周建筑遗址研究之二》，《文物》1981年3期。

36.中国社会科学院考古研究所河南第二工作队：《河南偃师杏园村东汉壁画墓》，《考古》1985年第1期。

37.南阳市博物馆：《南阳县王寨汉画像石墓》，《中原文物》1982年第1期。

38.河姆渡遗址考古队：《浙江河姆渡遗址第二期发掘的主要收获》，《文物》1980年第5期。

39.洛阳市文物工作队：《洛阳西工东汉壁画墓》，《中原文物》1982年第3期。

40.河南省文物研究所：《密县后士郭汉画像石墓发掘报告》，《华夏考古》1987年第2期。

41.章沧授：《汉赋与山水文学》，《安庆师范学院学报（社会科学版）》1987年第3期。

42.山东省文物考古研究所、莒县博物馆：《山东莒县杭头遗址》，《考古》1988年第12期。

43.山东省考古所、山东省博物馆、莒县文管所：《山东莒县陵阳河大汶口文化墓葬发掘简报》，《史前研究》1987年第3期。

44. 濮阳市文物管理委员会、濮阳市博物馆、濮阳市文物工作队：《濮阳西水坡遗址试掘简报》，《中原文物》1988年第1期。

45. 安徽省文物考古研究所：《安徽含山凌家滩新石器时代墓地发掘简报》，《文物》1989年第4期。

46. 济南市文化局文物处：《山东济南青龙山汉画像石壁画墓》，《考古》1989年第11期。

47. 阎道衡：《永城芒山柿园发现梁国国王壁画墓》，《中原文物》1990年第1期；

48. 饶宗颐：《大汶口"明神"记号与后代礼制——论远古之日月崇拜》，《中国文化》1990年第1期。

49. 冯时：《河南濮阳西水坡45号墓的天文学研究》，《文物》1990年第3期。

50. 陕西省考古研究所、西安交通大学：《西安交通大学西汉壁画墓发掘简报》，《考古与文物》1990年第4期。

51. 山东省文物考古研究所、莒县博物馆：《莒县大朱家村大汶口文化墓葬》，《考古学报》1991年第2期。

52. 〔日〕小南一郎：《壶形的宇宙》，《北京师范大学学报（哲学社会科学版）》1991年第2期。

53. 洛阳市文物工作队：《河南洛阳北郊东汉壁画墓》，《考古》1991年第8期。

54. 李学勤：《论含山凌家滩玉龟、玉版》，《中国文化》1992年第1期。

55. 洛阳市文物工作队：《洛阳机车工厂东汉壁画墓》，《文物》1992年第3期。

56. 山西省考古研究所、运城地区文化局、夏县文化局博物馆：《山西夏县王村东汉壁画墓》，《文物》1994年第8期。

57. 林沄：《天亡簋"王祀于天室"新解》，《史学集刊》1993年第3期。

58. 刘军社：《周砖刍议》，《考古与文物》1993年6期。

59. 李锦山：《西王母题材画像石及其相关问题》，《中原文物》1994年第4期。

60. 洛阳市文物工作队：《河南洛阳市第3850号东汉墓》，《考古》1997年第8期。

61. 洛阳市第二文物工作队：《洛阳市朱村东汉壁画墓发掘简报》，《文物》1992年第12期。

62. 洛阳市第二文物工作队：《洛阳浅井头西汉壁画墓发掘简报》，《文物》1993年第5期。

63. 安金槐：《河南密县后士郭三号汉墓调查记》，《华夏考古》1994年第3期。

64. 李锦山：《西王母题材画像石及其相关问题》，《中原文物》1994年第4期。

65. 党寿山：《甘肃武威磨嘴子发现一座东汉壁画墓》，《考古》1995年第11期。

66. 郑州市文物考古研究所、荥阳市文物保护管理所：《河南荥阳苌村汉代壁画墓调查》，《文物》1996年第3期。

67. 马昌仪：《壶形的世界——葫芦、魂瓶、台湾古陶壶之比较研究》，《民间文学论坛》1996年第4期。

68. 浙江省文物考古研究所：《良渚文化汇观山遗址第二次发掘简报》，《文物》2001年第12期。

69. 李修松：《试论凌家滩玉龙、玉鹰、玉龟、玉版的文化内涵》，《安徽大学学报（哲学社会科学版）》2001年第6期。

70. 洛阳市文物工作队：《洛阳新安县铁塔山汉墓发掘报告》，《文物》2002年第5期。

71. 刘敏：《壶：唐传奇小说中的道教审美意象》，《世界宗教文化》2005第3期。

72. 马利清：《内蒙古凤凰山汉墓壁画二题》，《考古与文物》2003

年2期。

73. 李新伟：《中国史前玉器反映的宇宙观——兼论中国东部史前复杂社会的上层交流网》，《东南文化》2004年第3期。

74. 陕西省考古研究所、榆林市文物管理委员会：《陕西定边县郝滩发现东汉壁画墓》，《考古与文物》2004年第5期。

75. 中国社会科学院考古研究所山西队、山西省考古研究所、临汾市文物局：《山西襄汾县陶寺城址祭祀区大型建筑基址2003年发掘简报》，《考古》2004年第7期。

76. 中国社会科学院考古研究所山西队、山西省考古研究所、临汾市文物局：《山西襄汾陶寺城址2002年发掘报告》，《考古学报》2005年3期。

77. 刘云涛：《山东莒县东莞出土汉画像石》，《文物》2005年第3期。

78. 郑杭生、胡翼鹏：《天道左旋：社会运行的溯源和依据——若干考古发现成果的社会学开发》，《浙江师范大学学报（社会科学版）》2007年第3期。

79. 中国社会科学院考古研究所山西队、山西省考古研究所、临汾市文物局：《山西襄汾县陶寺中期城址大型建筑II FJ T 1基址2004～2005年发掘简报》，《考古》2007年第4期。

80. 刘次沅：《陶寺观象台遗址的天文学分析》，《天文学报》2009年第1期。

81. 陕西省考古研究院：《2008年陕西省考古研究院考古调查发掘新收获》，《考古与文物》2009年第2期。

82. 黄佩贤：《汉代壁画墓的分区与分期研究》，《考古与文物》2010年第1期。

83. 张白露：《中国古代山水文化对早期山水画的影响》，《文艺评论》2010年第5期。

84. 雷百景：《茂陵砖瓦图饰与西汉五铢钱文》，《文博》2011年第1期。

85.陈池瑜：《孔子的山水比德思想及其对中国山水艺术的影响》，《东南大学学报（哲学社会科学版）》2011年第2期。

86.周均平：《中国古代“比情”自然审美观论纲》，《山东社会科学》2012第12期。

87.蒋伟：《道家哲学与山水性灵》，《河南师范大学学报（哲学社会科学版）》2016年第3期。

88.吴全兰、赵立庆：《西汉“天人感应”思想的伦理意蕴》，《贵州大学学报（社会科学版）》2015年第2期。

89.曾大兴：《地理环境影响文学的表现、途径与机制》，《兰州学刊》2017第4期。

90.胡军：《汉画像砖石山石图像类型与特征》，《艺术探索》2018年第4期。

91.山东博物馆、费县博物馆：《山东费县刘家疃汉画像石墓发掘简报》，《文物》2018年第9期。

后　记

2020年9月，刚刚过完自己52岁生日，我背起书包来到安徽大学徽学研究中心，师从周晓光教授攻读博士学位。入学那天，我问老师自己是不是安大历史上年龄最长的博士生，老师笑答："冠军你不是，前三估计差不多。"就这样，我与一帮和自己孩子年龄相仿的同学一起，开始了在安徽大学龙河校区的"问津"生活（徽学研究中心所在的楼叫"问津楼"）。在紧张的学习和工作之余，我总结了过往的学习和研究心得，撰写了这本《汉代山水观念研究》。

我本科毕业于安徽师范大学历史系，其后跟随本系裘士京教授攻读中国古代史方向的硕士研究生，主要研究领域是上古历史与考古，对于汉代历史关注由来已久。两汉不仅是对前代文化的传承与巩固，更在传统文化的基础上发明良多，先民活泼的思想不仅在文本的史料中跳跃，也被镌刻于砖石、摹绘于壁版，明艳多彩又深邃沉着，让我沉浸其中不能自拔。后来因为工作的原因，自己对建筑、园林、古村落等关注较多，对徽州的情感也越来越深厚，特别关注徽州以"三雕"为代表的建筑艺术以及带有"堪舆"色彩的山水观念等。读博之初，我重新收拾起早年的成果，结合自己的研究方向，也下功夫研究图像学、形象史学等相关领域的内容，逐渐萌发了利用图像材料研究思想观念史的想法。尤其是在安徽省徽学学会2021年会上，我提交的《形象史学视域下徽学研究的新空间》一文受到与会专家们的肯定，给了我很大的鼓励，也坚定了我从形象视角研究历史的信心，这本书算是为从形象史学的角度研究徽州的山水观念、建筑艺术、形象艺术、社会风俗等打个基础。

在安徽大学学习的这段时期，我深切地感受到能在周晓光教授的指导下遨游于学术的海洋，是一件多么幸福的事情。周老师大约是认为“响鼓不用重槌”，或是体谅“老童生”的不易，对我更多了几分宽容，对我在学术上的工作毫无保留地支持。他在安徽省徽学学会2021年会的总结讲话中，肯定了我提出的“形象史学视域下徽学研究的新空间”这一方向，将本书的出版作为基础性研究的成果之一，纳入了徽学中心和他个人所主持的社科项目支持的范围，并亲自审阅书稿，提出了修改优化的意见。我想，安徽大学徽学研究中心之所以能在最近几年打了翻身仗、呈现出勃勃生机，除却其它的因素外，一定是与周老师个人所形成的“磁场效应”密不可分。成就别人，扶掖后进，甘做人梯，传薪播火，在这样的师德师风下受教，正可谓“如沐春风”，真是此生的造化。

自本科毕业后拜入裘士京先生门下，屈指三十余年，先生于我“亦师亦父”的情感未曾稍变，先生给予我的关心爱护，让我觉得温暖和安全。这些年我辗转于不同单位，与学术若即若离，也没有拿出什么像样的成果，每每夜半醒来，怍然心惊。但先生对我一如既往地支持，相信我这个迷路的“浪子”总会有迷途知返的一天。当我就是否读博征询先生意见时，他甚是欣慰。此次，先生以75岁高龄亲自审看书稿，提出了很多非常重要的建议，并希望未来可以出更多的成果。我唯有奋蹄疾行，才能回报先生的错爱，尽可能将失去的东西多夺回来一些吧。

感谢南京航空航天大学艺术学院的姚义斌教授。正是在他的鞭策督促下，这么多年我才可能在“浪迹江湖”的同时一直没有放弃对学术的执念，并在年逾半百之后再回校园做个“老童生”。他不仅帮助确定本书的基本框架，提供了丰富的资料，还帮助润色推敲了部分文字。我将把这份感激化为动力，在学术的道路上奋力追赶。

感谢周晓光教授主持的皖江学者团队项目的立项支持。安徽师范大学出版社张奇才社长对本书的出版投入了很多关注，第二编辑部孙新文主任更是做了大量的基础性工作，在此一并致谢。

张　靖

2023年2月14日于芜湖简庐